비트의 세계

비1트의 세계

데이비드 아우어바흐 지음 | 이한음 옮김

프로그래머의 눈으로 본
세상, 인간, 코드

B1TW1SE:
A L1FE 1N C0DE

DAV1D AUERBACH

해나무

니나, 엘리너, 아이리스에게

번역된 세계

박상현(칼럼니스트)

세상에는 프로그래머나 개발자(혹은 코더)만큼 사회적 고정관념이 강하게 붙은 직군도 많지 않다. "개발자는 자기 발끝을, 사교성 있는 개발자는 상대의 발끝을 보고 말한다"와 같은 우스갯소리가 그렇다. 하지만 인간의 사고를 컴퓨터의 언어로 옮겨주는 이 직군의 사람들을 두고 "사회성이 떨어진다"라고 말하는 것은 적절하지도 정확하지도 않다. 그건 혈액형이나 (이 책에서 저자가 설명하는 것처럼) MBTI 검사로 사람들의 성격을 분류할 수 있다고 믿는 것처럼 사람들이 가진 선입견의 단순한 투사에 불과하다.

그럼에도 불구하고 이들이 가진 특성(이라기보다는 능력)의 정체가 무엇인지 궁금한 건 어쩔 수 없다. 이를 편견 없이, 솔직하게 들려줄 수 있는 사람은 바로 이들 본인이다. 문제가 있다면 이 사람들은 일반 독자들을 상대로 자신들의 사고방식을 친절하게 책으로 쓰는 데 별 관심이 없어 보인다는 것. 그런 점에서 이 책 『비트의 세계』는 아주 예외적인 책이다. 어린 시절에 프로그래밍 언어에 입문해서 인생의 전반기를 코더로서 마이크로소프트, 구글 같은 테크 기업에서 제품 개발자로 일했던 본인이 일반인을 대상으로 자신의 사고방식과 경험을 일반인이 알아들을 수 있는 말로 쓴, 보기 드문 책이기 때문이다.

이게 가능했던 이유는 저자 데이비드 아우어바흐가 코딩의 세계에서 일하는 동시에 "미묘함과 불규칙성"이 가득한 인문학, 특히 문학 작품에 푹 빠져 살았기 때문이다. 즉, 두 세계를 모두 아는, 보기 드문 통역가인 셈이다. 저자는 "수많은 소프트웨어 엔지니어들이 그러했듯이" 수줍은 많은 소년이었고 "사람들을 이해하기 훨씬 전에 컴퓨터를 먼저 이해했다"고 한다. 사귀던 여성과 결혼을 생각할 때도 결혼생활에서 드러날 수 있는 "버그들"이 무엇인지 고민하고, 아이가 태어나자 사람은 "디버깅을 할 수 없고" 삶은 리셋이 불가능함을 깨달았다고 할 만큼 인간과 세상을 프로그래밍의 관점으로 보는 데 익숙하다.

그런 저자가 삶의 복잡함과 언어의 모호함을 이해하고, 이를 단순화시킨 소프트웨어가 끼치는 사회적 영향을 정확하게 알고 있을 뿐 아니라 쉽고 재미있게 설명해줄 수 있다는 사실은 나와 같은 독자들에게는 큰 행운이다. 하지만 이 책은 단순히 테크 기업에서 일한 사람이 일반인들에게 들려주는 설명이 아니다. 테크 업계에서 일하는 엔지니어들에게도 더할 나위 없이 소중한 조망을 제공한다. 우리가 사용하는 인터넷 환경을 만들어내는 작업에 직접 참여했던 내부자의 시각에서 들려주는 저자의 경험담은 같은 일을 해온 사람들이라면 누구나 흥미진진하게 읽을 일화들인 동시에, 지금의 인터넷 세상이 어떻게 만들어졌고, 어떤 한계와 문제점을 가지고 있는지를 정확하게 보여주는 실리콘밸리의 현대사다.

이 책은 저자 자신이 프로그래밍 언어를 이해하는 이야기로 시작하는 바람에 프로그래밍을 잘 모르는 독자들이 긴장시킬 수 있지만(그래도 겁먹지 말고 읽으면 된다) 이 부분은 우리가 그들의 사고방식을 이해하는 중요한 디딤돌이 된다. 이후로 등장하는 챕터들에서, 각 테크 기업들이 자신들의 제품, 서비스를 개발하고 취급하는 방식은 저자가 각종 게임과 서비스, 그리고 자신의 인생을 이해하고 바라보는 방식과 병치되어 저자의 사고의 깊이를 잘 보여준다. 특히 책의 말미에서 데이터를 수집하고 상품화하는 기업들의 비즈니스를 설명하는 대목에서는 자신이 처음 매료되었던 단순명료한 기계의 언어가 거꾸로 사람들의 사고방식을 바꾸게 될 수 있음을 암시한다.

궁극적으로 이 책은 세상을 기계의 언어로 번역해온 사람이 거꾸로 자신이 속했던 세상을 인간의 언어로 바꿔서 설명하는 책이다. 저자는 기계어와 인간의 언어 사이의 번역 과정에서 어떤 오역과 오해가 생기고, 어떤 생략과 누락이 발생했는지, 그리고 어떤 것들을 기대하고 어떤 것들을 기대하면 안 되는지를 때로는 차분하게, 때로는 자신이 좋아하는 게임을 설명하는 게이머의 열정적인 목소리로 들려준다. 그래서 나는 이 책의 마지막 장을 읽고 났을 때, 나와는 전혀 다른 방식으로 생각하는 친구의 흥미로운 이야기를 듣느라 밤을 샌 기분이었다.

그리고 전혀 다른 두 세계가 조금은 가까워진 듯한 느낌이 들었다.

차례

일러두기

1. 본문에 숫자로 표시된 후주에는 저자가 참고·인용한 문헌의 간략한 서지사항이 실려 있으며, 문헌에 대한 더 자세한 정보는 440쪽의 '참고문헌'에 실려 있다.

2. 책과 장편의 제목은 『 』로 묶었고, 단편·시·논문·기사명은 「 」로, 영화·음악·신문·잡지·프로그램·그림·게임명은 〈 〉로, 시리즈명은 ' '로 묶었다.

들어가는 말

사려 깊다는 것은 이런 뜻이다.
모든 것이 전처럼 명백하지 않다는 것.
—한스 블루멘베르크

컴퓨터는 늘 내게 이치에 맞는 세계를 제공했다. 어릴 때 컴퓨터는 내게 피신처였다. 실제 세상과 동떨어진, 안전하면서 관조할 수 있는 세계를 제공했다. 사람들을 대할 때면 나는 혼란을 느꼈다. 반대로 컴퓨터는 정확했고, 이해할 수 있었다. 인간들의 세계는 불분명하고 모호했다. 코드가 지배하는 세계는 그렇지 않았다.

나는 현실 세계를 이해하려고 애썼지만 도무지 이해할 수 없었다. 현실을 이해할 수 있는 프로그래머도 많다. 그들은 코드를 짤 때처럼 분석적이고 예리한 기술로 인간관계를 잘 헤쳐 나가고, 정치력을 발휘하고, 예술 작품을 평가한다. 그러나 나는 인간 사회를 운영하는 알고리즘을 제대로 파악할 수가 없었다. 어릴 때부터 컴퓨터 프로그램을 짜다 보니, 나는 생각을 체계화하고 문제를 세분하고 시스템을 구축하는 법을 터득했다. 그러나 인간 심리와 사회의 복잡성을 충분히 담아낼 알고리즘은 도저히 찾을 수가 없었다.

컴퓨터 알고리즘은 정확한 명령문의 집합이다. 요리를 하든 춤을 추든 가구를 조립하든 간에 어떤 일을 정확히 수행할 방법을 죽 적는다고 해보자. 그러면 암묵적으로 남아 있는 것들, 우리 모두가 별 생각 없이 그냥 당연시 여기는 세세한 사항들이 대단히 많다는 사실을 금방 알아차릴 것이다. 컴퓨터는 그런 지식을 지니고 있지 않으면서도, 오늘날 우리 자신과 우리 세계를 불완전하게나마 담아낼 만큼 진화해왔다. 컴퓨터가 그리는 불완전한 그림과 현실 사이에는 틈새가 있다. 이 틈새를 더 좁힐수록 컴퓨터는 우리에게 더 유용해진다. 빈 공간과 유형의 물체만을 구별할 수 있는 자율 주행차는 세계에 관한 초보적인 이미지를 활용하여 작동한다. 사람과 사람이 아닌 대상을 구별할 수 있는 자율 주행차는 더 정교한 그림을 지니며, 그래서 치명적인 오류를 더 잘 피할 수 있다. 틈새가 좁아질수록, 우리는 컴퓨터가 우리 세계를 안다고 더욱 신뢰할 수 있다. 컴퓨터는 심지어 그 틈새가 실제보다 더 좁다고 생각하게끔 우리를 속일 수도 있다. 이 책은 그 틈새가 무엇이고, 어떻게 닫히고 있으며, 닫혀감에 따라서 우리가 어떻게 변화하고 있는지를 다룬다. 컴퓨터는 산업 혁명의 최신 단계이며, 우리가 자연 세계에서 얻은 경험을 인공적이고 인위적인 세계로 옮기는 단계다. 이 컴퓨터화한 세계는 공업도시가 시골 풍경과 다른 것만큼이나 '진짜' 세계와 다르다.

무엇보다도 이 책은 그 틈새를 닫기 위해 내가 어떤 시도를 했는지를 다룬 이야기다. 나는 개인용 컴퓨터가 아직 등장하지 않았던 시기에 태어났다. 내가 프로그램을 짤 만큼 자랐을 때 개인용 컴퓨터가 등장했고, 나는 그 기술을 덥석 받아들였다. 대학생일 때에는 인터넷과 막 싹 트던 '월드와이드웹'을 접했다. 당시에는 인터넷 자체보다 아메리카 온라인America Online, AOL(미국의 인터넷 회사—옮긴이 주)이 더 잘 알려져 있었다. 나는 문학, 철학, 컴퓨터과학을 공부했지만, 안정된 미래를 제공할 수 있었던 것은 컴퓨터과학뿐이었다. 그래서 졸업한 뒤에 소프트웨어 엔지니어로 마이크로소프트에 들어갔고, 그 뒤에 뉴욕에 있었던 구글의 (당시에는 작었던) 사무실로 옮겼다. 그런 한편으로 문학과 철학 공부를 계속하여 학위를 땄고, 글쓰기도 계속 했다. 그 사이에 인터넷은 급속히 팽창했고 우리 삶은 서서히 온라인에 항상 접속된 상태로 넘어갔다. 코더coder이자 저술가로서, 나는 늘 양쪽 세계에 발을 딛고 있었다. 하지만 어떻게 하면 둘이 수렴될 수 있을지 오랜 세월 동안 감조차 잡지 못했다. 그렇다고 둘이 서로 별개인 것도 아니었다. 나는 논리와 프로그래밍을 이해하기 위해 인문학을 공부했고, 언어와 문학을 이해하기 위해 과학을 공부했다.

'비트 연산자bitwise operator'는 비트의 서열(1과 0을 죽 나열한 것. '비트bit'는 '이진숫자binary digit'의 줄임말이다)을 조작하는 컴퓨터 명령어다. 비트가 실제로 무엇을 나타내는지에 상관없이(무엇이든 될 수 있다) 데이터의 각 비트를 조작한다. 비트혜bitwise(비트慧)란 "난 비트가 뭘 뜻하는지 관심도 없어. 그냥 데이터를 처리할 뿐이야"라는 말과 같다. 그러나 나는 그 용어가 컴퓨터가 저장하고 있는, 세상에 관한 데이터 아래에 숨어 있는 데이터 구조와 알고리즘을 이해하는 것도 의미한다고 생각한다. 컴퓨터가 세계를 재현하고 있다면, 우리는 세계혜worldwise를 갖추는 것만으로는 부족하다. 비트혜도 갖추어야 한다. 그리고 우리의 생각을 양쪽 세계에 맞게 번역할 수 있어야 한다.

이 책은 안에서 밖으로 나아가는 경로를 따른다. 나 자신과 내 개인사에서 시작하여 인간 심리의 사회적 세계로, 이어서 인류 집단과 그 디지털 삶으로 뻗어간다. 컴퓨터와 인터넷은 우리의 지역, 광역, 세계 공동체를 균일화해왔다. 기술은 우리의 정치 지형을 변모시킨다. 나는 영화배우 출신의 대통령인 로널드 레이건이 재직하던 시절에 태어나서 트윗 날리는 대통령인 도널드 트럼프까지 보고 있다. 지금 우리는 빗발치듯 쏟아지는 전 세계의 소식들을 접하면서 일상생활을 하고 있다. 우리는 세계 반대편에 있는 사람들과 가상 모임을 꾸리고, 이런 모임은 실시간으로 조율되고 실행된다. 그런데 우리의 이성과 감정은 이 모든 정보를 체계적이고 합리적인 방식으로 처리할 수가 없다. 본래 우리는 지구에 있는 다른 모든 사람들과 느슨하지만 폭넓은 그물망으로 연결된 도시 거주자가 아니라, 주로 작은 공동체를 이루어 떠돌아다니면서 살아가도록 진화했다. 그러니 인간의 마음이 이 극적인 삶의 변화에 대처하고 있다는 사실 자체가 놀라운 일이 아닐 수 없다. 하지만 우리는 지금의 세계가 우리에게 딱 맞는다고는 생각하지 않으며, 딱 맞게 만드는 일을 컴퓨터에게 떠넘기려 시도하고 있다. 그런데 결과는 혼란스럽다.

모순되게도 컴퓨터는 우리의 취약점을 완화시키는 한편으로 증폭시킨다. 컴퓨터는 세계를 더 잘 파악할 수 있는 도구를 제공한다. 그러나 우리가 컴퓨터에게 우리의 편견을 입력한다면, 컴퓨터는 겉보기에 정량적이면서 객관적인 형태로 그 편견을 우리에게 기꺼이 되돌려줄 것이다. 컴퓨터는 우리를 알 수 없지만(어쨌든 아직은 아니다), 우리는 컴퓨터가 우리를 알 수 있다고 생각한다. 우리는 컴퓨터를 거울삼아 우리 자신을 낯설게 본다.

철학자 한스 블루멘베르크의 말을 빌리자면, 우리는 '결핍의 동물creatures of deficiency'이기도 하다. 우리는 스스로의 이해 수준이 빈곤하다는 것, 그리고 우리가 재현한 세계의 모습과 세계 자체 사이에 틈새가 있다는 것을 알아차리는 저주받은 능력을 지니고 있다. 그렇긴 해도 우리는 자신의 이해 부족을 정량화하고 체계화하는 법을 배울 수 있다. 컴퓨터는 세계와 우리 자신에 관한 지식에 나 있는 틈새를 이해하는 데 도움을 줄 수 있는 한편으로, 그런 틈새가 있다는 것조차 잊게 할 만큼 철저하게 틈새를 벌릴 수도 있다. 지금 컴퓨터는 양쪽을 다 하고 있다.

1부

—

코드

1장 로고와 사랑

거북

차동 톱니바퀴 같은 장치를 만지작거릴 때면 정말로 신났다. (…) 나는 톱니바퀴와 사랑에 빠졌다.

—시모어 페퍼트[1]

우리는 세상 만물이 어떻게 작동하는지 알아내기 위해 애쓰지만, 나는 이런저런 것들이 더 산뜻하게 작동하지 않는다는 점을 알아차리고선 실망하곤 했다. 텔레비전, 자동차, 인체는 더 체계적이고 더 우아하게 작동하도록 개선할 여지가 있어 보였다. 그러나 컴퓨터는 나를 실망시키지 않았다.

수많은 소프트웨어 엔지니어들이 그러했듯이 나도 어릴 때 수

줍음이 많고 잘 어울리지 못했고, 사람들을 이해하기 훨씬 전에 컴퓨터를 먼저 이해했다. 컴퓨터, 특히 지금보다 훨씬 더 단순했던 1980년대의 컴퓨터는 정확성, 명확성, 신뢰성을 약속했으며, 또래 사이의 사회관계망에 잘 끼지 못했던 많은 아이들에게 피난처가 되었다. 그러나 컴퓨터는 그저 내가 가지고 놀 수 있는 기계만이 아니었다. 컴퓨터는 내가 프로그램을 짜고 제어할 수 있는 무엇이었고, 그래서 나는 컴퓨터로 새로운 세계를 창조할 수 있었다. 현재의 컴퓨터는 가상현실과 실사 같은 게임으로 나아가고 있지만 당시의 컴퓨터는 원시적인 단색 그래픽 화면에 문자를 표시하는 수준이었다. 그럼에도 가장 선명한 그래픽보다 근본적으로 훨씬 더 강력한 도구를 지원했다. 바로 코드였다.

내가 처음 접한 컴퓨터 언어는 로고Logo다. 1967년 월리 퓌어직, 시모어 페퍼트, 신시아 솔로몬이 교육용으로 개발한 그래픽 언어다. 나는 일곱 살 때 로스앤젤레스 교외에 있는 동네 레크리에이션 센터의 어린이 컴퓨터 강좌에서 로고를 배웠다. 나는 로고를 써서 화면에 있는 삼각형 '거북'을 움직이는 명령문을 (프로그램의 형태로) 작성할 수 있었다. 거북은 내가 작성한 명령문에 따라서 선과 도형을 그렸다. 화면은 검은 배경에 녹색 글자와 선이 표시되는 단색이었다.

내가 짠 최초의 '프로그램'은 정사각형을 그리는 단 한 줄짜리 코드였다.

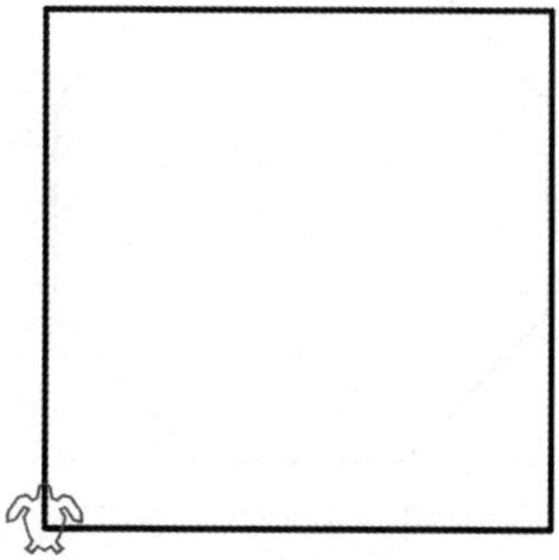

repeat 4 [forward 50 right 90]

앞으로 50픽셀을 나아간 뒤 오른쪽으로 90도 회전하는 두 과정을 4회 반복하는 것이다. 다 하고 나면, 거북은 정사각형을 그리면서 출발한 지점으로 돌아올 것이다. 나는 각도와 반복 횟수를 바꿔서 갖가지 다각형을 그릴 수 있었다. 정삼각형은 이렇다.

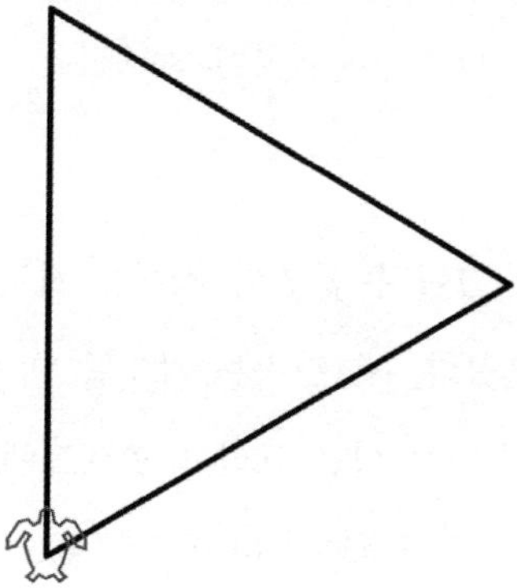

repeat 3 [forward 50 right 120]

정팔각형:

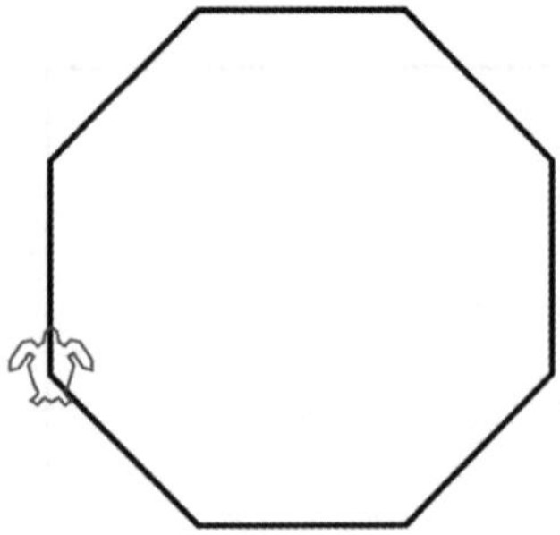

repeat 8 [forward 50 right 45]

별:

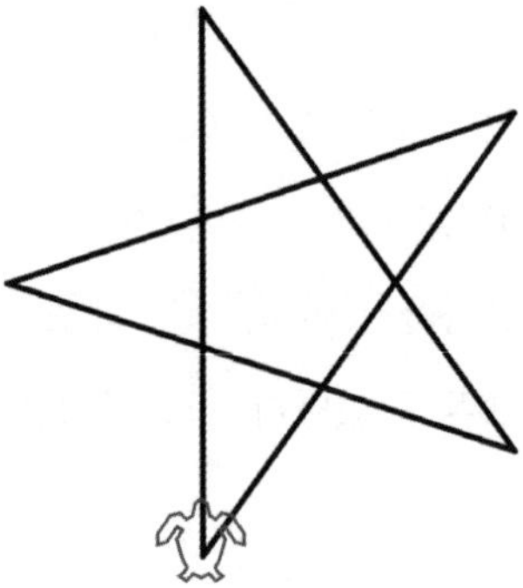

repeat 5 [forward 50 right 144]

나는 손으로 별을 그릴 수 없었다. 적어도 잘 그릴 수는 없었다. 거북은 완벽하게 그렸다. 144도라는 각도는 내게 비밀 지식처럼 느껴졌다. 그 전까지 나는 별을 그리는 프로그램이 정사각형이나 정팔각형을 그리는 프로그램보다 더 복잡할 필요가 없다는 사실을 미처 깨닫지 못했다. 때로 반복 횟수를 더 늘리면 거북은 별의 선을 따라 고속 열차처럼 쭉쭉 나아가곤 했다.

이런 한 줄짜리 프로그램은 모두 알고리즘이다. '알고리즘algorithm'이라는 단어는 9세기 페르시아 수학자 무함마드 이븐 무사 알콰리즈미의 이름에서 유래했다. 쉽게 말하자면 알고리즘은 특정한 문제("한 변의 길이가 50인 별을 그려라")에서 그 문제의 해답(시각적으로 표현된 별)으로 이어지는 경로를 지정하는 규칙 또는 명령문의 집합이다. 알고리즘은 상수 대신 변수를 지정함으로써("길이가 *m*인 변 *n*개로 이루어진 다각형을 그려라") 더욱 일반화할 수 있다.

나는 알고리즘에 푹 빠졌다. 내 경험에 비추어볼 때, 이런 사고방식에 잘 맞는 뇌를 지닌 사람들이 있는 듯하다. 수학이나 언어와 잘 맞는 사람들이 있는 것처럼 말이다. 나는 시각이나 언어에 재능이 있는 사람이 아니다. 나는 그림을 못 그린다고 유치원에서 쫓겨났다. 그러나 이런 명령문 집합은 직관적으로 이해가 되었고, 나는 그것들이 아름답다고 생각했다. 그냥 대상 자체를 가지는 대신에 나는 그 대상을 만드는 비법을 지니고 있었고, 나아가 그 비법을 더 일반화할 수 있었다. 나는 한 비법에 붙은 다이얼을 이리저리 돌림으로써 수많은 문제들을 풀 수 있었다. 그것은 본질적으로 컴퓨터 프로그래밍이다.

단순한 알고리즘에서 아름답기 그지없는 복잡한 결과가 나올 수도 있다. 다음은 6줄로 된 로고 프로그램인 `sierpinskiTriangle`(시어핀스키 삼각형)이다. 이 프로그램은 프랙털 정삼각형을 그린다.

```
to sierpinskiTriangle :length :depth
      if :depth < 1 [ stop ]
      repeat 3 [
            sierpinskiTriangle :length/2 :depth-1
            forward :length
            right 120
      ]
end
```

sierpinskiTriangle 500 7이라는 명령어로 프로그램을 작동시키면, 거북은 다음과 같은 그림을 그릴 것이다.

sierpinskiTriangle은 한 가지 행동을 반복하므로, 코드 6줄만으로 이 프랙털 패턴을 얻을 수 있다. 그 행동이란 3개의 정삼각형으로 이루어진 정삼각형을 그리는 것이다. 그러나 안에 들어가는 정삼각형 하나를 그릴 때마다, 먼저 그 안에 더 작은 정삼각형 3개를 그려야 한다. 다시 말해, 같은 일을 더 작은 크기로 반복한다. 따라서 이 코드는 자기 자신을 불러낸다. 이 과정을 '재귀recursion'라고 한다.

다음은 재귀의 또 다른 사례다. 나무를 그리는 프로그램이다.

```
to tree :level :size :scale :angle
      if :level > 0 [
          fd :size
          lt :angle
          tree :level - 2 :size * :scale * :scale :scale :angle
          rt :angle
          rt :angle
          tree :level - 1 :size * :scale :scale :angle
          lt :angle
          bk :size
      ]
end
```

이 프로그램을 `tree 18 100 .9 20`이라는 명령어로 실행하면 다음과 같은 그림이 나온다.

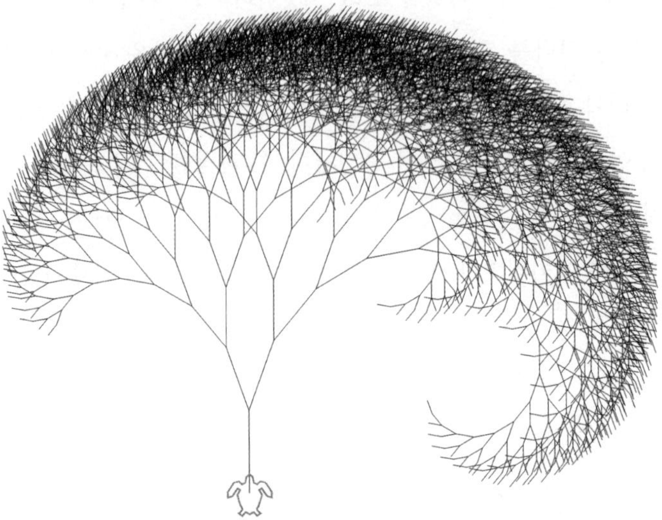

나는 이 결과를 보고 놀랐다. 불가능해 보였다. 겨우 12줄짜리 코드가 어떻게 이렇게 아름다우면서 복잡한 패턴을 만들 수 있을까? 이 컴퓨터에 어떻게 내가 손으로 그릴 수 있는 것보다 더 뛰어나면서 아름다운 그림을 그리라고 한 거지? 나는 그렇게 작은 명령문 집합으로부터 어떻게 그런 놀라운 효과가 나올 수 있는지를 이해하고 싶었고, 그런 효과를 빚어내는 프로그램을 짜고 싶었다. 얼떨떨한 심정이 이해하려는 욕구로 이어진 것이다. 경이감이 창조 욕구를 불러일으켰다.

많은 이들은 진정으로 경이로움을 느끼는 순간에 자신의 소명을 발견한다. 그 경이로움은 단지 아름다움과 우아함이 아니라, 그 창조물이나 발견이 진정으로 불가능해 보인다는 데에서 비롯된다. 작가에게는 셰익스피어나 장자의 어느 대목을 읽을 때 그런 일이 일어날 수도 있다. 수학자에게는 2의 제곱근이 무리수임을 증명하는 과정이나 덧셈, 곱셈, 거듭제곱을 통해서 수학의 5대 근본 상수를 하나로 엮은 오일러 등식의 극도로 우아한 통일성을 볼 때 그런 일이 일어날 수 있다.

$$e^{i\pi} + 1 = 0$$

나는 이 등식을 처음 보았을 때 감명을 받는 한편으로 당혹스러웠다. 이 등식에서는 상수들의 관계가 명백하지가 않았다. 아름답다고 느껴지긴 했지만, 수학책을 탐닉하게 만들 정도는 아니었다. 나는 수학의 세계에 푹 빠져들지 않은 채로 오일러 등식의 우아함을 음미할 수 있었다. 컴퓨터의 세계는 그렇지 않았다.

플라톤은 철학을 하려는 핵심 욕구가 '아포리아aporia'에 있다고 믿었다. 어떤 현상을 이해하려고 하거나 질문에 답하려고 애쓸 때 해결 불가능해 보이는 모순에 직면하는 순간을 가리킨다. 이 모순의 영향을 받아서 우리는 자신이 안다고 생각한 것을 전체적으로 재평가하고 혁신적인 방향에서 재정립할 수도 있다. 코페르니쿠스가 1543년에 했던 말이 한 예다. "그렇지만 만물의 한가운데에 놓여 있는 것은 태양이다."

다른 저서 『테아이테토스*Theaetetus*』에서 플라톤은 철학이 '경이 thaumazein'에서 시작된다고 했다. 내가 거북이 그리는 나무를 볼 때 느꼈던 경외심에 휩싸인 흥분 상태를 말한다. 플라톤의 후계자이며 감정이 무뎠던 아리스토텔레스는 아포리아를 폄하했다. 아마 그 때문에 그는 플라톤보다 훨씬 더 수월하게 이런저런 답을 내놓을 수 있었을지 모른다. 아리스토텔레스는 지구와 천체의 운동 체계를 제시하고, 생물학의 토대를 마련하려고 시도하고, 세계의 다양한 인류와 해학을 분류하려고 했다.[†] 반면에 플라톤은 우리의 마음이 얼마나 쉽게 오도될 수 있는지에 초점을 맞추면서, 어떻게 하면 무언가를 확실하게 알 수 있는지 물었다. 우리는 경이와 혼란 양쪽을 모두 겪으면서 한 분야를 이해하고 숙달하고자 노력한다. 과학철학자 한스 라이헨바흐는 1938년 저서 『경험과 예측*Experience and Prediction*』에서 심오한 무지뿐 아니라 착각에 빠져 있는 것이 인간의 조건이라고 했다.

우리는 구경꾼이 거대한 공장을 둘러보는 것처럼 세계를 둘러본다. 그는 기계와 공정의 세세한 부분이나, 큰 규모에서 작

† 아리스토텔레스가 내놓은 답, 특히 자연과학 쪽의 답은 대개 틀렸다. 그의 물리학은 과학보다는 직관에서 이끌어낸, 오류와 오해의 야심적인 집합이다. 그러나 아리스토텔레스는 (설령 정확한 지도를 작성하지는 못했을지라도) 새로운 영역을 개척하는 데 남다른 재능을 지녔었다. 그에게 흠이 있다면 너무나 쉽게 만족하고 넘어갔다는 것이다. 정확한지 의구심을 품고 더 매달렸다면 아마 그만큼 많은 주제들을 다루지 못했을 것이다.

업 과정들을 결정하는 각 부서들 사이의 포괄적인 연결 양상을 알지 못한다. (…) 탁자의 반질거리는 표면은 우리 눈에 매끄러운 평면으로 보인다. 그러나 우리는 탁자가 질량을 지닌 입자보다 훨씬 더 큰 간격을 두고 떨어져 있는 원자들의 연결망임을 알며, 현미경은 이미 원자들을 보여주었을 뿐 아니라, 그 겉으로 보이는 매끄러움이 시든 사과 껍질의 "매끄러움"이나 다를 바 없다는 것을 보여주었다. 우리 눈앞에 있는 쇠 난로는 견고함, 고체성, 부동성의 모델로 보인다. 하지만 우리는 그 구성 입자들이 격렬하게 춤을 추며, 우리가 난로에 부여하는 고체성의 이미지보다는 춤추는 각다귀 무리와 더 비슷하다는 것을 안다. 달은 우리 눈에 천구에 붙은 은빛 원반으로 보인다. 하지만 우리는 달이 드넓은 공간에 떠 있는 거대한 공임을 안다. 노래하는 소녀의 입에서 나오는 목소리는 우리 귀에 부드럽게 이어지는 곡조로 들리지만, 우리는 그 소리가 기관총을 쏘듯이 우리 귀에 초당 수백 번씩 충돌하는 음파로 이루어진다는 것을 안다. (…) 우리는 사물을 보는 것이 아니며, 구현물을 보는 것도 아니다. 그것들은 왜곡된 형태로만 보이기 때문이다. 우리는 대체 세계를 본다. 객관적으로 말해서, 있는 그대로의 세계가 아닌 세계다.[2]

우리가 보는 이 "대체 세계"는 한마디로 거짓이다. 우리 뇌는 데이터를 감지하고 그것을 이미 우리에게 친숙한 형태로 부정확하게 유추한다. 그러나 아이가 자랄 때, 이 대체 세계는 아주 잘 작동한다. 다루기 쉽고 알아보기도 쉽다. 우리가 그 세계와 기능적이면서 효과적인 방식으로 상호작용하기 때문이다. 있는 그대로의 세계는 현실이 전혀 다를 수 있음을 시사하면서 아이에게 이따금 불현듯 낯선 느낌을 일으킬 뿐이다. 우리 몸속에서 실제로 무슨 일이 일어나고 있는 것일까? 이 세계는 어떻게 등장했을까? 죽음이란 무엇일까? 이런 의문들은 표면으로 자주 떠오르지 않는다. 데이비드 흄이 회의주의를 마비시키는 "가장 깊은 어둠"이라고 부른 것 속으로 빠져들지 않는 편이 시간을 더 생산적으로 쓰는 것임을 우리는 알기 때문이다. 그러나 세계의 비밀과 수수께끼를 파고들면 많은 기쁨과 만족감을 얻을 수 있다. 나는 컴퓨터를 접하면서 그 기쁨을 처음으로 느꼈다. 컴퓨터 속에서 나는 세상이 프로그램과 출력으로, 명령문과 실행으로, 단순한 코드와 아름다운 나무로 엄격하게 나뉜다는 것을 알게 되었다.

나는 지금도 그림을 못 그린다. 사람의 모습조차도 간신히 그리는 수준이다. 그러나 나는 명령문, 분기, 변수, 함수 같은 알고리즘 프로그래밍의 개념들에 푹 빠졌다. 나는 프로그램이 어떻게 출력output이라는 모사된 세계를 생성할 수 있는지 깨달았다. 일곱 살의 나에게는 재귀라는 개념이 너무 까다로워서 알아들을 수 없었지만, 너무나 그것을 이해하고 싶었고, 이해할 수 있을 것이라고 확신했다. 프로그래밍의 힘, 단 몇 줄의 문자와 숫자로 엄청난 것을 만들어내는 능력을 보면서 느낀 경이로움이 나를 끌어당겼다.

우리는 주변에서 늘 생명의 복잡성을 접하지만, 보면서 점점 둔감해진다. 우리가 직접 경험하지 못하는 차원에 놓인 것들이 아주 많음에도 그렇다. 세포, 원자, 소립자의 미시 세계나 지구의 인구보다 훨씬 더 많은 은하가 있는(2016년 미 항공우주국NASA은 은하가 약 2조 개라고 추정했다) 우주라는 거시 세계가 그렇다. 프로그래밍은 세계에서 불확실성을 제거하고 세상의 원리들을 우리 앞에 펼쳐 보인다. 프로그래머도 수학자와 시인 못지않게 우아함과 아름다움이라는 개념에서 영감을 얻는다. 중요한 점은 내가 프로그램의 단순함에서 미학적 복잡성으로의 도약을 느꼈다는 것이다.

컴퓨터에서 그 도약은 산뜻하고 우아하고 명확하다. 거대한 거북의 등딱지가 지구를 떠받치고 있다는 널리 알려진 철학적 우화가 있다.† 철학자는 묻는다. "그 거북은 뭐가 떠받치지?" 그러자 대꾸가 나온다. "당연히 거북이지. 그 거북은 다른 거북이 떠받치고." 최종 해답은 없고, 질문만 한없이 이어질 뿐이다. 프로그래밍은 인공 세계를 통해서 멈추는 지점, 최종 해답을 제공했다. 로고에는 그 거북만이 있었다. 단 한 마리뿐이었다.

내가 처음 움직인 '거북'은 앞의 그림에 나온 어기적거리며 걷는 모양이 아니라 단순한 삼각형이었다. 나중에 로고라이터LogoWriter

---

† 거북 신화는 아메리카 북동부 원주민 신화에서 가장 뚜렷이 나타나지만, 스티븐 호킹이 『시간의 역사*A Brief History of Time*』에서 소개함으로써 널리 알려진 그 철학적 우화의 출처는 좀 모호하다. 법학자 로저 크램턴은 윌리엄 제임스를 그 이야기의 출처라고 보았다. 제임스가 말한 우화에서는 거북이 바위로 바뀌어 있다.[3]

라는 프로그램이 우리 학교에 설치되었다. 로고를 좀 꾸민 것인데, 삼각형이 이 책에 나온 것과 비슷한 거북 모양으로 바뀌어 있었다. 나는 거북 모양의 '거북'을 싫어했다(지금도 그렇다). 로고라이터는 종과 호루라기도 추가했지만, '거북'을 거북 모양으로 표현한 것은 로고의 기능 자체와는 아무런 관계가 없었다. 너무 그럴 듯하게 포장을 하는 바람에, 로고의 진정으로 놀라운 특징, 즉 프로그램과 그 실행 사이의 관계로부터 주의를 딴 데로 돌려버렸다. 삼각형 모양이든 거북 모양이든 간에 '거북'은 내 마음속에서 이미 추상화한 상태였다. '거북'은 다음에 그림이 시작될 지점을 가리키는 것에 불과했다.

로고라이터로 코드를 짤 때도 나는 여전히 그 나무가 신기했다. 나는 tree 프로그램이 단 몇 줄의 코드로 그렇게 복잡한 무늬를 그릴 수 있도록 하는 강력한 기법인 재귀의 배경 개념을 이해하지 못했다. 십대가 되어서 그 기법이 컴퓨터과학 전반에, 그리고 사실상 개념적 사고 전반에 중요한 역할을 한다는 점을 배우면서야 이해하게 되었다. 한마디로 재귀는 하나의 코드를 써서 어떤 문제를 동일한 형식을 지닌 여러 개의 문제로 쪼개어 처리하는 것이다. 나무의 가지 하나를 더 작은 나무로 그리는 식이다. 이 기법은 세계를 화려하지만 근본적으로 우아한 프랙털이라고 상상한다. 재귀는 컴퓨터 프로그래밍의 효율적이고 경제적인 특성을 반영한다. 적은 투자로 많은 것을 얻는다.

어셈블리

—

기계어면 됐지 뭐가 더 필요하다는 거야?

—요한 폰 노이만

프로그래밍이 전적으로 추상적인 활동은 아니다. 프로그래밍에는 하드웨어가 필요하다. 하드웨어가 일반 가정에 들어온 것은 1980년대부터였으며, 그 자체의 고유한 하위문화도 있었다. 인터넷 시대 이전에 컴퓨터에 관한 지식은 비밀리에 전승되었다. 그리고 그 지식의 상당 부분은 애플 IIApple II에 관한 것이었다.

내 첫 컴퓨터는 애플 IIe였으며, 당시에 가장 인기 있는 가정용 컴퓨터였다. 애플이 교육자들과 협력 관계를 맺은 덕분이기도 했고, 애플이 소비자와 취미 활동가를 위한 범용 컴퓨터를 만드는 데 초점을 맞추었기 때문이기도 했다. 코모도어 64Commodore 64나 아타리 400Atari 400 같은 다른 소비자용 컴퓨터들은 그저 당시의 원시적인 소프트웨어를 실행하는 일만 했다. 애플의 컴퓨터는 척 페들의 널리 쓰이던(그리고 값싼) 6502 프로세서를 썼고, 장난감 기계와 IBM 같은 전문가용 PC의 중간쯤에 위치한 제품이었다. 애플을 개발한 스티브 워즈니악이 원래 취미 활동가이자 컴퓨터 동호회 활동을 하고 있었고, 이용하기 쉬우면서도 성능이 좋은 컴퓨터를 만드는 데 몰두했기 때문이었다.† 워즈니악은 학계나 연구소 출신이 아니었다. 애매모호한 반문화 집단에 속해 있던 그는 동전 수집이

나 자동차, 〈던전 앤 드래곤Dungeons & Dragons〉에 빠져든 이들에게서나 볼 수 있는 열정을 갖고 PC에 몰두했다.‡

애플 IIe에는 오늘날의 컴퓨터에서, 아니 휴대용 기기에서조차도 더 이상 찾아볼 수 없는 어떤 완전성이 있었다. 그 컴퓨터는 시스템의 근본적인 부분에 접근하고 있다는 느낌을 주었다. 애플 IIe에는 하드드라이브가 없었다. 플로피디스크를 드라이브에 넣어야 켜졌고, 켜지면 모니터 화면 위쪽 구석에 "Apple]["라는 글자만 깜박였다. 운영체제operating system가 들어 있는 디스크인 애플 도스Apple DOS 플로피디스크를 넣어야 부팅이 되었고, 그런 뒤에 애플소프트 베이직Applesoft BASIC으로 프로그램을 짤 수 있었다. 당시의 많은 이들이 그렇게 프로그램을 짰다.

애플 IIe에서 만지작거렸던 첫 프로그램들이 기억난다. 〈레모네이드 스탠드Lemonade Stand〉도 있었다. 원래 1973년에 밥 제이미슨이 만든 다중 사용자용 회계 게임인데, 1979년에 찰리 켈너가 애플 IIe에 이식했다. 날씨에 따라서 레모네이드의 가격을 정하고 광고 예산을 짜는 게임이었다. 가격을 너무 높게 매기면 사람들이 사먹

---

† 문학평론가이자 박식가인 휴 케너도 잘 나가는 취미 활동가 중 한 명이었다. 그는 『에즈라 파운드의 시』, 『플로베르, 조이스, 베케트: 금욕주의적 희극인들』, 『측지선 수학과 그 사용법』, 『척 존스: 그림의 동요』 같은 별난 책들을 쓰는 한편으로, 『히스/제니스 Z-100 이용 안내서』(1984)도 썼고, 1982년에는 친구인 윌리엄 F. 버클리 주니어를 꼬드겨서 워드 프로세서 프로그램을 짜게 했다.

‡ 당시 나를 비롯한 많은 컴퓨터광들은 워즈니악을 미래를 내다보는 애플의 선각자라고 여겼다. 스티브 잡스는 워즈니악의 수하에 불과하다고 보았다. 당시에는 상대적으로 말끔하고 반지르르한 잡스보다 워즈니악의 푸근한 얼굴이 애플 같은 기업에 더 어울렸다.

지 않을 것이다. 너무 낮게 매기면 수익이 나지 않을 것이다. 며칠이 지나면 어머니가 무료로 제공하던 설탕이 끊긴다. 다시 며칠이 더 지나면 레모네이드 원액의 가격이 상승한다. 비가 오면 그날 팔 예정이었던 것들은 다 버려야 하고 전액 손실이 발생한다. 거리에 건설 인부들이 있다면 그들은 어떤 가격에든 레모네이드를 살 것이다. 나는 가격을 얼마로 매기든 간에 모두가 사먹게끔 코드를 수정했다. 나는 엄청난 수익을 올렸다. 규칙을 바꿀 수 있었기 때문이다. 그런 뒤 다른 게이머가 레모네이드 가격을 어떻게 매겨도 아무도 사지 않도록 코드를 수정하고서, 엄마에게 함께 하자고 했다. 내가 이겼다. 엄마는 좌절했다. 그리고 내가 코드를 수정했다고 말하자 짜증을 내는 한편으로 감동을 받았다(모든 아이들이 엄마에게서 원하는 바로 그 반응이다).

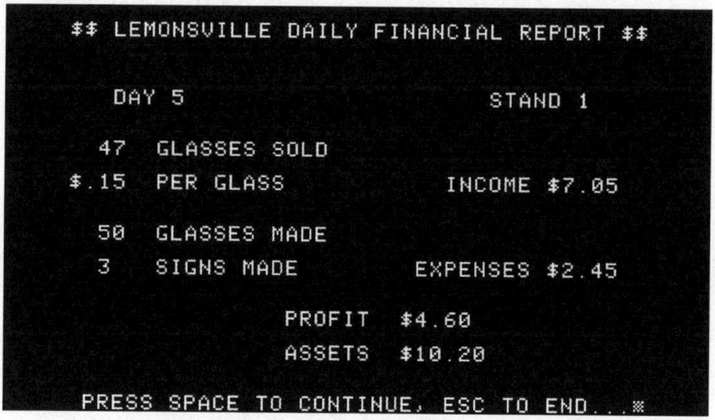

〈레모네이드 스탠드〉에서 가격을 대폭 올렸을 때의 수익

베이직은 로고에 비해 덜 우아한 언어였지만, 애플 IIe에 탑재된 기본 언어였다. 나는 PEEK, POKE, CALL 같은 몇몇 수수께끼 같은 명령어들을 써서, 애플 IIe의 핵심 부품을 직접 만지작거릴 수 있었다. 이런 명령어들은 컴퓨터의 물리적 부품인 램Random Access Memory, RAM을 직접 다루었다. 램은 단기간 동안 임시로 기억을 저장하는 컴퓨터 부품이다. `PEEK(49200)`은 스피커에서 한 차례 소리가 나도록 했다. 한 차례 삑 하는 짜릿한 소리였는데, 베이직 프로그래머가 쉽게 이용할 수 있는 유일한 소리였다. `POKE(49384, 0)`는 디스크드라이브 모터를 회전시키는 명령어였다. 자신의 디스크가 포맷된다고 생각하도록 누군가를 깜짝 놀라게 할 때 유용했다. 글자가 사라졌다가 나타나거나 돌아다니도록 함으로써 문서를 조작하는 데 쓰이는 다른 PEEK과 POKE 명령어들도 있었다. 베이직으로 제대로 구현하기 좀 어려운 작업들이었다. 컴퓨터의 작동을 중단시키고 재부팅을 시킬 수도 있었는데, 베이직에서는 다른 방법으로는 거의 불가능한 일이었다. POKE와 CALL은 강력한 명령어였다. PEEK은 (대체로) 안전했다.

모르는 사람이 보면 이 숫자들은 아무렇게나 적은 것 같았고, 그리 널리 알려진 것도 아니었다. 인터넷이 등장하기 전까지 프로그래머는 우연히 접하는 책, 잡지, 다른 컴퓨터광으로부터 이런 비밀 지식을 배우는 수밖에 없었다. 지금은 웹 검색만 해도 대부분의 정보를 찾을 수 있으므로, 그런 발견의 짜릿함을 맛볼 수가 없다.† 나는 애플의 어떤 비밀 지식을 전수받고 나면 다음에 컴퓨터를 켜서 직접 해보기 전까지 그 생각만 했다. 당시의 많은 이들처럼 나도 버트 커지의 비글브로스Beagle Bros 소프트웨어 회사가 발간하는 일람표를 통해서 많은 지식을 얻었다. 나도 그렇지만, 지금 이 일람표를 보면 걷잡을 수 없이 향수를 느낄 사람들이 분명히 있다.

커지의 특징적인 디자인과 클립아트는 이런 향수를 불러일으키는 데 한몫한다. 비글브로스가 다른 정보 제공자들과 달랐던 점이 바로 그것이었기 때문이다. 그 덕분에 일람표에 든 은밀한 정보들이 몹시 호기심을 자극한다. 여기 숨겨놓은 지식이 있어! 커지는 비밀 지식의 신비로움을 정확히 담아냈다.

> POKE는 CALL 명령어로 작동시킬 수 있는 기계어 루틴을 작성할 때 종종 쓰인다. 가능성은 무한하다.

새로운 내용들조차도 애플 IIe의 뜻밖의 능력을 드러내므로 흥미로웠다. 비글브로스의 소식지에 실린 한 프로그램은 읽어도 뭐라는 것인지 이해하기가 거의 불가능했다.

† 음악가 줄리언 코프는 록밴드 벨벳언더그라운드Velvet Underground의 노래 '포기 노션Foggy Notion'이 지닌 신비한 매력을 이렇게 표현했다. "냅스터(최초의 P2P 음원 공유 서비스—옮긴이 주)나 젬닷컴(미국의 온라인 음원 거래 사이트—옮긴이 주)을 통해서 그 음악을 접할 수 있는 젊은이 여러분은 당시 미발표되고 비공식적으로 녹음된 이 곡이 얼마나 신비한 분위기를 자아냈는지 이해하기 어려울 것이다."[4]

Peeks, Pokes and Pointers

Apple® Zero-Page

DECIMAL — HEX

32 **Text Window Left-Edge** (0-39 / normal is 0) $20
Example: **POKE 32, X** freezes the left X columns of text.
Warning: Don't let PEEK(32)+PEEK(33) exceed the screen width.

33 **Text Window Width** (1-40 or 1-80 / normal is 40 or 80) $21
Note: **POKE 33,33** scrunches listings to remove extra spaces.

34 **Text Window Top-Edge** (0-23 / normal is 0) $22

35 **Text Window Bottom** (1-24 / normal is 24) $23

36 **Horizontal Cursor-Position** (0-39) $24
Examples: If **PEEK(36)**=X, then the cursor is in column X+1.
POKE 36,X puts the cursor in column X+1 (useful with 80-columns, for positioning the cursor beyond the 40-column limit of HTAB).
Note: **POKE 1403,X** works similarly—and more predictably.

37 **Vertical Cursor-Position** (0-23) $25
Examples: If **PEEK(37)**=Y, then the cursor is on text line Y+1.

43 **Boot Slot ★16** (after boot) $2B

44 **Lo-Res Line End-Point** $2C

48 **Lo-Res COLOR ★17** $30

50 **Text Output Format** $32
POKE 50, **63**=INVERSE, POKE 50, **255**=NORMAL,
POKE 50, **127**=FLASH (for ASCII 64-95).

51 **Prompt-Character** $33
Note: **POKE 51,0: GOTO line#** will prevent a false "Not Direct Command" message caused by an immediate **GOTO line#** command.

78-79 **Random-Number Field** $4E.4F

103-104 **Start of Applesoft Program** $67.68
To Load a program at a non-standard location LOC—
POKE LOC-1, 0: POKE 103, LOC-INT(LOC/256)*256:
POKE 104, INT(LOC/256) *Then* LOAD PROGRAM
Note: **FP** (DOS 3.3 only) sets start-of-program to normal 2049 ($801).

105-106 **LOMEM** $69.6A
Note: LOMEM is the Start of Variable-Space, equivalent to End-of-Program (approx.) unless changed with the **LOMEM:** command.

107-108 **Start of Array-Space** $6B.6C

109-110 **End of Array-Space** $6D.6E

111-112 **Start of String-Storage** $6F.70

115-116 **HIMEM** $73.74
Note: HIMEM-1 is the highest address available for use by an Applesoft program. May be changed with the **HIMEM:** command.

117-118 **Line-Number Being Executed** $75.76

119-120 **Line-No. Where Program Stopped** $77.78

121-122 **Address of Line Executing** $79.7A

123-124 **Current DATA Line-Number** $7B.7C

125-126 **Next DATA Address** $7D.7E

127-128 **INPUT or DATA Address** $7F.80

129-130 **Last-Used Variable Name** $81.82

131-132 **Last-Used-Variable Address** $83.84

175-176 **End of Applesoft Program** $AF.B0

214 **RUN Flag** $D6
Example: **POKE 214, 255** makes *any* command RUN a program.

216 **ONERR Flag** $D8
Example: **POKE 216, 0** cancels the ONERR function.

218-219 **Line-Number of ONERR Error** ... $DA.DB

220-221 **ONERR Error Address** .... $DC.DD

222 **ONERR Error Code** .... $DE

DOS 3.3 and PRODOS	APPLESOFT
1: Language Not Available[1]	0: ?Next Without For
2 or 3[1]: Range Error	16: ?Syntax Error (FP)
3: No Device Connected[2]	22: ?Return Without Gosub
4: Write-Protected	42: ?Out of Data
5: End of Data	53: ?Illegal Quantity
6: File[1] or Path[2] Not Found	69: ?Overflow
7: Volume Mismatch[1]	77: ?Out of Memory
8: I/O Error	90: ?Undef'd Statement
9: Disk Full	107: ?Bad Subscript
10: File Locked	120: ?Redim'd Array
11: Syntax Error[1] or Invalid Option[2]	133: ?Division by Zero
12: No Buffers Available	163: ?Type Mismatch
13: File Type Mismatch	176: ?String Too Long
14: Program Too Large	191: ?Formula Too Complex
15: Not Direct Command	224: ?Undef'd Function
17: Directory Full[2]	254: ?Re-Enter
18: File Not Open[2]	255: (control-C Interrupt)
19: Duplicate File Name[2]	
20: File Busy[2]	[1]DOS 3.3 only
21: File(s) Still Open[2]	[2]ProDOS only

224-225 **X of Last HPLOT** (0-279) $E0.E1

226 **Y of Last HPLOT** (0-191) $E2

228 **HCOLOR Code** $E4
0=**0**, 42=**1**, 85=**2**, 127=**3**, 128=**4**, 170=**5**, 213=**6**, 255=**7**

230 **Hi-Res Plotting Page** $E6
POKE 230,**32** selects Page 1. POKE 230,**96** selects Page 3.
POKE 230,**64** selects Page 2.

231 **SCALE** $E7
Note: **SCALE=0** is equivalent to a SCALE of 256.

232-233 **Shape Table Start Address** $E8.E9

234 **Hi-Res Collision-Check** .... $EA
Example: XDRAW a shape. If **PEEK(234)=0** then the shape started at a *non-black* hi-res point.

241 **SPEED** $F1
Note: **PEEK(241)** is 256 *minus* the current SPEED.

243 **FLASH Mask** $F3

249 **ROT** $F9

Display Switches

DECIMAL (with negative equivalent) — HEX

49232 (-16304) **Graphics** $C050
49233 (-16303) **Text** $C051
49234 (-16302) **Full-Graphics** $C052
49235 (-16301) **Split-Screen** $C053
49236 (-16300) **Page One** $C054
49237 (-16299) **Page Two** $C055
49238 (-16298) **Lo-Res** $C056
49239 (-16297) **Hi-Res** $C057

Note: Activate display switches by Poking each location.
Example: **POKE 49232,0** switches to Graphics display.

Keyboard, etc.

DECIMAL (with negative equivalent) — HEX

49152 (-16384) **Read Keyboard** ... $C000

49168 (-16368) **Clear Keyboard** .. $C010
Example: 10 KEY=**PEEK(49152)**: IF KEY<128 THEN 10
20 **POKE 49168, 0**
30 PRINT "KEY: "; CHR$(KEY-128)

49200 (-16336) **Click Speaker** $C030
Example: FOR A=1 TO 99: BUZZ=**PEEK(49200)**: NEXT

49249 (-16287) **Button #0** $C061
Paddle-0 Button or Open (left) Apple key.*

49250 (-16286) **Button #1** $C062
Paddle-1 Button or Closed (right) Apple key.*

49251 (-16285) **Button #2** $C063
*Example: If **PEEK(49249+P)** is greater than 127, then Paddle Button #P is being pressed—or it's not connected.

DOS 3.3 Pokes

(assume DOS loaded in main memory)

POKE 40193, PEEK(40193)-N: CALL 42964
Moves DOS buffers down N★256 bytes.

POKE 44452,N+1: POKE 44605,N
Allows N file names before catalog pause.

POKE 44460,88: POKE 44461,252
Clears screen before catalog.

POKE 44505,234: POKE 44506,234
Exposes deleted file names in catalog.

POKE 44596, 234: POKE 44597, 234: POKE 44598, 234 Cancels catalog pause.

POKE 49107,234: POKE 49108,234: POKE 49109, 234 Prevents language card reload.

POKE 49384,0 Stops drive motor.

POKE 49385,0 Starts drive motor.

Notes

Apple's main memory consists of 65,536 *bytes*, numbered zero to 65535. Every byte has a *value* in the range 0-255.

- You may *Peek* (look at) the value in byte number-B with the command— **PRINT PEEK(B)**
- You can usually *Poke* a new value-V into byte-B with the command— **POKE B,V**

Values higher than 255 must be stored in two bytes:

- To look at the value in consecutive bytes B1-B2— **PRINT PEEK(B1)+PEEK(B2)*256**
- To Poke a new value V (0-65535) into bytes B1-B2— **POKE B1, V-INT(V/256)*256** and **POKE B2, INT(V/256)**

Note: Since almost any memory location can be Peeked or Poked, program listings can reveal thousands of Peeks and Pokes not listed on this chart. Pokes are often used to write machine-language routines that may be activated with the CALL command—the possibilities are *infinite*.

Let A=PEEK(64435) and B=PEEK(64448).
If A=6 and B=0 then Apple IIc.
If A=6 and (B>223 AND B<240) then Apple IIe.
If A<>6 then Apple II or II+.

Page-3 DOS Vectors

DECIMAL — HEX

976-978 **Re-enter-DOS Vector** $3D0.3D2

1010-1012 **Reset Vector** $3F2.3F4
Example: POKE 1012, 0 makes Reset boot.
(POKE 1012,56 to restore normal Reset function.)

1013-1015 **Ampersand Vector** $3F5.3F7
Examples: POKE 1014, 165: POKE 1015, 214 makes "&" LIST.
POKE 1014, 110: POKE 1015, 165 makes "&" CATALOG.
POKE 1014, 18: POKE 1015, 217 makes "&" RUN.

1016-1018 **Control-Y Vector** $3F8.3FA

DOS 3.3 Locations

DECIMAL — HEX

(All values assume DOS is loaded in main memory.)

42350 **Catalog-Routine** $A56E
Example: CALL 42350 catalogs a disk.

40514 **Greeting Program Run-Flag** $9E42
POKE 40514,52 and INIT a disk. When booted, DOS will attempt to *BRUN* the greeting program. POKE 40514,20 for *EXEC*.

43140-43271 **Commands** $A884.A907

43378-43582 **Error Messages** $A972.AA3E

43616-43617 **Last Bload Length** $AA60.AA61

43634-43635 **Last Bload Start** $AA72.AA73

43624 **Drive-Number** $AA68
Example: **POKE 43624, D** changes disk input/output to Drive D.

43626 **Slot-Number** $AA6A
Example: **POKE 43626, S** changes disk input/output to Slot S.

43698 **Control-D Command Character** $AAB2

44033 **Catalog Track Number** $AC01

45991-45998 **File-Type Codes** $B3A7.B3AE

45999-46010 **Disk Volume Heading** $B3AF.B3BA

46017 **Disk Volume Number** $B3C1

ProDOS™ Locations

DECIMAL — HEX

48944 **Slot/Drive Value** $BF30
If **PEEK(48944)** is greater than 127 then Drive 2, otherwise Drive 1.

47313-47422 **Commands** $B8D1.B93E

48840-48841 **Last Bload Length** $BEC8.BEC9

48825-48826 **Last Bload Start** $BEB9.BEBA

Useful Calls

DECIMAL (add 65536 for positive equivalent) — HEX

CALL-25153 **Reconnect DOS 3.3** $9DBF
CALL-3100 **Reveal hi-res page 1** $F3E4
CALL-3086 **Clear hi-res screen to black** $F3F2
CALL-3082 **Clear hi-res to last color Hplotted** $F3F6
Example: HGR2: HCOLOR=5: HPLOT 0,0: **CALL-3082**

CALL-2613 **Hi-res coordinates to Zero-Page** $F5CB
Example: The X and Y starting coordinates of the *next* shape table DRAW or XDRAW may be determined with a **CALL-2613**. Then X=PEEK(224)+PEEK(225)*256 and Y=PEEK(226).

CALL-1438 **Pseudo-Reset** $FA62
CALL-1370 **Boot** $FAA6
CALL-1321 **Display all registers** $FAD7
CALL-1184 **Clear screen and print "Apple ..."** $FB60
CALL-1036 **Move cursor right** $FBF4
CALL-1008 **Move cursor left** $FC10
CALL-998 **Move cursor up** $FC1A
CALL-958 **Clear text from cursor to bottom** $FC42
CALL-922 **Move cursor down** $FC66
CALL-868 **Clear text-line from cursor to right** ... $FC9C
CALL-756 **Wait for any keypress** $FD0C
CALL-678 **Wait for a Return keypress** $FD5A
CALL-657 **Better Input; commas/colons o.k.** $FD6F

```
10 PRINT "NAME (LAST, FIRST) :" ; : CALL -657
20 A$="" : FOR X=512 TO 767: IF PEEK(X)<>141
   THEN A$=A$+CHR$(PEEK(X)-128): NEXT X
```

CALL-468 **Memory move** $FE2C
A Basic memory move: OS & OE are the *Old*-location Start & End, and NS is the *New* Start. GOSUB 5000 to execute the move—

```
5000 N=OS: LOC=60: GOSUB 5020:
     N=OE: LOC=62: GOSUB 5020:
     N=NS: LOC=66: GOSUB 5020
5010 POKE 768, 160: POKE 769, 0: POKE 770, 76:
     POKE 771, 44: POKE 772, 254: CALL 768: RETURN
5020 POKE LOC, N-INT(N/256)*256:
     POKE LOC+1, INT(N/256): RETURN
```

CALL-415 **Disassembler** $FE61
Note: Poke start address at locations 58-59 before Call.

CALL-211 **Ring bell and print "ERR"** $FF2D
CALL-198 **Ring bell** $FF3A
CALL-151 **Enter monitor** $FF69
CALL-144 **Scan input buffer** $FF70
This example uses CALL -144 to execute a machine language routine from Basic (will not work in a subroutine):

```
100 A$="300: A9 C1 20 ED FD 18 69 01 C9 DB D0 F6
    60 300G D823G"
110 FOR X=1 TO LEN(A$): POKE 511+X,
    ASC(MID$(A$,X,1))+128: NEXT
120 POKE 72, 0: CALL -144
```

To get on a really good mailing list, write:
BEAGLE BROS INC.
3990 Old Town Avenue, Suite 102C
San Diego, California 92110

Beagle Bros
Micro Software Inc.

Beagle Bros makes useful and entertaining Utilities, Games and Publications for all versions of Apple II® Computers.

6/84

```
1 HOME: LIST: BUZZ=49200
2 A$="!/-"+CHR$(92): FOR A=1 TO 48: B=PEEK(BUZZ):FOR C=1 TO A:
    NEXT: X$=MID$ (A$,A-INT(A/4)*4+1,1): VTAB 3: HTAB 10: PRINT
    X$X$X$: NEXT: GOTO 2
```

이 코드를 입력한 뒤 실행하면, 화면에 글자들이 출력되고 다양한 속도로 윙윙거리는 소리가 들리는 동시에 그 소리에 맞춰서 화면에서 첫 줄의 글자들이 빙빙 도는 듯이 보일 것이다. 누가 과연 그런 생각을 할 수 있을까? 얼마 지나지 않아서 사라진 이 일람표에 내가 향수를 느끼는 또 한 가지 이유는 세부 내용을 아주 이해하기 쉽고 단순하게 표현했기 때문이다. 애플 IIe는 몇 년 뒤에 나온 매킨토시Macintosh에 비하면 기능이 매우 한정된 기계였다. 문자 화면과 최소한의 그래픽만 갖추었기에, 애플 IIe는 지금은 아두이노Arduino(오픈 소스 기반의 마이크로컨트롤러 개발 도구 및 환경—옮긴이 주) 회로판으로 펌웨어를 만지작거리는 사람들만이 접할 수 있는 기계적인 투명성을 제공했다.

당시의 PC는 다중 작업multitasking을 할 수 없었다. 오늘날에는 컴퓨터 하면 으레 당연하게 여기는 기능이라서, 다중 작업을 못한다고 하면 어처구니가 없게 느껴질 것이다. 다중 작업은 컴퓨터가 동시에 여러 프로그램을 가동할 수 있는 기능이다. 윈도우Windows의 작업 관리자, 또는 리눅스나 OSX의 처리표process table를 보면 자신의 컴퓨터가 프로그램(또는 작업이나 처리)을 설령 수백 개까지는 아니라고 해도 수십 개를 동시에 돌리고 있음을 알게 된다. 운영체제의 핵심인 '커널kernel'(운영체제 전체의 중앙 통제장치)이 매우 복잡한 방식으로 CPU 코어에 일을 할당한다. 이 작업 관리는 사용자와 대다수의 프로그래머에게는 전혀 보이지 않는다. 그러나 1980년대 초에서 중반까지의 개인용 컴퓨터들이 대개 그랬듯이, 애플 IIe는 한 번에 한 가지 일만 했다. 베이직에 `PRINT "HELLO"`라고 입력하고서 '리턴return' 키를 누르면,† CPU는 화면에 `HELLO`라는 글자를 찍는 데에만 열중한다. 그 글자를 다 찍고 나서야 비로소 사용자가 다른 입력을 하기를 기다린다. 그래픽 사용자 인터페이스GUI를 갖춘 최초의 매킨토시도 프로그램이 일단 실행되면 도중에 멈출 수가 없었다(그렇긴 해도 매킨토시와 MS-DOS는 시계나 디바이스 드라이버[또는 바이러스] 같은 작은 프로그램을, 엄밀한 의미에서는 작동 중이라고 하기 어렵기는 해도, 반쯤은 대기한 상태로 있게 하는 메커니즘을 지니고 있었다). 따라서 어느 한 시점에 단 하나의 프로그램만 작동할 수 있었고, 그 프로그램은 운영체제 위에서 돌아갔다. 그리고 운영체제는 하드웨어인 CPU, 즉 중앙처리장치 위에서 돌아갔다.

† '엔터Enter' 키는 IBM 컴퓨터에만 있었다. '엔터' 키와 '리턴' 키가 공존하며 진화한 과정에는, '라인피드line feed'와 '캐리지리턴carriage return'이라는 두 명령어가 등장한 역사만큼 흥미로운 역사가 있을 것이다. 짧게 요약하자면, 캐리지리턴은 커서 위치(다음 글자가 찍히는 지점)를 그 줄이 시작되는 곳(히브리어, 아랍어, 타나어, 응코어, 멘다키카쿠이어, 그리고 몇몇 다른 문자를 입력하는 것이 아니라면 왼쪽 끝이 된다)으로 돌려보내는 반면, 라인피드는 커서를 새 줄의 첫머리로 옮긴다. 타자기에서 라인피드는 '아래', 캐리지리턴은 '그 줄의 처음으로'를 뜻했다. 컴퓨터 화면이 타자기를 대체하자, 둘은 뭉뚱그려져서 같은 의미가 되었다. '한 줄 내려가서 왼쪽(또는 오른쪽) 끝으로 돌아가라.'

컴퓨터는 층층이 쌓여 있는 일련의 '추상화 계층'이라는 개념을 통해서 가장 잘 이해할 수 있다. 각 층은 아래에 놓인 층들에서 이것저것을 조합하여 만든, 더 복잡한 상위 구조다. 애플 컴퓨터에서 베이직 프로그램은 맨 위층에 놓일 수 있고, 하드웨어 위에서 실행되는 도스 운영체제 위에서 실행된다. 가장 아래층에는 하드웨어가 있다. 바로 CPU다. CPU는 1억 개가 넘는 트랜지스터로 이루어져 있으며, 이를 통해 CPU의 고유 언어인 '어셈블리어assembly language'(또는 '기계어machine language')를 물리적으로 실행할 수 있다. 어셈블리어는 가장 밑에 놓이는 코드 계층이며 CPU에 직접 명령을 내릴 수 있다. 그리고 CPU에 직접 내릴 수 있는 명령은 아주 제한되어 있을 때가 많다. 이 수를 여기에 저장하고, 이 수를 저기에서 꺼내고, 두 수를 더하거나 빼고, 조건이 이쪽이냐 저쪽이냐에 따라서 서로 다른 코드 집합으로 분기하라는 것 정도다. 이런 작업들은 맥락에 따라서 화면에 글자를 찍으라거나 네트워크로 뭔가를 보내라는 식으로 각기 다른 의미를 지닐 수 있지만, 그 구조는 전반적으로 아주 원시적이다. 어셈블리어로 프로그램을 짜는 것은 지겹고 고역스러울 수 있다. 하지만 CPU의 언어이므로, 실행할 때 속도가 빠르다.

흔히 알고리즘을 요리법에 비유하는데, 그 비유를 컴퓨터의 추상화 계층들에까지 확장하여 어셈블리어가 그 아래의 하드웨어 및 그 위의 고급 언어(베이직, 로고 등)와 어떻게 연결되는지를 살펴보자. 우리가 식당에 있다고 하자. 베이직 프로그램은 손님이다. 손님은 차림표를 읽고서 요리들을 충분히 파악한 뒤에 어느 것을 먹고 싶은지 결정한다. 손님은 수프에 소금을 얼마나 많이 넣을지, 어떤 요리를 하는 데 시간이 얼마나 걸릴지, 음식을 접시에 어떻게 놓을지 등을 걱정할 필요가 없다. 손님은 최종 결과물, 즉 음식을 높은 수준에서만 제어한다. 주방에서 어떤 일이 일어나는지 모르는 상태에서, 손님은 자신의 음식 취향, 알레르기, 추천 같은 것들을 고려하여 차림표에서 요리를 골라서 주문한다. 차림표의 요리를 실제 요리법으로 번역하는 법을 아는 사람인 주방장은 컴파일러compiler 또는 인터프리터interpreter다. 높은 수준의 명령문(손님의 주문)을 훨씬 더 구체적인 낮은 수준의 명령문(재료의 정확한 목록과 조리 명령문)으로 번역한다. 주방의 요리사들은 실제로 계산하는 하드웨어다. 그들은 갖가지 정확한 조리 기술을 오류 없이 충실하게 수행할 전문성을 갖추고 있다. 그들은 주방장이 말하는 정확한 명령문들을 토대로 음식을 만든다. 손님은 이런 세세한 사항들을 모른 채로 남아 있다.

고급 언어인 베이직 프로그램은 애플 IIe CPU의 '6502 어셈블리어'라는 언어로 번역(또는 해석)된다. CPU 칩이 각 어셈블리 명령문을 얼마나 빨리 실행할 수 있는지는 프로세서의 클럭 속도가 결정하며, 이는 초당 진동 횟수, 또는 단위 헤르츠Hz로 나타낸다.† 베이직보다 훨씬 더 벅찼기에, 어렸을 때 나는 감히 6502 어셈블리어를 건드리지 못했다. 어셈블리어는 컴퓨터의 물리적 기억 장치에 접근할 수 있고, 사실상 CPU의 하드웨어가 이해하는 숫자로 된 연산 부호operation code를 지정할 수 있다. 어셈블리어에서는 프로그래머와 하드웨어 사이의 거리가 거의 없다.

다음은 애플 II 6502 어셈블리어로 짠 "Hello world!" 프로그램(그냥 "Hello world!"라는 단어를 화면에 찍고서 끝내는)이다.[5]

```
COUT  gequ   $FDED            ;애플 II 문자 출력 함수

      keep   HelloWorld

main  start
      ldx    #0               ;첫 번째 문자로 시작한다
loop  lda    msg,x            ;다음 문자를 가져온다
      cmp    #0               ;문자열의 끝인가?
```

† 6502는 1메가헤르츠, 즉 초당 100만 클럭 속도로 작동하는 프로세서였으며 1초에 50만 개에 좀 못 미치는 어셈블리 명령어를 실행할 수 있었다. 2000년 이후로 설계가 점점 정교해지고 다중처리 프로세서와 그래픽 전용 프로세서가 등장하면서, 클럭 속도는 더 이상 성능의 의미 있는 지표가 될 수 없었다. 그래서 현재는 3기가헤르츠 프로세서 같은 용어가 덜 중요하다. 명령문을 실행하는 속도(그리고 그 명령문의 내용)가 얼마든지 달라질 수 있기 때문이다. 2003년에 전형적인 3기가헤르츠 펜티엄 4 프로세서는 초당 약 100억 개의 명령문을 실행할 수 있었다. 2012년에 CPU(또는 코어) 4개짜리 3.2기가헤르츠 인텔 아이비브리지 칩은 이론상 초당 1300억 개의 명령문을 처리할 수 있었다. 코어당 300억 개가 넘는다. 비록 그 속도에 이르려면 나타날 수 있는 많은 병목 현상들을 피하기 쉽지 않을 테지만 말이다. 그래도 2012년 아이비브리지 칩이 내 오래된 애플 IIe 안에 든 6502보다 성능이 약 10만 배 뛰어나다고 말해도 무리는 아닐 것이다. 엄격한 순서대로 한 번에 하나의 명령문만을 처리하는 6502의 선형적인 특성은 완전히 사라졌다. 컴퓨터가 엄밀한 순서에 따라서 단지 빠른 속도로 작업을 하는 계산기일 뿐이라는 개념도 프로세서가 발달하면서 점점 약화되었다.

```
        beq     done            ;->그렇다!
        jsr     COUT            ;출력한다
        inx                     ;다음 문자로 이동한다
        jmp     loop            ;계속 출력한다
done    rts                     ;작업 완료!
msg     dc      c'Hello world.'
        dc      h'0D'
        dc      h'00'
        end
```

C로 짜면 이렇다.

```
int   main() {
      printf("Hello world!\n");
      return 0;
}
```

애플소프트 베이직으로 짜면 더 간단하다.

```
10 PRINT "HELLO WORLD!"
```

1980년대에 많은 프로그래머는 어셈블리어로 직접 코드를 짰

다. 프로그램이 지금보다 더 단순했고, 실행 성능이 아주 중요한 시대였기 때문이다. 그러나 컴퓨터가 더 발전하고 더 복잡해짐에 따라 어셈블리어로 코드를 짜기가 불가능해졌다.† 프로세서(애플 II는 6502, 매킨토시는 68000, PC는 8086)마다 어셈블리어가 다르므로, 프로그래머가 어셈블리어로 코드를 짜려면 각각을 다 배워야 한다. 끔찍할 만치 비효율적이다. 그보다는 CPU로부터 독립된 고급 언어를 쓰는 편이 더 효율적이다. 오늘날 흔히 쓰는 C++에서 자바Java, 루비Ruby, 파이선Python에 이르는 모든 언어는 더 높은 수준의 언어다. 이런 언어로 짠 코드를 컴파일러가 각 프로세서에 맞는 어셈블리 코드로 번역한다.

대학교에서 어셈블리어와 언어 컴파일러 프로그램이 어떻게 고급 프로그래밍 언어를 어셈블리어로 번역하는지를 배우기 전까지, 컴퓨터는 내게 얼마간 불투명한 상태로 남아 있었다. 나는 그 지식의 빈틈이 성가셨다. 그 낮은 층을 훨씬 더 직접적으로 제어할 수 있었을지라도, 그 층을 이해할 수가 없었기 때문이었다. 대학교에서 컴파일러 강의를 수강하면서 비로소 컴퓨터의 하부 구조가 눈에 들어왔다. 내 코드와 실행 사이에 더 이상 기적은 없었다. 나는

---

† 20세기의 가장 위대한 천재에 속하면서 거의 모든 현대 컴퓨터의 토대를 이루는 표준 설계의 창안자인 요한 폰 노이만은 어셈블리어에 통달해 있었기에 고급 언어가 전혀 필요 없다고 생각했다. 1954년에 그는 고급 언어를 생각하는 것 자체가 시간 낭비라고 투덜거렸다. "기계어면 됐지 뭐가 더 필요하다는 거야?" 그는 이런 고급 언어로 짜도 한 사람이 온전히 다 이해할 수 없을 만치 프로그램이 엄청나게 커지는 시대가 온다는 것을 내다보지 못했다. 사실 거의 누구도 내다보지 못했다.

마침내 전체 그림을 볼 수 있었고, 그 그림은 너무나 아름다웠다.

분리

나는 모든 체계적인 접근법과 정확한 증명의 요구를 포기한다. 그저 내가 생각하는 것을 말하고, 왜 그렇게 생각하는지를 명확히 밝히기만 할 것이다. 과학의 중요한 연구 성과들조차도 비슷한 고민의 산물이라는 생각을 위안으로 삼으련다. 나는 내 비현실을 펼칠 수 있도록 세계, 즉 진짜 배경의 이미지를 발전시키고 싶다.

—로베르트 무질

십대가 되자 나는 프로그래밍이 아닌 다른 것에 끌리게 되었다. 있는 그대로의 '현실 세계'가 내 주의를 끌었고, 그러고 나니 컴퓨터는 메마른, 은둔의 세계로 보였다. 때는 1980년대 말이었다. 그 어떤 형태의 웹도 아직 존재하지 않았고, 컴퓨터도 대다수 사람들의 일상생활에 아직 들어오지 않은 시기였다. 나는 그런 세계에서 자란 마지막 세대에 속했다. 나보다 겨우 몇 년 더 늦게 태어난 이들은 막 출현한 공용 인터넷과 웹에 접속하여 탐험할 수 있었다. 온라인 게시판 같은 것들이 있긴 했지만, 그것들은 내 일상생활과 엄격하게 단절되어 있었다. 취미 활동가, 괴짜, 변종들만이 그런 곳에 들락거렸다. 그리고 나는 자그마한 교외 주거 지역에서 처량하게 지내고 있었다. 많은 프로그래머에게는 컴퓨터가 그런 처량함의 해소책이었다. 컴퓨터는 십대와 성년기 내내 틀에 박힌 지루한 일상 활동으로부터 벗어날 매혹적인 탈출구를 제공했다. 그런데 당시 컴퓨터가 왜 다른 많은 이들에게처럼 내게 위안이 되지 못했는지 명확히 설명할 수가 없다. 많은 십대 프로그래머들로 하여금 밤을 새면서 게임 코드를 짜거나 저작권 보호 코드를 깨는 일에 몰두하게 만드는 완벽한 뇌-화면 결속을 깨뜨리는 뭔가가 내 안에 있었다. 그 대신 문학이 내 피난처가 되었다.

부모님은 내가 자랄 때 '컴퓨터광의 표준 문학적 정크 푸드'인 과학소설을 잔뜩 안겨주셨지만, 나는 자라면서 인간의 감정과 실존적 위기를 탐구하는 쪽에 점점 끌렸다. 열세 살이 되면 으레 겪는 절망감에 빠져 있을 때, 나는 2주 동안 커트 보니것의 작품들을 모조리 통독했다. 나는 감명을 받았다. 그 여파로 나는 점점 더 '깊이 있는' 소설을 찾게 되었다.†

고등학교 때 어느 날 물리 수업 시간에 선생님이 그가 20세기의 가장 위대한 작가라고 생각한다는 제임스 조이스를 소개했다. 그는 『율리시스*Ulysses*』가 엄청나게 복잡하며, 『피네간의 경야*Finnegans Wake*』는 아예 이해 불가능하다고 했다. 아이 때 로고의 나무 프로그

† 십대 청소년에게 '깊이 있는'은 '불안과 염세적 분위기로 가득한'을 뜻한다. 당시 소외감에 빠진 청소년들의 공감을 산 3대 작가는 J. D. 샐린저, 알베르 카뮈, 실비아 플라스였다. 당연히 나도 그들의 작품을 다 읽었다.

램에 혹했듯이, 십대의 나는 『율리시스』의 난해함과 모호함에 흥미를 느꼈다. 소설책이 어떻게 "어려울" 수 있다는 거지? 프로그램의 복잡성과 비슷한 뭔가가 담겨 있는 것일까?

그러다가 이른바 '잠재적 문학'의 실험적인 작품들을 쓴 프랑스인 위주의 창작 집단인 울리포Oulipo의 작가들을 접하게 되었다. 수학 애호가인 마틴 가드너가 〈사이언티픽 아메리칸*Scientific American*〉에 연재하는 칼럼에 그 집단이 몇 번 언급되어 있었기 때문이다.† 레몽 크노, 조르주 페렉, 이탈로 칼비노, 해리 매튜스가 가장 유명했는데, 그들은 형식적 제약을 이용하여 문학에 혁신을 일으키려 했다. 페렉의 소설 『실종*La disparition*』은 가장 악명 높은 작품에 속했다. 분량이 300쪽에 달하는데 알파벳 e가 한 글자도 들어 있지 않다. 글자 중 하나 또는 여러 개를 누락시키는 이런 유형의 제약을 '리포그램lipogram'이라고 한다. 시인인 장 레스퀴르의 'S+7' 방법은 글에서 7번째로 나오는 명사마다 사전에서 그 단어의 다음 명사로 바꾸는 것이다. "귀 좀 빌리자Lend me your ears"는 "이젤 좀 빌리자Lend me your easels"가 된다. 레몽 크노의 『100조 편의 시*Cent Mille Milliards de Poèmes*』는 운율 체계가 동일한 소네트(14행으로 이루어진 유럽의 정형시—옮긴이 주) 10편으로 이루어져 있다. 행끼리 뒤섞어서 조합하면, 가능한 첫 행이 10가지가 되고, 두 번째 행도 10가지가 되며, 그

† 가드너는 20세기에 수학을 예술 및 오락과 연관 지어서 대중화하는 데 가장 큰 기여를 한 인물 중 하나다. 그는 그 자체로 괴짜 고급문화의 기록 보관소였고, 젊은 수학자와 컴퓨터과학자를 배출하는 데 가장 크게 기여한 요인이라고 할 수 있다.[6]

렇게 해서 총 10^{14}가지 시가 나올 수 있다.

조르주 페렉의 걸작 『인생 사용법*La Vie mode d'emploi*』은 10×10 아파트 건물(한쪽 귀퉁이가 빠져 있다)의 99개 방에 사는 사람들을 묘사한다.[7] 이야기는 체스의 기사 말이 움직이는 식으로 다음 방으로 옮겨가며, 각 방은 딱 한 번씩만 들른다.[†] 나는 이 복잡한 구조가 컴퓨터과학과 밀접한 관계가 있다는 것을 나중에야 알아차렸다. 페렉은 '그레코-라틴 방진Graeco-Latin square'이라는 수학 기법에 매료되었다. 두 성분 집합을 서로 짝지어서 한 번씩만 나타나도록 하는 방식이었다. 즉 짝지은 각 글자 쌍이 정사각형을 이루는 여러 칸들 중에서 하나의 칸에만 들어가야 한다. 페렉은 그레코-라틴 방진을 이용하여(그리고 남용하여) 소설의 체계를 짰다.[8] 『인생 사용법』의 원래 구상은 20여 칸의 방진을 써서 사물, 인물, 시간, 가구, 옷, 음악을 각 장에 배치하는 것이었다. 그런데 각 칸에 들어갈 조합을 찾아내기가 극도로 어려웠다. 18세기에 수학자 레온하르트 오일러는 10×10 그레코-라틴 방진이 존재하지 않는다고 생각했다. 그 방진은 1959년에야 컴퓨터의 도움으로 발견됐다.

페렉은 혼자 힘으로 충분한 크기의 방진을 구성할 수가 없었기에 1960년에 「컴퓨터를 이용한 직교 라틴 방진 구성법」이라는 논

---

† 페렉이 아파트 방들을 돌아다니는 데 쓴 방법을 '기사의 여행Knight's Tour'이라고 하며, 컴퓨터과학 입문 강의에서 흔히 접할 수 있다. 어떤 크기의 말판에서 기사의 여행 경로를 찾아내는 컴퓨터 프로그램을 짜라는 문제로 제시된다. 그런 경로가 있다면 말이다. 페렉은 손으로 직접 경로를 찾아내야 했다.

Aα	Bδ	Cβ	Dε	Eγ
Bβ	Cε	Dγ	Eα	Aδ
Cγ	Dα	Eδ	Aβ	Bε
Dδ	Eβ	Aε	Bγ	Cα
Eε	Aγ	Bα	Cδ	Dβ

5×5 그레코-라틴 방진. 각 글자 쌍은 한 번씩만 나타나며,
각 글자도 각 행이나 열에 한 번씩만 나타난다.

문의 공동저자 중 한 명인 인드라 차크라바르티에게 도움을 요청했다.[9] 차크라바르티는 페렉에게 두 가지 12×12 방진을 제공했다. 컴퓨터과학자 도널드 커누스도 그 논문의 공동 저자였는데, 그는 알고리즘 프로그래밍 분야의 경전이라고 할 만한 『컴퓨터 프로그래밍의 예술*The Art of Computer Programming*』을 썼다. 커누스는 『인생 사용법』이 "아마 20세기의 가장 위대한 소설일 것"이라고 했다.[10] 페렉은 컴퓨터의 도움이 없었다면 그런 작품들을 쓸 수 없었을 것이다. 커누스는 알고리즘의 제약 조건과 페렉의 경이로운 창의력이 조합된 소설이 걸작이라고 본 것이다.

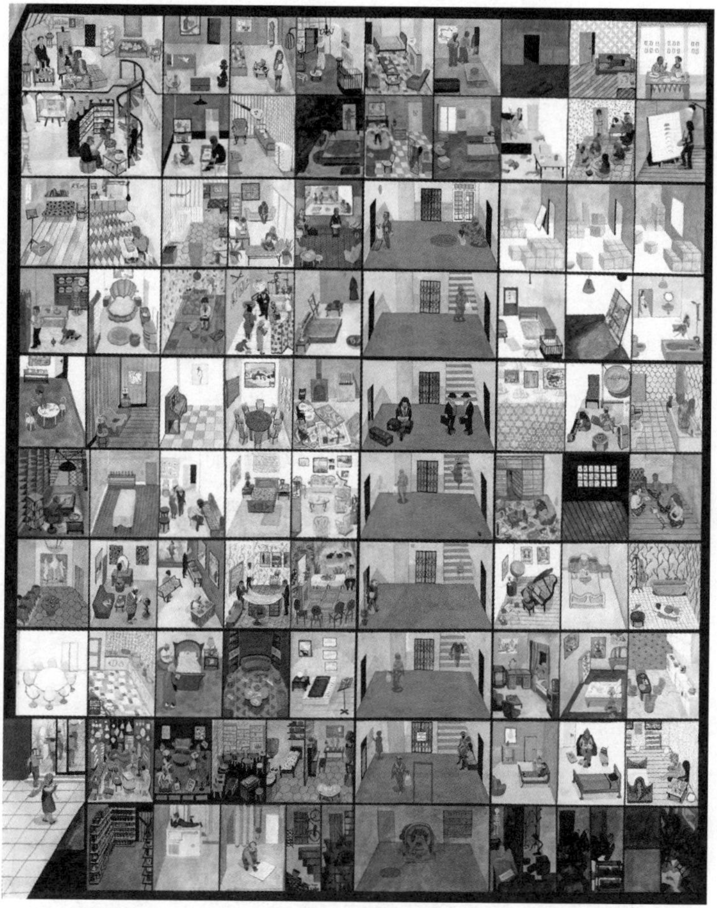

조르주 페렉의 『인생 사용법』에 나오는 10×10 아파트를 묘사한
브레히트 에벤스의 그림.

나는 기사의 여행과 그레코-라틴 방진 같은 제약 조건들의 수학적 매력은 그 제약 조건이 얼마나 정확히 명기되고 정량화되는가에 달려 있다고 믿는다. 작가는 '과학소설'이나 '3인칭 소설'이

나 '죄수 소설'을 쓸 수 있지만, 그런 용어들은 모호하게 정의된 장르를 가리키는 가장 일반적인 표현에 불과하다. 특정한 유형의 소설을 정확히 규정하는 엄밀한 규칙 같은 것은 없다. 반면에 리포그램이나 S+7 같은 울리포 집단의 제약 조건들은 확고하게 정해져 있다. 따라서 알고리즘적이다. 예외 사례가 있긴 하지만, 거의 그렇다. 레몽 크노의 『문체 연습*Exercices de style*』은 두 사람이 버스, 그리고 이어서 거리에서 만난다는 평범한 일화를 99가지 다른 방식으로 이야기한다. 정확한 알고리즘에 따라서 순수하게 형식적으로 글자와 단어를 치환한 이야기 판본도 있지만, 문체 차원에서 속어, 음악, 서술어, 대화 등의 표현 방식을 바꾼 판본들도 많다. 그러니 전적으로 형식적인 조작만 있는 것은 아니지만, 제시한 제약 조건들하에서 충동적이고 창의적인 표현을 쏟아낼 수 있도록 짜여 있다. 더 뒤에 만화가 매트 매든은 『스토리를 전달하는 99가지 방법*99 Ways to Tell a Story*』에서 이 개념을 토대로 다양한 시각 양식을 시도했다. 나는 순수한 형식적 조작 알고리즘보다 크노의 느슨한 문체 규칙에서 더 깊은 인상을 받았다. 좋든 싫든 간에, 내 삶은 로고 나무의 프랙털 패턴과 닮지 않았다. 단순한 알고리즘을 통해 생성하거나 재현할 수 있는 것이 아니었다. 내가 울리포에 혹한 것은 그 운동의 구성원들이 창의성을 없애는 것이 아니라 자극했기 때문이었다.

울리포 작가들을 접했을 때, 나는 분석analytic 충동과 휴리스틱heuristic 충동이라고 부를 만한 것들 사이의 긴장을 처음으로 느꼈다. 분석 충동은 형식적 조작의 진정한 아름다움을 접할 때 흡족함을 느낀다. 완벽한 알고리즘, 아름다운 수학적 증명, 세심하게 짠 차례가 그렇다. 구조, 일관성, 우아함이 분석적 성향을 지닌 사람들의 성취 욕구를 자극하는 동기가 된다. 그러나 그런 체계들은 '진짜' '삶'의 복잡다단함과 동떨어져 있기에, 나는 완전히 푹 빠질 수가 없었다. 정반대로 휴리스틱 접근법은 완전히 이해하지 못할 본능적 직감, 과거 경험, 무의식, 기타 정신 과정들로부터 나오는 다루기 어려운 복잡성과 모호함에 대처하기 위해, 그때그때 어림짐작으로 추정하는 것이다. '휴리스틱'이라는 용어의 현대적 의미는 수학자 죄르지 포여가 내놓았다.[11] 그는 휴리스틱이 논리적 측면과 심리적 측면이 서로 떼어낼 수 없게 얽혀 있는 상태를 가리킨다고 했다. 포여는 휴리스틱이 수학적 사고에 통합되어야 한다고 생각했지만, 휴리스틱의 용도는 그런 차원을 훨씬 넘어선다. 인간의 언어와 감정의 미묘함, 정의와 정치의 난제, 미적 경험의 심오함은, 산뜻하게 정량화하여 수학과 논리가 제공하는 분석 상자에 분류해 넣는 방식에 저항하는 현상들이다. 그렇기에 우리는 분석적 표현을 완벽하게 다듬기보다는 부정확성과 오류를 받아들인다.

우리가 이런 상반된 성향들을 함께 지니고 있음을 간파한 이들은 많다. 과학이나 인문학도 어느 한쪽만을 지니고 있지 않다. 문학이든 논리학이든 스포츠든 간에 모든 분야에서 분석적 측면과 휴리스틱 측면이 공존한다. 1905년 수학자이자 천문학자이자 작가인 앙리 푸앵카레는 수학자를 두 유형으로 구분했다.

한 부류는 오로지 논리에 몰두하는 이들이다. 그들의 글을 읽으면, 그들이 성벽을 따라 참호를 죽 파서 봉쇄하는 보방Vauban(요새 건축으로 유명한 프랑스의 축성가이자 전술가—옮긴이 주)의 방식처럼 그 어느 것도 우연에 맡기지 않고 한 단계 한 단계 밟아간다고 믿고 싶어진다. 또 한 부류는 직관을 따르며, 전위 부대의 대담한 기병들처럼 단숨에, 하지만 때로 불안하게 정복한다. (…) 그 자체로 확실성을 제공할 수 있는 논리는 설명의 도구이고, 직관은 창안의 도구다.[12]

푸앵카레는 직관이 필요하긴 하지만 오류를 일으키기 쉽다고 말한다. 나는 그것을 '휴리스틱'이라고 부른다. 어떤 사실이 관련이 있는지, 어떤 현상이 연관이 있는지, 어떤 지름길을 취할지를 종종 무의식적으로 고르곤 하는 기술이기 때문이다. 70년 뒤 수학자 마크 캑은 과학 분야 등에는 두 유형의 천재, 즉 '평범한' 천재와 '마법사' 천재가 있다고 말했다.[13] 두 유형 사이의 차이는, 리처드 파인만 같은 마법사가 어떤 일을 해냈는지 이해한다고 해도, 그가 어떻게 그런 일을 해냈는지를 전혀 알 수 없다는 것이다.

휴리스틱이 정확한 알고리즘에 비해 좀 뒤떨어지는 심리적 지름길처럼 보일지 모른다. 하지만 1950년대에 노벨 경제학상 수상자이자 박식가인 허버트 사이먼은 휴리스틱이 너무 복잡해서 분석적으로는 이해하기 어려운 세상에 대처하는 필수 도구라고 주장했다. 그는 휴리스틱이 우리가 어떤 문제이든 간에 풀고자 할 때 직면하는 한계들에 대처하기 위해 필요한 수단이라고 보았다. 시간, 지식, 지능의 한계 같은 것들이다. 심리학자 게르트 기거렌처는 더 나아가 복잡한 분석이 실패할 경우에 단순히 휴리스틱에 따라 내린 결정보다 더 안 좋은 결과를 낳을 때가 종종 있다고 역설한다. 우리가 어떤 문제에 편향적인 태도를 취하는 것은, 우리에게 결함이 있기 때문이 아니라 그런 편향이 없이는 아예 대처를 할 수 없기 때문이다. "편향이 없다면, 마음은 불확실한 세계에서 제대로 기능을 할 수가 없다."[14]

휴리스틱은 사실상 인간이 제 기능을 하려면 필요한 것이지만, 휴리스틱과 그 편향을 적용하려 할 때에는 신중을 기해야 한다. 뒤에서 살펴보겠지만 휴리스틱이 컴퓨터에 부주의하게 적용되면 말썽이 생긴다.

휴리스틱의 갈라진 틈새로는 온갖 잡동사니들이 스며들게 마련이다. 나는 너무 복잡하여 형식적 분석이나 휴리스틱 지름길로 포착하기 어려운 이 잡동사니들에도 형식 체계만큼 흥미를 느꼈다. 자크 루보의 『런던 대화재*Le Grand Incendie de Londres*』나 페렉의 『W 또는 유년의 기억*W ou le souvenir d'enfance*』처럼, 울리포 작가들은 인간의 희로애락을 엮어낼 때 형식적 추상화를 써서 추상과 환원 불가능한 현실의 복잡성 사이의 틈새를 채웠다. 그들의 손에서는 형식적인 것과 분석적인 것도 그 자체로 휴리스틱 도구가 되었다. 울리포 기법은 내게 인간의 의지 및 감정의 세계와 연결되게 해주는 대체 도구를 제공했다.

울리포 작가들은 작품 속에서 탁월한 게임들을 펼치곤 했지만, 때로는 게임 자체가 이야기의 인간적인 의미보다 우선시되는 듯했다. 이탈로 칼비노가 『엇갈린 운명의 성*Il castello dei destini incrociati*』에서 했듯이, 타로 카드 배열로 이야기를 구성한다면 과연 그 결과물이 사람들의 심금을 울릴까? 그럴 때도 있고 아닐 때도 있다. 그래서 나는 제약에 덜 구애받으면서 쓴 버지니아 울프와 허먼 멜빌의 작품에 점점 더 끌리게 되었다.

그러나 내가 마음의 배를 정박한 부두는 제임스 조이스였다. 나는 명석하면서 마음이 맞는 교사와 함께 『율리시스』를 읽었다. 그 책은 아일랜드 방언, 가톨릭 신학, 저속한 외설로 뒤범벅된 이해할 수 없는 대목들이 많아서 지독히도 어려웠다.† 조이스의 생각은 유치함에서 난해함을 거쳐 심오함까지 오갔고, 쉽게 와닿지 않는 논리들이 제멋대로 뒤섞였다. 조이스는 세심하게 집필했지만, 나는 그가 어떤 목적으로 책을 썼는지를 도무지 알 수 없었다. 그 도전과제에 직면하자 나는 여러 해 전에 로고를 접했을 때와 비슷한 호기심이 샘솟는 것을 느꼈다. 그러나 컴퓨터의 개념은 아무리 어려워도 명확히 파악되는 반면, 조이스의 『율리시스』는 무수한 해석들에 열려 있었다. 『율리시스』의 등장인물들(스티븐 디덜러스, 몰리 블

† 사실 나는 고상한 척하는 사람이 아니었고, 그럴 생각도 없었다. 조이스의 소설을 읽는 한편으로 나는 만화책, 영화, 텔레비전, 대중 소설의 형태를 취한 잡동사니들도 엄청나게 소비하고 있었다. 그런 잡동사니들은 대부분 내 곁에 남아 있지 않다(고상한 것들도 대부분 그러하지만). 나는 그 점이야말로 위대한 작품과 평범한 작품을 가르는 진정한 징표라고 생각한다.

룸, 레오폴드 블룸)은 비극, 상실, 고통에 짓눌린 삶을 살았다. 스티븐은 모친을 잃었고, 블룸 부부는 아들을 잃었고 딸은 방황하고 있었는데, 내게는 그것들이 가장 중요한 문제로 여겨졌다.

매우 혼란스럽긴 해도 『율리시스』에는 엄격한, 아니 과도한 수준의 구조가 들어가 있다. 조이스는 몇 가지 기본 틀을 짜놓고서 이야기를 펼친다. 각 장은 『오디세이*Odyssey*』(트로이 전쟁의 영웅 오디세우스의 모험을 그린 고대 그리스의 서사시—옮긴이 주)의 일화에 맞춰서 펼쳐질 뿐 아니라, 장마다 주된 상징과 신체 기관도 설정되어 있다. 그러나 조이스는 그 기본 틀이 책에서 가장 중요한 것이 아님을 명확히 밝혔다. 기본 틀은 소설을 보는 한 가지(또는 여덟 가지) 방법에 불과하며, 조이스는 그 어떤 한 가지 해석이나 분석이 궁극적인 것이 될 수 없도록 하기 위해 극도로 애썼다. 겹쳐진 구조들은 서로 모순되었다. 한 인물은 독자가 어떤 관점에서 보느냐에 따라서 영웅이나 악당, 성공한 사람이나 실패한 사람이 될 수 있었다. 어느 한 가지 해석이 옳다고는 할 수 없었다. 조이스는 독자가 책을 이해하도록 돕는, 하지만 서로 충돌하는 여러 가지 휴리스틱을 제공했다. 그것이 바로 틈새에 빠진 잡동사니들을 끄집어내는 조이스의 방식이었다. 나는 조이스의 목표가 모호한 채로 놔두는 것이 아니라, 모순에 모순을 겹쳐 쌓는 것이라고 이해하게 되었다. 축소하기보다는 풍성하게 하기 위해서였다.

나는 『율리시스』의 형식적 패턴에 매료되었지만, 형식적 패턴 그 자체에 빠진 것은 아니었다. 오히려 형식적 패턴은 위장된 형태

	제목	장면	시간	장기
1	텔레마코스	탑	오전 8시	
2	네스토르	학교	오전 10시	
3	프로테우스	거리	오전 11시	
4	칼립소	집	오전 8시	콩팥
5	로터스-이터즈	목욕탕	오전 10시	생식기
6	하데스	묘지	오전 11시	심장
7	아이올러스	신문사	정오	허파
8	레스트리고니언즈	점심	오후 1시	식도
9	스킬라와 카립디스	도서관	오후 2시	뇌
10	배회하는 바위들	거리의 방	오후 3시	피
11	사이렌	음악회장	오후 4시	귀
12	키클롭스	선술집	오후 5시	근육
13	나우시카	바위 지대	오후 9시	눈, 코
14	태양신의 황소들	병원	오후 10시	자궁
15	키르케	매음굴	자정	운동장치
16	에우마이오스	쉼터	오전 1시	신경
17	이타카	집	오전 2시	뼈대
18	페넬로페	침실		

조이스가 설정한, 『율리시스』에 담긴 패턴들 중 하나.[15]

	학문 분야	색깔	상징	기법
1	신학	흰색, 금색	상속인	이야기체(젊은이)
2	역사	갈색	말	교리문답체(개인적)
3	문헌학	녹색	조석	독백(남성)
4	경제학	오렌지색	님프	이야기체(어른)
5	식물학, 화학		성찬식	나르시시즘
6	종교	흰색, 검은색	관리인	악마주의
7	수사학	적색	편집자	생략삼단논법
8	건축		경찰관	연동 운동
9	문학		런던 스트랫퍼드	변증법
10	역학		시민	미로
11	음악		여종업원	카논풍 푸가
12	정치학		페니아 회원	거인증
13	회화	회색, 청색	처녀	음경팽창, 수축
14	의학	흰색	어머니	배아
15	마법		매춘부	환각
16	항해		뱃사람	이야기체(노인)
17	과학		혜성	교리문답체(비개인적)
18	육체		지구	독백(여성)

로 존재하다가, 뒤엉킨 인간 감정의 덩굴손처럼 흐릿한 불빛에 반쯤 모습을 드러내는 실존의 가장 깊은 수수께끼들에 어렴풋이 단서를 제공했다. 컴퓨터는 비교 대상이 아니었다.

결합

> 지적인 정의definition로부터 살아남을 수 없는 것은 경박한 사랑뿐이다. 위대한 사랑은 이해를 통해 번성한다.
>
> —레오 스피처

내가 아내인 니나를 처음 만난 것은 18세 때였다. 우리가 결혼한 것은 그로부터 10년 뒤였다. 18세의 자아는 배우자를 고를 능력이 있다고 믿을 수 없었으니까. 만남은 우연한 자리에서 일어났다. 나는 친구들이 유월절이 끝나는 것을 기념하여 피자리아 우노에서 저녁 피자 모임을 갖겠다고 해서 하버드로 친구들을 만나러 갔다. 일고여덟 명이 좁은 탁자에 옹기종기 앉았는데, 내 바로 옆에 니나가 앉았다. 니나는 시인이 되고 싶어 했다. 나는 소설가가 되고 싶다고 말했다. 우리는 둘 다 프로그래머였다. 니나와 나는 함께 있는 다른 친구들보다 서로에게 더 호감이 갔다. 우리가 다시 만난 것은 그로부터 6개월 뒤였다.

그 사이에 여름 동안 우리는 매일 이메일을 주고받았다. 그런 한편으로 나는 자동 잠금 장치를 만드는 한 공장을 위해 데이터를 입력하고 프로그램을 짰다. 우리는 젊은이 특유의 고뇌를 털어놓고 어떤 책과 영화를 좋아하는지 이야기했다. 그녀는 콕토 트윈스Cocteau Twins의 노래를 좋아했다. 나는 갱 오브 포Gang of Four를 좋아했다. 우리는 서로에게 들려줄 노래를 카세트테이프에 녹음했다. 이윽고 우리는 다시 만나서 사귀게 되었다. 우리 둘 다 과학과 수학에 푹 빠진 괴짜였지만, 문학 같은 감동을 자아내는 것들도 사랑했다. 그녀는 내게 제임스 에이지와 워커 에번스의 『이제 유명인들을 칭송하자Let Us Now Praise Famous Men』를 선물했다. 나는 호르헤 루이스 보르헤스의 『픽션들Ficciones』을 선물했다. 우리는 케임브리지의 찰스강 다리에 윌리엄 포크너의 소설 속 인물 퀜틴 콤프슨을 기념하는 명판이 있다고 해서 찾아보기도 했다. 찾지는 못하고, 거의 얼어 죽을 뻔했다.† 한 친구는 니나의 특별함을 알겠노라고 내게 말했다. 나를 설득해 무지갯빛 신발 끈을 매도록 했기 때문이라는 것이었다. 니나는 나보다 언어와 음악을 훨씬 더 잘 알았고, 내가 엄격함과 긴장만을 찾던 곳에서 아름다움도 보게 했다.

우리 감정을 일으키는 알고리즘이 있다면, 그것은 역설계를 통해 나와야 할 것이다. 우리는 때로 객관적인 인식을 날려버릴 정도로 강렬한 감정과 반응에 사로잡히곤 한다. 사랑은 비합리적이고,

† 당시에는 없었지만, 지금은 그 작고 눈에 안 띄는 명판을 찾을 수 있는 온라인 안내 지도가 있다. 명판에는 이렇게 적혀 있다. "퀜틴 콤프슨 3세. 1910년 6월 2일. 인동덩굴이 시들 때 익사하다."

열정적이고, 광적인 양상을 띠곤 한다. 니나를 만났을 때 나는 두렵기도 했다. 앞서 사귀던 사람과 씁쓸하게 헤어지는 바람에 몹시 충격을 받았기 때문이었다. 하지만 니나를 만나면서 몇 달 지나지 않아서 과거를 떨쳐냈다.

많은 관계에는 으레 진행되는 단계들이 있다. 처음에 홀딱 반했을 때에는 상대의 결점을 그냥 넘긴다. 호르몬과 매력에 취했던 상태에서 좀 깨어날 때면, 이전에 못 보던 것들이 보이기 시작한다. 상대의 결함, 과오, 작은 실수가 눈에 띈다. 이제 진짜 협상이 시작된다. 우리는 처음에 홀딱 반했던 느낌을 기억한다. 아마 상황이 왜 이렇게 달라졌고 상대가 왜 더 이상 같은 수준의 기쁨을 일으키지 못하는지 의아해질 수도 있다. 냉소적인 사람이라면, 자신의 마음이 화학물질과 환상으로 가득한 상태였음을 간파한다. 상대의 진정한 모습을 어느 정도 무해하게 왜곡해서 보았던 것이라고.

데이트와 연애 관계를 통해서 우리 마음속에는 사적이고 내밀한 기억들과 그에 수반되는 감정들이 쌓인다. 그로부터 우리는 단순하게 환원시킨 판단의 집합을 구축한다. 상대에 관한 불완전한 자료들을 모아서 휴리스틱 척도로 삼는 것이다. 얼마나 사랑하는지, 얼마나 똑똑한지, 얼마나 책임감이 있는지, 얼마나 재능이 있는지, 얼마나 유망한지 등. 우리는 끊임없이 계산을 되풀이한다. 관계를 지속하려는 의지는 이런 판단들이 긍정적인 상태로 얼마나 오래 이어질지에 달려 있다.

그런데 우리는 일관성이나 합리성을 갖춘 상태에서 이런 판단을 내리는 것일까? 증거를 꼼꼼하게 따진다고 확신할 수 있을까? 우리는 10년 동안 사귄 끝에 결혼식을 올렸다.† 〈뉴욕 타임스〉 혼인 광고란에 실린 동화 같은 연애담을 읽을 때면 나는 이런 생각을 한다. '일화는 아무리 많아도 데이터가 아니다.'‡ 가장 아름다운 코드에 숨어 있는 버그bug처럼, 사랑하는 부부 관계가 이혼으로 끝날 가능성은 꽤 높다. 불길한 데이터 때문에 우리는 약혼을 주저했다. 당시의 내가, 지금은 내 인생의 절반 넘게 이어진 관계로 얽혀들고 있음을 미리 알았다면 아마 놀랐을 것이다.

"죽음이 우리를 갈라놓을 때까지"라는 말을 입에 올리는 사람은 결혼이 영구히 지속될 것이라는 확고한 믿음을 표현하는 셈이다. 반면에 나는 감정, 특히 내 자신의 감정을 불신했기에, 감정이 아니라 증거에 토대를 둔 결정을 하기로 마음먹었다. 당시 나는 사랑이 무엇을 의미하는지, 그리고 모든 사람에게 똑같은 의미를 지니는지 여부도 알지 못했다. 나는 사랑을 감정보다는 어떻게 정의하느냐의 문제라고 생각했다. 사랑은 성공적인 관계를 이루게 하는 무엇이었다.

---

† 내가 마르셀 프루스트의 『잃어버린 시간을 찾아서*À la recherche du temps perdu*』를 읽은 것은 약혼한 직후였다. 약혼하기 전에 읽지 않은 것이 다행이었다. 그 책의 주제 중 하나는 누군가를 향한 감정이 결코 지속되지 않는다는 것이니까. 우리는 한순간에 사랑에 빠지고, 또 빠져나올 수 있다. 약혼하기 전에 읽었다면 나는 두려워서 결혼을 다시 10년쯤 미루었을지도 모른다.

‡ 정치학자 레이먼드 울핑거는 1970년경에 이 어구를 뒤집어서 새로운 어구를 지어냈다. "일화가 많아지면 데이터가 된다." 나는 이를 고쳐 말하는 쪽이 근본적인 의미를 더 잘 드러낸다고 본다. "표준화한 일화는 충분히 많아지면 좋은 데이터가 될 수 있지만, 온갖 일화들을 그저 무작위로 모은다고 해서 그 수준까지 가치가 올라가는 일은 드물다."

대학교를 졸업한 뒤, 나는 소프트웨어 엔지니어로 일했다. 처음에는 마이크로소프트에, 그 뒤에는 구글에 다녔다. 밤에는 문학을 읽고 글을 쓰는 일에 빠졌다. 또 관계를 유지하는 어려운 일에도 정성을 쏟았다. 내 감정과 직관이 불완전했기 때문에 그랬다. 나는 경험을 확증하고 싶었다. 나는 스스로에게 말했다. '우리는 둘 다 소프트웨어 엔지니어야. 코드를 짜고 프로그램을 만들어. 우리 부부 관계도 그 프로그램 중 하나야. 우리 부부 관계의 코드는 우리의 말, 행동, 생각으로 이루어져 있어. 우리가 할 일은 결혼이 파탄나지 않도록 코드에 있는 버그를 막는 거야.'

우리는 버그를 피할 수 없었다. 모든 프로그래머는 버그를 만든다. 대신에 우리는 피해를 예견하고 줄이기 위해 애썼다. 탄탄한 코드는 예기치 않은 입력과 상황에도 살아남을 수 있다. 그러나 때때로 버그는 붕괴를 일으킬 것이다. 리눅스나 유닉스로 프로그램을 짜본 사람이라면 다 알고 있을 메시지가 뜨면서 말이다. Segmentation fault(core dumped) (세그멘테이션 오류. 프로그램이 허용되지 않은 메모리 영역에 접근을 시도하거나, 허용되지 않은 방법으로 메모리 영역에 접근을 시도할 경우 발생한다—옮긴이 주). 내 코드를 구제했던 소프트웨어공학의 격언들은 우리 부부 관계도 구제했다. 여기에 일곱 가지를 적어보자.

1. 베이퍼웨어 피하기

신제품 출시가 야심차게 발표된 뒤, 프로그래머가 구현할 수 없다는 것이 입증됨으로써 무너지고 만 경우가 많다. 새 제품의 출시는 몇 년, 때로는 몇 십 년 동안 미루어질 수 있으며, 설령 긴 기다림 끝에 나온다고 해도 그 최종 산물은 예외 없이 실망을 안겨준다. '베이퍼웨어vaporware'(광고는 요란하게 했지만 언제 출시될지 모를 미래의 제품을 가리키는 말—옮긴이 주)를 출시하라는 압력은 프로그래머에게 엄청난 스트레스를 안겨준다. 기대에 부응할 수 없을 것이라는 두려움 때문이다. 그런 걱정을 하는 것은 당연하다. 인간관계에서 궁극적인 베이퍼웨어를 꼽으라면? "죽음이 우리를 갈라놓을 때까지." 니나와 나는 혼인 서약을 할 때 그 문구를 빼고 대신 로베르트 무질의 "사랑은 모든 감정 중 가장 수다스러운 것이다"와 제임스 라이트의 "내 안 어딘가에는 혼자는 찾을 수 없는 보석이 있다"를 넣었다. 이 격언은 다른 식으로 표현할 수 있다. 덜 약속하고 더 해주어라. 나는 아내에게 당신을 실망시키는 쪽보다 기대를 넘어서는 쪽을 택하겠다고 말하곤 한다. 또 아내가 내게 너무 많이 기대하기보다는 아주 조금 기대하기를 바란다.

2. 베타 테스트

사귀기 시작했을 때 우리는 젊고 풋내기였다. 우리의 감정도 그랬다. 내가 21세 때 짠 관계의 코드는 좋았지만 순진했다. 우리 관계가 깨지지 않은 것은 그 당시에 우리가 이러저러한 사람들이었기 때문이 아니라, 그 뒤로 여러 해에 걸쳐서 우리가 배운 것들 때문이었다. 우리는 그 점을 충분히 이해했기에 우리의 젊은 자아의 허약하고 서툰 판단을 불신했다. 제품을 매끄럽게 작동시킬 수 있을 만큼 코드가 탄탄하다는 증거가 충분히 쌓일 때까지 10년을 기다렸다가 결혼했다. 그러나 토대조차도 영원하지 않다. 정기적으로 유지보수하고 개선하는 것이 중요하다. 한때 건강했던 시스템이 삐걱거리는 기계로 쇠락하지 않도록 말이다.

3. 버그는 결코 사라지지 않는다

잠자고 있을 뿐이다. 우리의 최악의 부부 싸움, 특히 가장 사소한 일로 벌어지는 싸움은 늘 오후 9시 이후에 일어났다. 우리는 여러 해가 지난 뒤에야 그 사실을 알아차렸다. 둘 중 한 명(솔직히 말하자면, 아내보다 나일 때가 훨씬 더 많았다)이 기분 나쁜 말을 듣거나, 일하다가 실수를 하거나, 어떤 집안일을 엉망으로 하는 바람에 화를 낸다. 어떤 친구가 짜증나게 하거나, 쓸데없는 데 돈을 쓰거나, 오래 함께 생활하면서 특수한 의미를 지니게 된 어떤 일을 하지 않았거나 할 때 그렇다. 이런 부부 싸움은 늘 어떤 사소한 문제로 시작되어 경쟁하듯이 서로를 비난하면서 원래의 말다툼이 어떤 더 큰 문제로 비화되곤 하는 양상을 띠었는데, 어리석은 짓이었다. 그럴 때면 원초적인 감정이 모든 합리적이고 균형 있는 관점을 짓밟고 나아갔다. 그리고 그런 싸움은 언제나 9시 이후에 피곤하고 정신이 혼탁한 가운데 시작되었다. 싸움이 가라앉고 나면, 우리는 괜히 목소리를 높이고 핏대를 세우면서 쓸데없는 짓을 했다고 한탄했다. 아내는 한 가지 해결책을 찾아냈다. 그냥 밖으로 나가는 것이었다. 그리고 나는 다른 해결책을 찾아냈다. 9시 이후에는 너무 무거운 주제로 논의를 하지도, 날카로운 비판조차도 전혀 하지 않는 것이었다. 10년 동안 살다가 알아차린 그 사소한 발견이야말로 코르티솔 농도를 높이고 편도체를 흥분시켜서 소진되는 시간을 줄여주었다.

버그는 덧없는 양 보일 수 있다. 나는 뜬금없이 나타나서 서버를 고장 낸 뒤에, 마찬가지로 수수께끼처럼 사라지는 듯한 버그를 보곤 했다. 그러나 버그는 결코 사라지지 않는다. 고치지 않으면 그 수수께끼의 버그는 반드시 다시 돌아온다. 심각한 부부 싸움은 평온한 시기에 갑자기 사라질지 모르지만, 근본적인 문제를 해결하지 않으면 곪다가 나중에 더 크게 폭발할 뿐이다.

4. 90 대 10 법칙을 따르라

오래된 소프트웨어 최적화 법칙이 하나 있다. "코드 중 10퍼센트가 프로그램 작동 시간의 90퍼센트를 쓴다. 인간은 그 10퍼센트가 어디에 있는지를 추측하기가 어렵다." 처음에 나는 우리 관계가 관심사가 같고(문학과 소프트웨어) 서로에게 매력을 느끼기 때문에 유지되는 것이라고 생각했다. 돌이켜보면 그런 것들보다는 경제관념이 비슷하고, 생활방식이 같고, 비꼬는 유머를 서로 알아듣는 것이 관계의 안정성에 훨씬 더 큰 기여를 했음이 드러났다. 일상적인 표현에 대한 공감은 바로 정확히 그것이 일상적이기 때문에 중요하다. 실내에서 신발을 신지 말라는 말을 명심하는 것이 신혼여행 때 한 일보다 결혼을 유지하는 데 더 많은 기여를 했다. 휴대폰을 가방에 넣어두고 있을 때에도 손목에서 진동하는 아내의 스마트시계는, 단조롭지만 만성적인 스트레스의 원천을 해결했다. 현실적인 문제들은 아주 중요하며, 숨 돌릴 공간도 그러했다. 우리 각자는 홀로 지낼 수 있는 자기만의 방이 필요했다.

사람은 어떤 일에 투자할 수 있는 자원이 한정되어 있다. 인간관계에서도 마찬가지다. 우리는 텔레비전 쇼나 서로의 별난 습관을 놓고 다투는 일에 자원을 낭비하지 않으려 애썼다. 그것은 불필요한 최적화다. 컴퓨터과학계의 반신반인인 도널드 커누스는 이런 말을 했다. "성급한 최적화야말로 모든 악의 근원이다."

5. 힘들고 지루한 일을 하라

9:1 비율은 컴퓨터과학에서 반복해서 나타난다. 컴퓨터과학자 메리 쇼는 이렇게 썼다. "코드 중 시스템이 표방한 목적과 관련이 있는 것은 10퍼센트도 안 된다. 나머지는 입출력, 데이터 검증, 데이터 구조 유지 및 기타 유지 관리를 맡는다." 다시 말해, 어떤 인간관계의 핵심 기반처럼 보이는 것(사랑, 섹스, 자녀)은 부수적이면서도 마찬가지로 필수적인 요소들의 뒷받침이 있어야만 존속할 수 있다. 인간관계 코드 중 대부분은 사랑에 관한 것이 아니라 사랑의 가능성을 뒷받침하는 일에 관한 것이며, 일정을 짜고 돈 문제를 해결하고 잡다한 집안일을 처리하는 것 등이 그 일에 속한다. 필수 기반 시설의 뒷받침이 없다면, 인간관계는 초기 버전의 윈도우처럼 먹통이 될 것이다. 겉보기에 섹시한 것만을 원하는 소프트웨어 엔

지니어와 연인을 경계하라.

6. 이력 현상이 항상성을 가능케 한다

'이력 현상hysteresis'은 시스템이 현재 상태뿐 아니라 과거의 상태에도 의존하는 것을 말한다. 우리는 너무 많은 격렬한 효과가 너무 빨리 전달되어서 생기는 변화를 막기 위해 이력 현상을 알고리즘에 통합시킨다. 예를 들어, 온도 조절 장치를 30도로 설정했다고 해서, 29도가 되면 자동적으로 가열하고 31도가 되면 자동적으로 식히는 것이 아니다. 너무 빠르게 오락가락하지 않도록 최근의 활동 양상을 파악하여 대응한다.

부부 관계에서도 갑작스러운 변화에 과잉 반응하면 재앙이 빚어질 수 있다. 사람의 마음은 현재의 변덕스러운 감정에 따라서 과거를 고쳐 쓰는 성향이 강하다. 기분이 무척 안 좋을 때면, 집에서 보내곤 하던 조용한 밤이 갑자기 여러 해 동안 시간 낭비를 한 것처럼 느껴질 수 있다. 그 동안 읽은 책이나 본 영화가 그저 운이 좋았을 뿐 별 의미 없는 삶을 버티고 있는 두 공허한 영혼의 공허한 소일거리에 불과하다는 생각이 들 수 있다. 한번은 우리 부부 사이에 최악의 상황이 여러 주 동안 이어졌는데(나는 몇 주인지 반쯤 세다가 말았을 것이다) 우리 둘은 관계를 지속할 방법을 도저히 떠올릴 수 없었다. 과거에 함께했던 즐거운 일들까지 우리의 기억 경관에서 깡그리 사라지고 말았다. 이런 감정과 기억 삭제도 버그다. 위대한 컴퓨터과학자 마르셀 프루스트는 이렇게 썼다. "기억의 교란은 마음의 단절과 관련이 있다." 그리고 코드의 교란은 소프트웨어의 단절과 관련이 있다.

7. 결함 허용성

목공품에서 몇 년 또는 수십 년이 지난 뒤에 숨어 있던 벌레가 나올 수 있듯이, 코드에서도 마찬가지다. (Y2K 버그는 비록 예견된 재앙을 일으키지는 않았지만, 1970~80년대에 설계된 시스템에서 수십 년이 지난 뒤에야 출현했다.) 예전에 나는 어느 한 이용자가 1분에 정확히 60통의 메시지를 보내면 채팅 서버 전체가 꺼지면서 수많은 이용자의 접속이 끊어지게 만드는 버그를 찾아낸 바 있다. 드물지만 예기치 않은 입력은 재앙을 일으킬 수 있으며, 그런 일이 일어날 때 원인이 명확히 밝혀지는 일도 거의 없다.

유능한 프로그래머는 맡은 프로그램에 관한 자신의 지식이 불완전함을 깨닫는다. 그래서 자신의 능력을 최대한 발휘하여 프로그램에 '결함 허용성fault tolerance'을 갖추어놓는다. 20년을 함께 살았지만, 나는 내가 이해하고 있는 아내의 모습이 복잡한 한 개인의 근삿값에 불과하다는 것을 안다. 나는 코드의 어느 작은 부분은 완벽하다고 자신할 만치 완전히 이해하게 될 수도 있다. 하지만 인간관계에서는 결코 그런 말을 할 수 없다. 인간관계의 형성이란, 서로 별개이면서 잘 들어맞지 않는 조각들을 대략적으로만 이해한 채로 하나로 붙여서 끊임없는 유지 관리가 필요한 불분명한 구조를 만드는 것이다. 우리는 예상한 실패뿐 아니라, 예상치 못한 실패에도 미리 대비해야 한다. 인간관계는 결함 허용성을 지녀야 한다.

휴대전화 기술의 트라이아스기에 해당하는 2000년, 아내와 나는 안전 불감증에 걸린 친구가 계획한 카약 여행에 나섰다가 재앙을 겪었다. (나는 그의 '탐험'을 다른 친구들이 '죽음의 행군'이라고 부른다는 것을 나중에야 알았다.) 우리는 시애틀 앞바다인 퓨젓사운드의 오염되고 파도가 심한 물 위로 노를 저어 가다가 그만 어둠 속에서 길을 잃고 말았다. 그러다가 암초나 다름없는 한 작은 섬에 닿았는데, 밀물이 꾸역꾸역 밀려들고 있었다. 카약의 방수천이 몸을 제대로 가리지 못한 탓에 내 옷은 흠뻑 젖은 상태였다. 저체온증 초기 증상으로 내 몸이 덜덜 떨리고 있을 때, 친구들은 우리가 어느 섬에 있을지 지도를 펴놓고 논쟁을 벌이고 있었다. 그때 아내가 휴대전화의 전원을 켰다. 선견지명이 있었는지, 아내가 우리 자동차 앞좌석 도구함에 거미줄에 쌓인 채 놓여 있던 그것을 꺼내왔던 것이다. 아내는 내게 조용히 말했다. "연결돼. 해안 경비대에 연락할 수 있어." 나는 그런 긴박한 상황에서 아내가 나를 안심시킬 수 있으리라고는 전혀 예상도 못했다. 그러나 함께 살다 보니 우리는 그런 예기치 않은 일을 겪을 때 각자가 예상했던 것보다 더 잘 견뎌낼 수 있도록 강인해져 있었다.

그런 일들은 감사할 기회만을 제공하는 것이 아니다. 우리 두 사람이 알려진 것이든 미지의 것이든 많은 스트레스를 인내할 수 있는 토대를 다져왔다는 것을 깨닫게도 해주었다. 결국 우리는 프로그램 자체(일상생활과 사랑)의 경이로움을 느끼는 한편으로, 끊임없이 오류를 고치면서 자신의 코드를 유지·보수해야 하는 과제를 안고 살아간다.

일

누구나 자신의 망령을 견뎌야 하느니.

—버질

대학교에서 컴파일러와 알고리즘의 더 깊은 차원을 발견하면서 컴퓨터과학에 대한 열정이 되살아났다. 그렇다고 해서 인문학을 떠난 것은 아니었다. 그보다는 컴퓨터라는 더 밝은 빛을 쬐면서 학문 분야로서의 문학에 시들해졌다는 말이 더 적합하겠다.

대학교에 들어가자 나와 인문학의 관계(고등학교 때 제임스 조이스, 버지니아 울프, 랠프 엘리슨, 허먼 멜빌을 읽음으로써 얻은 보상을 토대로 한)는 빠르게 악화되었다. 학계를 피난처라고 여겼던 내 십대 때의 환상(내가 그 어떤 이상적인 인간관계보다도 더 확신하고 있던 환상)은 대학교에서 씁쓸하게 무너졌다. 나는 몇몇 영감을 주는 교사들을 통해서 새롭고 심오한 방식으로 인문학의 세계를 접한 바 있었다.† 그러나 그 여파로 막상 대학교에 들어가니 많은 진지한 인문학 분야들이 문학을 진지하게 대하지 않는다는 사실을 오히려 더욱 실감하게 되었다. 학계는 전문화되어 있었고, 경쟁이 극심했고, 단조로웠다. 그런 학구적인 꿈의 소멸은 존 윌리엄스가 쓴 모든 "학계" 소설 중 가장 위대한 축에 속하는 『스토너*Stoner*』에서 가장 잘 표현되어 있다.

> 스토너는 기억을 떠올리려고 애쓰면서 방 저편, 창밖을 바라보았다. "우리 셋이 모였는데, 데이브가 말했지요. 대학교는 내쫓긴 자, 불구자를 위한 세상으로부터의 피난처, 정신병원과 뭔가 비슷한 구석이 있다고요. 하지만 그는 〔학과장〕 워커를 말한 게 아닙니다. 데이브라면 워커를 그것, 세상이라고 생각했을 겁니다. 그래서 우리는 그를 들일 수 없어요. 그를 들인다면, 우리는 세상처럼 될 겁니다. 똑같이 비현실적이고, 똑같이 그저 그런… 그를 받아들이지 않는 것만이 유일한 희망입니다."[16]

꿈은 우리의 기억과 감정에 따개비처럼 단단하게 달라붙어 있어서, 우리 마음을 속살이 드러날 때까지 박박 긁어야만 제거할 수 있다. 진지하게 뭔가를 계속할 생각이라면 그런 고통을 감수해야 한다. 하지만 견딜 만한 가치가 있다.

컴퓨터과학은 내 학부 전공이었고 그 뒤에 내 직업이 되었지만, 진지한 것이 아니었다. 비꼬는 말이 아니다. 의미 없는 기호들이 초

† 특히 문학가 윌리엄 플레시, 철학자 데이비드 피어스, 작가 존 크롤리, 고전학자 하인리히 폰 스타덴의 도움을 받았다. 대학교를 졸업한 뒤에는 조이스 전문가인 에드먼드 엡스타인과 철학자 갈렌 스트로슨도 만났다.

인적인 속도로 전자회로 속에서 뛰노는 자유로운 세계였기 때문이다. 컴퓨터과학은 안정적이고 안전하며 유행에 휘둘리지 않는 듯했고, 무엇보다도 뜨고 있는 분야였다. 대학교 때 나는 국립과학재단 장학금을 받고 여름에 컴파일러를 연구했고, 그 뒤에 마이크로소프트에 인턴으로 들어갔다. 그러다 보니 경제적 안정성이 보장되고, 현실 세계에 영향을 미치는 일을 하고, 서로 그냥 인정하고 협력하는 컴퓨터과학 쪽이 점점 줄어드는 치즈 조각을 놓고서 생쥐들이 경쟁하는 것 같은 학계보다 훨씬 더 매혹적으로 느껴졌다. 인문학이 열정의 대상에서 하나의 직업이 됨으로써 오염된 반면에, 소프트웨어공학은 사심 없는 전문가 기질과 흥겨운 열정에 완벽하게 들어맞았다.

역설적이게도 소프트웨어공학이라는 무미건조한 세계, 세상을 데이터로 다루는 당혹스러운 일들과 대면해야 하는 세계에서, 나는 인문학을 공부할 때보다 더욱 많은 철학적 성찰을 했다. 나는 시대를 앞서 간 셈이었다. 1990년대 말에는 아직 데이터가 그리 많지 않았지만, 나는 마이크로소프트에서 인터넷 서비스를 다루고 그 뒤에 구글에서 훨씬 더 큰 데이터 창고를 다루면서, 소프트웨어 회사와 소프트웨어 엔지니어들이 세상을 바라보는 방식과 관련된 정말로 기이한 상황을 매일같이 접했다. 딱히 기계가 보듯이 세상을 보는 것은 아니었지만, 대다수 사람들이 보는 방식도 분명 아니었다. 이 새로운 세계에서 인간의 언어와 인간의 삶은 이진수의 명령에 복종했다.

2장

채팅 전쟁

인터럽

허락을 받는 것보다 용서를 구하는 편이 더 쉽다.

—그레이스 호퍼

대학교를 막 졸업한 초보 소프트웨어 엔지니어였던 22세 때 나는 아메리카 온라인, 즉 AOL과 싸웠다. 그리고 AOL이 이겼다. 그 싸움은 〈뉴욕 타임스〉 전면에 실리기도 했다. 당시 대중은 코드가 무엇인지 관심을 가지기 시작하고 있었다. 코드는 수학의 비밀이나 우주의 본질을 풀 수 있는 무언가는 아니었다. 대신 코드는 경제와 사회의 생명줄이 될 무엇이었다. 때는 1999년 여름이었고, 사람들은 인터넷과 웹이 정보, 협력, 삶 자체를 구성하는 새롭고 역동적인 순환계가 되고 있음을 깨닫기 시작했다.

대학교 졸업반 여름에 나는 워싱턴주 레드먼드에 있는 마이크로소프트에 소프트웨어 엔지니어 인턴으로 들어갔다. 나는 마이크로소프트의 인스턴트 메시징instant messaging(인터넷상으로 서로 즉시 메시지 교환이 가능한 프로그램—옮긴이 주)인 'MSN 메신저 서비스MSN Messanger Service'를 만드는 그룹에 배속되었고, 졸업장을 받은 뒤에는 정식 직원이 되어 계속 일했다. 그 밋밋하기 그지없는 명칭은 마이크로소프트의 마케팅 부서에서 제시했다. 그 부서는 늘 가장 멍청하고 가장 상상력 없는 제품 명칭을 붙인다는 평판이 있었다. 버디리스트? 씨유씨미C U C Me? MSN 메신저? 아니다. 'MSN 메신저 서비스'였다. 여기서는 그냥 줄여서 '메신저'라고 부르자.

당시 인스턴트 메시징의 대표 주자는 AOL 인스턴트 메신저, 야후, ICQ였다. AOL 인스턴트 메신저, 즉 AIM은 사용자가 수천만 명이었다. AOL은 1990년대 중반에 CD-ROM을 우편함에 마구 뿌림으로써 미국 최대의 전화 접속 네트워크 서비스 제공자가 되었고, AOL 이용자는 모두 자동적으로 AIM 이용자가 되었다. 야후와 ICQ는 각각 이용자가 수백만 명이었다. 지금 기준으로 보면 적지만 1990년대에는 엄청난 수였다.

프로젝트는 두 부문으로 나뉘었다. 내가 속한 클라이언트client 팀은 이용자의 컴퓨터에 설치하는 프로그램을 짰다. 우리는 이용자가 온라인에 접속하면 친구 목록이 나타나고, 그들과 메시지를 주고받는 채팅 창이 튀어나오는 등 가장 간소한 형태의 사용자 인터페이스를 만들었다. 우리는 경쟁업체들이 제공할 수 있는 모든 기능을 제공하는 한편으로 몇 가지 새로운 기능을 추가하여 제품을 내놓는 마이크로소프트의 오랜 전통을 그대로 따랐다. (이렇게 만들어진 제품을 "업계에서 최고best-in-class"인 제품이라고 불렀다.) 서버server 팀은 접속한 모든 클라이언트를 추적하여 각 사용자의 친구들에게 알림을 보내는 프로그램을 짜는 일을 맡았다. 친구인 고든이 접속하면, 서버는 당신의 클라이언트에 고든이 접속했다고 알릴 것이다. 우리 클라이언트 팀 개발진은 서버에서 오는 알림을 받아서 사용자의 화면에 적절히 띄워야 했다. 또 서버 팀은 메신저 기능이 핫메일Hotmail과 연동되도록 해야 했다. 핫메일은 1997년 마이크로소프트가 인수했는데, 사용자가 수천만 명이었다. 모든 핫메일 이용자가 핫메일 주소와 비밀번호를 써서 가능한 한 수월하게 메신저에도 접속할 수 있도록 만들어야 했다. 쉬운 일이 아니었다. 핫메일과 메신저는 전혀 별개의 시스템이었다.

내가 처음에 들어갔을 때 개발진은 인원이 약 10명이었지만, 시간이 흐르면서 그 인원의 몇 배까지 늘어났다. 클라이언트 팀에서 우리는 회의를 열어서 반드시 넣어야 할 기능이 무엇이고, 어떤 기능을 넣고 싶으며, 어떤 것이 가능하고 불가능한지를 논의하곤 했다. 결정이 내려지면 곧바로 프로그램을 짜는 일에 들어갔다. 내가 팀에서 가장 나이가 어렸기에 처음에는 프로그램 중 일부를 조금씩 쪼개어 내게 맡겼고, 세심하면서 예리한 조언자인 크리스가 나를 지도했다. 내가 짠 코드를 머리를 맞대고 한 줄 한 줄 검토하는 동안 나는 공책에 기록했고, 그는 내가 틀린 부분을 지적했다. 그런 뒤 틀린 부분을 수정했고, 그 과정을 계속 되풀이했다. 마치 옛날 길드에서 도제를 훈련시키는 것과 비슷했다. 나는 인스턴트 메시징의 창window을 만들었다. '메시지 입력' 창과 그 위의 '대화' 창이었다. 폰트 설정 항목도 추가했고, 클라이언트가 한국어/중국어/일본어, 인도어, 히브리어/아랍어(오른쪽에서 왼쪽으로 쓰는 언어는 버그의 온상이었다) 같은 라틴어가 아닌 문자를 쓸 수 있도록 만들었다. 창이 열리는 시점, 창을 움직이는 방법, 창 안에서 스크롤을 하는 방법(윈도우에서는 스크롤바도 버그를 많이 일으켰다)도 맡았다. 창을 종료하는 기능을 구현하는 것은 특히 어려웠다. 프로그램이 먹통이 되지 않도록 하면서, 모든 창들을 깔끔하게 닫고 프로그램이 쓰던 자원도 말끔히 비워야 했다. 나는 농담을 던졌다. "어쨌거나 종료시키는 건데 그냥 조용히 먹통으로 만들죠?"

클라이언트 코드 개발을 마친 뒤, 우리는 서버 팀이 핫메일과 연동을 마칠 때까지 기다려야 했다. 그들이 개발을 끝내야만 출시할 수 있었다. 그 동안 우리는 찾아낼 수 있는 버그는 다 찾아내서 고쳤다. 우리가 당면했던 문제 중 하나는 이미 다른 채팅 프로그램을 쓰는 사용자가 너무나 많은 가운데에 어떻게 하면 메신저로 사용자들을 끌어들일 수 있을까 하는 것이었다. 모든 프로그램과 서버가 공통 양식을 따르는 이메일과 달리, 이런 채팅망들은 서로 대화를 하지 않았다. AOL은 야후와 대화를 하지 않았고, 야후는 ICQ와 대화를 하지 않았으며, 물론 이 모든 채팅 프로그램들은 메신저와 대화를 하지 않을 터였다. AOL이 이용자 수가 가장 많았기에, 우리는 메신저가 마이크로소트와 AOL의 양쪽 서버에 동시에 접속할 수 있도록 코드를 추가하는 것이 가능한지 논의를 했다. 그러면 사용자는 메신저와 AIM의 친구들을 한 목록에서 보면서 메신저를 통해서 AIM 친구와 대화를 할 수 있을 것이다. 우리는 그것을 '인터럽interop'이라고 불렀다.

우아하지는 않았지만, 아주 복잡한 일도 아니었다. 메신저 같은 클라이언트 프로그램은 잘 정의된 프로토콜을 써서 서버와 통신을 한다. 프로토콜은 암호화하여 서버와 주고받는 명령문 집합이다. 웹페이지를 요청하고 전송하는 데 쓰이는 HTTPHyperText Transfer Protocol는 현재 가장 널리 쓰이는 프로토콜 중 하나다. 인터넷 자체의 기본 프로토콜인 TCP/IPTransmission Control Protocol/Internet Protocol를 토대로 만들어졌다. 인터넷 기업이 운영하는 서버는 이런 프로토콜들을 통해 통신한다. HTTP와 TCP/IP 같은 프로토콜은 공개된 것이다. 반면에 공개되지 않은 사설 프로토콜도 있다. OSCAROpen System for CommunicAtion in Realtime라는 AIM의 프로토콜은 후자에 속했다. 우리에게는 그 암호를 해독하는 데 필요한 '열쇠'가 없었다. 대신에 나는 AIM에 가입한 뒤, AIM 클라이언트가 서버와 어떻게 대화를 하는지 네트워크 모니터를 써서 지켜보았다. 네트워크 모니터는 컴퓨터가 네트워크와 통신을 하는 과정을 추적하는 데 쓰이는 개발 도구였다. 나는 AIM이 쓰는 프로토콜을 찾아냈다. 내 조언자인 크리스는 이 방법으로 OSCAR의 큰 덩어리를 찾아내어 분석했고, 그가 팀을 떠난 뒤에는 내가 그 일을 이어받아서 끝냈다. 예를 들자면, 메시지는 이렇게 보였다. 왼쪽은 이진법에 따른 컴퓨터 코드를 16진법으로 나타낸 것이고, 오른쪽은 그 이진수를 아스키ASCII 문자로 번역한 것이다.

```
2A 02 EE FA 00 B0 00 0E 00 06 00 00 9B 7D BD 28 *...........}.(
33 41 35 36 35 43 38 37 00 03 00 03 00 28 0D 52 3A565C87.....(.R
45 41 4C 52 65 67 72 65 73 73 6F 72 00 00 00 03 EALRegressor....
00 01 00 02 00 10 00 0F 00 04 00 00 00 18 00 03 ................
00 04 3E 4C BE 8C 00 01 00 00 00 05 00 68 00 02 ..>L........h..
00 08 75 73 2D 61 73 63 69 69 00 03 00 02 65 6E ..us-ascii....en
00 01 00 48 69 2E 2E 20 41 6E 79 62 6F 64 79 3F ...Hi.. Anybody?
```

대부분은 뭐가 뭔지 잘 모르겠지만, "안녕… 누구 있어?Hi.. Anybody?"는 알아볼 수 있다. 내가 AIM 채팅창에 쓴 내용이다. 맨 끝에 보이는데, 그 메시지를 프로토콜이 감싸고 있는 형태다. 이 프로토콜 중 일부는 계속 변하지만, 메시지에 상관없이 늘 똑같은 부분도 있었다. 크리스와 나는 그런 부분들을 해독했다. 그런 뒤 우리는 해독한 AOL의 프로토콜로 문자 메시지를 감싼 뒤 AOL 서버로 보냈다. 레드먼드에서 좀 기이한 메시지가 왔다는 것을 AOL은 알아차릴까? 모를 것 같았다. 이용자가 수천만 명이었고, 아무튼 우리는 그들의 프로토콜을 써서 보냈으니까. 나는 이 사소한 묘기가 너무 수상쩍게 여겨질 것이므로 출시되기 전에 메신저에서 삭제될 것이라고 생각했다. 그런데 경영진은 오히려 그 기능을 마음에 들어 했다. 1999년 7월 22일, 마이크로소프트는 MSN 메신저 서비스를 내놓으면서 채팅 시장에 진출했다. 그 안에는 우리의 AOL '인터럽'이 들어가 있었다.

반응은 대체로 긍정적이었다. 모든 기능들이 제대로 작동했고, 게다가 국제적으로 쓸 수 있었다. 또 핫메일과 통합되어 있었고, 사용자는 메신저를 써서 AOL 채팅 친구와 대화를 할 수 있었다. 우리의 유쾌한 장난은 보상을 받고 있었다.

AOL에 우리의 책략을 경고한 사람은 아무도 없었지만 그들은 곧 알아차렸고, 우리가 '비인가 상호운용성'이라고 부른 것에 달가워하지 않았다. 곧 그들은 우리가 예상하지 못한 방식으로 프로토콜 메시지를 수정함으로써 메신저가 자신들의 서버에 접속하지 못하게 막았다. 메신저를 통해 AIM 친구와 연결하려고 시도한 사용자는 인스턴트 메시지 알람을 받았다. "공식 AOL 클라이언트를 이용하세요. 링크: [웹 URL]." 그러나 메신저가 AOL 서버에 정확히 똑같은 프로토콜 메시지를 보내는 한, AOL은 사용자가 메신저로 접속하고 있음을 알아차릴 수 없을 터였다. 나는 AIM 클라이언트를 켜고서 전송하는 내용이 어떻게 달라졌는지를 꼼꼼하게 분석한 뒤, 우리 메신저 클라이언트가 고스란히 흉내 내도록 고쳤다. 메신저 이용자는 업그레이드된 프로그램을 내려받았다. 하지만 AOL은 다시 알아차리고 프로토콜을 수정했다. 우리도 그들의 클라이언트에 맞게 다시 업그레이드를 했다. 그런 식으로 적어도 12번은 왔다 갔다 했다. 한번은 마이크로소프트 본사에서 접속한 사용자들만 프로토콜이 수정되었음을 알아차리지 못하도록 AOL이 계략을 썼다. 그래서 우리는 다른 메신저 사용자들이 오류 메시지를 받고 있음을 알아차리지 못했다. 접속이 안 된다는 항의가 오는데 무슨 일인지 몰라서 한두 시간쯤 머리만 긁적이고 있는데, 마침 병가를 내고 집에 있던 팀원이 연결이 끊겼다고 알려주었다.

마이크로소프트와 AOL은 1999년에 첨단 기술 분야의 대기업이었으므로, 곧 언론에 기사가 실렸다. 7월 24일 〈뉴욕 타임스〉에는 「사이버 공간에서 메시지를 놓고 경쟁사들이 다투다」라는 기사가 실렸다.[1] 기사는 AOL이 계속 우리를 차단하고 있다고 하면서 이렇게 썼다. "하지만 마이크로소프트는 포기하지 않았다. 지난 금요일, 그 소프트웨어 대기업은 아메리카 온라인의 차단벽을 우회할 수 있도록 MSN 메신저 프로그램을 수정했다고 말했다. 몇 시간 뒤, 아메리카 온라인은 새로운 차단벽으로 막았다고 답했다." 마치 내가 수수께끼의 가면을 쓰고서 도전자로 나섰던 레슬링 경기 장면을 읽고 있는 듯했다. 나는 그 기사를 오려서 액자에 넣었다. 바로 나를 다룬 기사였으니까!

마이크로소프트의 내부 투쟁

오늘날의 소프트웨어는 대부분 어떤 구조적 통일성도 없이 그냥 노예 수천 명의 막노동으로 돌 수백만 개를 마구 쌓아올린 이집트 피라미드와 매우 흡사하다.

—앨런 케이

때는 1999년이었다. 첫 운영체제인 MS-DOS를 출시한 지 20년이 흐른 뒤, 마이크로소프트는 세계 최대의 기업 중 하나가 되어 있었다. 마이크로소프트는 전 세계에서 3만 명의 직원을 고용하고 있었다. 그중 약 1만 명은 레드먼드에 있었고, 나와 내 아내도 거기에 속했다. 구내 면적은 거의 예일 대학교만 했지만, 들어가면 전혀 다른 세계로 내던져지는 느낌이 들었다. 오로지 이익을 위해 기술의 위력을 펼치는 곳이었다. 마이크로소프트는 상여금을 놓고 팀원들끼리 경쟁하게 만드는 제로섬 게임인 악명 높은 '스택 랭킹stack-ranking' 제도(직원들을 등급으로 나누고 최하 등급을 해고하는 인력 관리 방식—옮긴이 주)를 채택했지만, 그럼에도 동료애와 팀워크가 강해서 학계보다는 경쟁이 덜했다.[2]

내가 입사한 것은 마이크로소프트가 중년기에 접어들었을 때였으며, 그 회사의 유례없는 소프트웨어 지배력이 최정상에 도달해 있던 시기였다. 마이크로소프트의 비결은 무엇이었을까? 예나 지금이나 소프트웨어 기업이라는 것이다. 1970년대에 취미 활동가들이 자기 집에 들여놓기에 좋을 만큼 작은 컴퓨터를 만드는 법을 찾아 내려고 애쓰고 있을 때, 빌 게이츠와 동료인 폴 앨런은 아직 나오지 않은 그 기계를 위한 소프트웨어를 만들고 있었다. 1980년에 그들은 IBM의 첫 대량 생산 개인용 컴퓨터, 즉 PC에 MS-DOSMicrosoft Disk Operating System를 공급하기로 협약을 맺었다. 게이츠와 앨런은 PC가 널리 쓰일 것이고, 하드웨어가 아니라 소프트웨어가 수익원이 될 것이라고 내다보았다.

마이크로소프트에게 자사 PC의 운영체제를 공급할 권리를 제공함으로써, IBM은 본질적으로 돈을 찍어낼 권리를 넘겨준 셈이었다. 소프트웨어는 하드웨어보다 이윤이 훨씬 높았다. 물리적 제조 공정이 차지하는 비율이 무시할 수 있는 수준이기 때문이었다. 마이크로프로세서와 주변 기기에 비해, 디스크는 훨씬 저렴하고 생산이 쉬웠다. 그리고 마이크로소프트는 PC 산업이 급성장함에 따라 매출도 보장되어 있었다. IBM은 유일한 하드웨어 제조사가 아니었지만(그와는 거리가 멀었다) 마이크로소프트는 MS-DOS의 유일한 제조사였다.

나는 마이크로소프트가 어떻게 승승장구했는지 이해가 안 갔다. 마이크로소프트의 제품은 비즈니스 플랫폼이 아니었던 애플 II에는 아예 쓰이지 않았고, PC 소프트웨어는 당시 워드스타WordStar와 로터스Lotus 등 시장을 장악한 제품에 밀리고 있었다. 나는 마이크로소프트가 IBM PC에 번지르르하지는 않지만 아주 중요한 운영체제를 제공했다는 것은 알고 있었다. 내가 이해하지 못했던 부분이 있었는데, 그들이 PC 소프트웨어 업계의 중심을 차지하기 위해 치밀하고도 탁월하게 행동했다는 점이었다. 마이크로소프트가 1990년대에 소프트웨어 산업을 주도할 수 있게 된 것은 그 전략 덕분이었다.

마이크로소프트의 성장은 주목받지 않은 것도, 경쟁 없이 이루어진 것도 아니었다. 1984년 애플은 매킨토시, 즉 맥을 출시했다. 맥은 가격이 1만 달러에 달했지만 별 인기 없던 리사Lisa라는 제품을 내놓은 지 1년 만에 나온, 리사의 "동생"뻘인 제품이었다.[3] 제록스 파크Xerox PARC를 비롯한 연구소들의 연구를 토대로 만든, GUI를 갖춘 운영체제가 탑재된 두 번째 PC였다. 애플은 슈퍼볼 광고에서 컴퓨터에 혁신을 일으켰다고 선전했고, 그 주장은 과장이 아니었다. 매킨토시가 등장하기 전까지 PC 화면은 문자와 가장 원시적인 형태의 그래픽만 보여주었다. 매킨토시는 컴퓨터 안에서 벌어지는 일을 시각적으로 재현했다. 그래서 "은유적인 책상desktop"이라고 불렸다. 내 눈에는 매혹적이었지만, 당시의 컴퓨터는 아직 GUI를 필요로 할 만큼의 성능을 갖추지 못했다. 1980년대 말이 가까워져서야 가정용 컴퓨터의 성능이 빠르게 향상되면서 다중 작업이 가능해졌고, GUI가 문자 명령어보다 훨씬 더 사용자 친화적임이 뚜렷이 드러났다.

마이크로소프트도 그렇게 생각했다. 그들은 맥 사용자에게 마이크로소프트 워드를 비롯한 소프트웨어를 공급하기로 애플과 계약을 맺었다. 더 중요한 점은 1985년에 (애플과 사용권 계약을 맺고 아이콘, 창, 스크롤바 등 GUI 요소들을 일부 넣어서) 처음으로 윈도우를 출시했다는 것이다.[4] 윈도우는 지금의 윈도우 탐색기와 비슷하게 컴퓨터의 파일 목록을 창으로 보여주면서 클릭하여 열 수 있도록 했고, 실행 가능한 파일들(예를 들어 계산기 같은)을 보여주는 창도 일부 있었다. MS-DOS의 명령어 프롬프트보다는 개선되었지만, 그래도 매킨토시의 우아한 흑백 데스크톱에는 훨씬 못 미쳤다. 1987년 마이크로소프트는 윈도우 2.0을 내놓았다. 여전히 투박하긴 했지만, 창들을 겹쳐 열 수 있었고 기능이 더 논리적으로 연결되었다. 애플의 눈에는 상황이 어떻게 전개될지 뻔히 보였고, 그래서 애플은 1988년 저작권을 침해했다면서 마이크로소프트를 고소했다.

애플은 소송에서 졌다. 윈도우는 맥 운영체제와 비슷했지만, 똑같은 점은 거의 없었다. 항소법원은 이렇게 판결했다. "유사성은 거의 다 [윈도우 초판] 라이선스, 또는 기본 개념과 그 명백한 표현 형태에서 나온다. (…) 불법 복제는 대상물 전체가 거의 똑같을 때만 성립할 수 있다."[5]

첫 판결은 1992년에 나왔고, 항소심의 판결은 1994년에 나왔다. 애플은 심각한 타격을 입었다. 스티브 잡스를 내쫓은 뒤로 이미 침체에 빠져 있었기에 더욱 그랬다. 엉망인 경영진, 지나치게 비싼 컴퓨터, 애플만이 매킨토시 하드웨어를 만들 수 있다는 폐쇄적인 태도 때문에 애플의 시장 점유율은 10년 내내 내리막길을 걸었다. 결국 애플은 쫓아낸 잡스를 다시 불러들일 수밖에 없었고, 그리하여 소생했다. 그 사이에 윈도우는 세계를 정복했다. 소송이 끝난 뒤 출시된 첫 운영체제인 윈도우95에는 애플의 유명한 쓰레기통trash can도 포함되어 있었다. '재활용통recycle bin'이라고 장난스럽게 이름이 바뀌어 있었다. 그 뒤로 오랫동안 윈도우에는 적수가 없었다. 맥OS 수준의 우아함에는 결코 도달하지 못했지만, 그 점은 중요하지 않았다. 윈도우는 어디에나 있었으니까.

게이츠와 앨런은 노련하면서 뛰어나기까지 한 코더였지만, 소프트웨어의 역사를 보면 그들 못지않게, 아니 그들보다 뛰어났지만 억만장자가 되지 못한 인물들이 수두룩하다. 그들이 진정으로 성공을 거둔 쪽은 사업이었다. 마이크로소프트는 여러 해 동안 소기업으로 남아 있었다. 1980~90년대에는 굳이 기업 규모를 키우지 않고도 얼마든지 소프트웨어를 만들 수 있었다. 프로그램은 그리 복잡하지 않았고, 아직 경쟁도 심하지 않았기에 윈도우는 얼마든지 비싸게 팔 수 있었다. 30년 전의 50달러짜리 소프트웨어에 비하면 오늘날 50달러짜리 소프트웨어를 만드는 데 들어가는 인시person-hour는 엄청나다. 그것이 바로 오늘날 소프트웨어 산업에서 예전처럼 백만장자가 쏟아지지 않은 이유 중 하나다. 1983년의 유명한 워드프로세서 워드스타는 사용자가 각 키의 기능을 파악하기 위해 자판에 직접 작은 스티커를 붙여야 할 정도로 원시적이었다. 그런데 그 프로그램의 가격은 289달러였다.

그 세계에서 마이크로소프트는 우뚝 섰다. 그들은 행동이 빨랐고, 공격적이었고, 빈틈이 없었다. 그들의 강점은 결코 혁신 자체에 있지 않았다. 유용, 개선, 통합에 있었다. 내가 그 회사에서 종종 듣곤 하던 구호 중 하나는 마이크로소프트가 '업계 최고'의 제품을 만든다는 것이었다. 이 말을 좀 덜 호의적인 방식으로 바꾸면, 마이크로소프트는 시장을 장악하기 위해서 기존에 있는 최고의 제품보다 약간 더 나은 제품을 개발하는 식으로 일하다는 것이었다. 마이크로소프트의 제품은 기존 제품을 아주 조금 개량한 수준이었다.

로터스의 스프레드시트 소프트웨어인 '1-2-3'는 1980년대부터 1990년대 초까지 시장을 꽉 잡았다. 그래서 1985년에 나온 마이크로소프트 엑셀Excel은 마이크로소프트가 갓 내놓은 오피스 제품군 중에서 가장 뛰어났다. 그에 비하면 워드퍼펙트WordPerfect나 워드스타 같은 기존 워드프로세서 제품들은 덜 위협적이었다. 그 결과 마이크로소프트 워드Word는 엑셀보다 질이 떨어졌다. 또 이메일 프로그램 중에는 시장을 주도하는 제품이 없었기에, 마이크로소프트 아웃룩Outlook은 오류투성이에 느리기까지 했다. 2000년대 초까지도 그 상태 그대로였다. 어쩔 수 없이 그 제품을 써야 하는 마이크로소프트 직원들조차도 혐오할 정도였다.[†] 마이크로소프트는 매우 효율적이었기에, 경쟁자를 이기는 데 필요한 수준까지만 제품 개발에 애쓸 뿐 그 이상 개선하는 쪽으로는 시간과 자원을 낭비하지 않았다. 1990년대 말에 나는 매사추세츠의 전설적인 컴퓨터 회

† 이것을 '개밥먹기dogfooding'라고 한다. 기업이 자사가 만드는 개밥이 직원들이 먹을 만큼 좋다고 주장한다는 뜻이다.

사 DECDigital Equipment Corporation(나중에 컴팩Compaq에 팔렸다)를 견학할 기회가 있었는데, 기업 문화가 전혀 다르다는 것을 알고 놀랐다. DEC에는 20년 동안 스레딩(운영체제가 동시에 작동하는 프로세서 명령문들의 집합을 관리하는 방식)을 연구하는 사람들이 있었다. 직원 중 절반은 자기 분야의 박사 학위 소지자였다. 그들은 결코 출시일을 앞당기려고 서두르는 법이 없었다. 그런데 내 생각에는 그것이 바로 그들이 마이크로소프트에게 패배한 이유였을 것이다.

마이크로소프트가 때때로 혁신적인 신제품을 내놓으려 시도한 것은 분명했다. 마이크로소프트 워드에서 이따금 튀어나오는 작은 종이 클립인 클리피Clippy는 혁신 사례였다. 윈도우95에서 도움을 주기 위해 튀어나오는 검은 안경을 쓴 노란 개 마이크로소프트 밥Bob도 혁신 사례였다. 1990년대에 개발되고 있던 마이크로소프트의 "혁신적인" 새 운영체제 카이로Cairo는 실제로 출시되었다면 엄청난 혁신이었을 것이다. 그러나 마이크로소프트는 이미 존재하는 시장에 진입하여 경쟁자들을 이기는 쪽을 훨씬 더 선호했다. 명확한 표적이 없을 때는 계획이 모호해지고 잠정적인 양상을 띠었다. 1990년대에 인터넷에 전폭적으로 뛰어들지 않은 이유도 그 때문이었다. 아직 누구도 온라인에서 큰돈을 벌지 못하고 있었기에, 마이크로소프트는 모방할 상대가 없었다. 돈을 벌 수 있다는 사실을 마이크로소프트가 깨닫지 못한 것은 아니었다. 그저 돈을 벌 방법을 스스로 궁리하려고 하지 않았을 뿐이다.

1999년 무렵, 윈도우와 오피스Office라는 대작 덕분에 마이크로소프트는 데스크톱 운영체제와 기업 응용 프로그램 시장에서 계속 우위를 누렸다. 기업과 소비자의 활동이 계속 PC를 중심으로 이루어지고 있었기 때문이다. 1999~2000년에 미국 정부와 마이크로소프트 사이의 반독점 재판이 정점에 달했음에도 그랬다. 마이크로소프트를 윈도우를 맡은 기업과 오피스를 맡은 기업으로 쪼개겠다는 정부의 구상은, 설령 항고심에서 하급심의 판결을 뒤집는 결과가 나왔다고 해도 별 도움이 안 되었을 것이다. 정치색을 띤 그 별난 재판은 기술 산업에 미미한 영향을 미쳤으며, 그 뒤로 기술 기업들이 더 많은 변호사들과 로비스트들을 가까이에 두도록 했을 뿐이다. 마이크로소프트에게는 반독점 소송보다 인터넷(그리고 인터넷 쪽으로는 생산적이지도, 수익을 올리지도 못한 그 회사의 무능력)이 더 뼈아픈 타격을 입혔다.

나는 반독점 소송에 관해 조사하다가 내가 입사하기 전에 마이크로소프트의 최고위층에서 기업의 미래를 놓고 전쟁이 벌어졌음을 알게 되었다. 이른바 '비둘기파'와 '매파' 사이의 전쟁이었다. 비둘기파는 넷스케이프나 AOL 같은 인터넷 기업들과 협력하여 판을 키워서 함께 시장을 나누어 갖자는 쪽이었다. 매파는 마이크로소프트를 독점적인 인터넷 서비스 제공자로 만들고 싶어 했다. 사실 그 논쟁의 진짜 핵심은 윈도우의 미래였다. 윈도우는 컴퓨터 역사상 가장 많은 이익을 안겨준 제품이었다. 윈도우 위주의 사업을 희생시키면서 개방형 인터넷을 추구하는 것은 바보 같은 짓처럼 여겨졌지만, 진정으로 공격적인 인터넷 사업 전략은 윈도우가 모든 컴퓨터와 기기에 탑재되지 않는 세상을 염두에 둔다는 의미가 될 터였다. 이 논쟁이 벌어졌을 때 경영진 중 한 명은 윈도우에 관해 이렇게 썼다. "나는 역사상 가장 놀라운 사업을 망가뜨린 사람으로 기억되고 싶지 않다."[6] 결국 매파가 이겼고, 비둘기파는 대부분 마이크로소프트를 떠났다. 그런 뒤 매파는 패배했다.

코드 작업

> 첫 컴퓨터 프로그램을 짜는 불행한 일을 겪어본 사람은 가장 아둔하고 가장 모자란 사람조차도 쓰지 않을 언어를 고집하는 하인이나 주인과 대화를 하는 것 같은 모욕적인 느낌을 기억한다.
>
> —완리 인[7]

마이크로소프트와 구글에서 나는 C++로 작업을 했다. C++는 효율과 우아함 사이에서 타협한 듯한 언어다. 이 타협은 때때로 추하지만, 소프트웨어공학에서는 추한 타협이 언제나 아름다운 순수함을 이긴다.

C++는 어셈블리어보다 꽤 높은 단계에 있지만 널리 쓰이는 대다수의 언어들(베이직과 로고를 포함하여)에 비해 하드웨어에 상당히 가깝다. 그 말은 C++가 다른 언어들보다 속도가 아주 빠르다

는 뜻이다. 수천 대의 기계에서 동시에 실행시켜야 하는 서버용 코드를 짤 때는 그 점이 대단히 중요하다. 속도가 10퍼센트 빠르다는 것은 자본 지출이 10퍼센트 줄어든다는 의미일 수 있다.

C++는 '중간 수준 언어'다. 어셈블리어 같은 낮은 수준의 언어와 자바, 파이선 같은 고급 언어 사이에 놓인다는 뜻이다. 언어의 수준이 높을수록 하드웨어를 직접 통제하는 경우가 더 적다. 프로그래머는 어셈블리어를 써서 CPU의 정확히 어디에서 어떤 정보 비트를 처리할지를 지정할 수 있다. 고급 언어는 컴퓨터의 핵심 부품을 직접적으로 통제할 일이 거의 없으며, 그런 일은 컴파일러, 인터프리터, 가상 머신에게 맡긴다. 고급 언어로 짠 프로그램은 업무를 자동화하는 데 아주 좋다. 특히 사람과 달리 실수를 저지르지 않는다. 그러나 한계도 있다. 특히 프로그램이 개발자의 전반적인 의도를 이해하지 못한다는 문제가 생긴다. 마치 자동 변속기가 운전자의 의도를 예측할 수 없기 때문에 수동 변속기보다 성능이 떨어지는 것과 비슷한 상황이다. 추상화 계층이 높아지고 자동화 도구가 너무 많아지면 실행 속도가 떨어진다. 마이크로소프트의 악명 높은 비스타Vista 운영체제의 문제점은 코드의 대부분을 마이크로소프트가 자체적으로 고안한 C#이라는 새로운 언어를 써서 짰다는 데에서 비롯되었다. 자바처럼 C#도 C나 C++보다 상당히 높은 수준의 언어였고, 더 낮은 수준의 성가신 문제들을 다루는 코드가 제대로 먹히지 않았다. 그래서 마이크로소프트는 C# 코드를 싹 긁어내고 C++로 다시 짜야 했다. 그 일에 2년이나 걸렸다. 값비싼 교

훈이었다.

C++, 자바, 파이선 같은 컴퓨터 언어들은 특정한 개수의 명령어(로고의 repeat나 베이직의 GOTO 같은) 그리고 +와 && 같은 특정한 개수의 숫자 및 논리 연산자를 써서 프로그램을 짠다. 때로는 수십 개의 명령어만으로도 프로그램을 짤 수 있다. 많은 언어들은 비슷한 명령어 집합을 제공한다. 대신에 프로그램의 구조를 짜는 방식과 추상화 수준이 각각 다르다.

마이크로소프트에 입사한 초기에, 나는 오로지 코드에만 관심이 있었다. 메신저 클라이언트는 내가 코드 작업에 참여한 첫 제품이었다. 당시 클라이언트 프로그램은 약 10만 줄의 코드로 이루어졌는데, 모두 C++ 코드였다. 온라인 상태인지 오프라인 상태인지를 보여주는 사용자의 친구 목록, 친구가 접속하면 뜨는 알림 창, 마음에 안 들 때 프로그램을 삭제할 수 있는 기능, 기록 보관 기능, 메신저 서버에(얼마간은 AOL 서버에도) 접속하는 기능 등이 담겨 있었다. 초기 버전은 효율을 중시한 가볍고 작은 프로그램이었다.

메신저의 코드는 여전히 마이크로소프트가 지적 재산권을 가지고 있으므로, 그 코드를 여기에 적을 수는 없다. 대신에 피진Pidgin이라는 채팅 프로그램에 쓰인 오픈 소스(소스 코드가 공개되어 자유롭게 수정하고 재배포할 수 있는 프로그램—옮긴이 주) C 코드의 일부를 소개한다. update_typing_icon이라는 이 함수는 '입력 상태 표시'를 갱신한다. 친구가 메시지를 입력하고 있을 때 창을 띄워서 알리는 기능을 한다. 나는 메신저 클라이언트에 이 기능을 집어넣었

는데, 지금도 마음에 든다.[8]

```
static void
update_typing_icon(PidginConversation *gtkconv)
{
    PurpleConvIm *im = NULL;
    PurpleConversation *conv = gtkconv->active_conv;
    char *message = NULL;
    if (purple_conversation_get_type(conv) == PURPLE_CONV_TYPE_IM)
      im = PURPLE_CONV_IM(conv);
    if (im == NULL)
      return;
    if (purple_conv_im_get_typing_state(im) == PURPLE_NOT_TYPING) {
      update_typing_message(gtkconv, NULL);
      return;
    }
    if (purple_conv_im_get_typing_state(im) == PURPLE_TYPING) {
      message = g_strdup_printf(_("\n%s is typing..."),
          purple_conversation_get_title(conv));
    } else {
      assert(purple_conv_im_get_typing_state(im) == PURPLE_TYPED);
      message = g_strdup_printf(_("\n%s has stopped typing"),
```

```
            purple_conversation_get_title(conv));
        }
        update_typing_message(gtkconv, message);
        g_free(message);
    }
```

이 함수는 gtkconv라는 매개변수를 가지는데, 이 매개변수는 갱신되고 있는 채팅방(PidginConversation)에 관한 정보를 담고 있다. 이 함수는 다른 함수(purple_conv_im_get_typing_state)를 불러내서 해당 채팅방을 점검한다. 이 함수가 받을 수 있는 값은 세 가지다. PURPLE_NOT_TYPING, PURPLE_TYPING, PURPLE_TYPED다. (여기서 "Purple"은 채팅 라이브러리 인터페이스의 이름이다. 코더는 종종 어리석은 이름을 쓴다.) 그러면 update_typing_message라는 사용자 인터페이스 함수가 화면에 표시되는 메시지를 바꾼다. PURPLE_TYPING이라면, "[친구 이름]이 입력 중"이라고 표시된다. PURPLE_TYPED는 친구가 문자를 입력한 뒤에 잠시 멈춘 상태라는 뜻이며, "[친구 이름]이 입력을 멈추었음"이라고 표시된다. 그리고 PURPLE_NOT_TYPING, 즉 친구가 문자를 입력한 적이 없고 입력도 하지 않고 있다면 아무런 메시지도 뜨지 않는다.

이 update_typing_icon은 update_typing_message와 purple_conversation_get_title 같은 함수들을 불러낸다. 호출되는 이 함수들도 대부분 피진 프로그램의 일부다. 따로 떼어내어 검사하고 재활용할 수 있도록 모듈 형식으로 만든 것이다. '화면에 표시되는 메시지'를 포함하는 문자열을 만드는 함수(g_strdup_printf)만 예외인데, 이 함수는 오픈 소스인 놈GNOME 사용자 인터페이스 라이브러리의 일부다. 일반적인 형식이라서 피진만이 아니라 여러 프로그램에 널리 쓰인다.

이 모든 C 코드는 C 컴파일러를 통해서 어셈블리어로 번역된다. 마이크로소프트는 자체 컴파일러를 썼는데 이를 Visual C++에 넣어서 팔았다. 널리 쓰이는 무료 GCC 컴파일러도 있는데, 나는 구글에서는 그것을 썼다. 번역된 어셈블리어 실행 파일은 해당 컴파일러에 맞는 프로세서에서 실행할 수 있다. 그러면 채팅 클라이언트가 뜬다.

버퍼 오버플로

—

진보는 우리 자신의 오류를 탐구하는 것이다.

—야콥 브로노프스키

메신저 전쟁은 급박하게 돌아갔다. 매일 아침 출근하여 메신저 클라이언트가 AOL에 여전히 접속할 수 있는지 알아볼 때면 짜릿한 기분이었다. 접속되지 않으면, 프로토콜 메시지를 죽 훑어서 뭐가 바뀌었는지 알아낸 뒤, 클라이언트를 수정하여 바로 그날 업데이트 버전을 배포하려고 애썼다. 마치 내가 올림픽 경기에서 뛰고 있는 양 느껴졌다. 상대방이 누구인지 전혀 알지 못했지만, 도전을 받았으니 이기고 싶었다. 우리 이용자들도 이 전쟁을 관심 있게 지켜보았다. 그들도 우리가 이기기를 원했다.

AOL은 매번 다른 전술을 시도했다. 한번은 그들이 메신저 클라이언트가 광고를 내려받지 않는다는 점을 이용해서(AOL 클라이언트는 광고를 내려받는다) 우리를 식별하는 것이 아닐까 하는 의심이 들었다. 나는 메신저 클라이언트가 광고까지 내려받은 뒤, 광고를 폐기하도록 프로그램을 수정했다. AOL은 자사 클라이언트에는 영향을 미치지 않으면서 우리 클라이언트를 먹통으로 만드는 수수께끼의 프로토콜 메시지를 넣기도 했다. 나는 우리 클라이언트를 수정해야 했다. 한번은 AOL 서버에서 온 메시지에 "안녕. —마크"라는 말이 숨어 있었다. 바깥에서 우리에 관해 떠들어대는 기관, 언론, 홍보부서는 알 수 없는, 소프트웨어 엔지니어 사이의 짧은 서신이었다. 우리는 서로 반대편에 서 있었지만 나는 그와 유대감을 느꼈다.

AOL은 마이크로소프트가 사악한 해커처럼 AOL 계정의 비밀번호를 요구하고 있다고 선전 활동을 펼쳤다. 그 말은 사실이 아니었지만, 우리는 홍보부서를 통해서만 대응할 수 있었다. 개발진은 외부와 단절되어 있었다. 하지만 우리가 짠 코드는 그렇지 않았다.

그러다가 갑자기 AOL이 우리를 차단하지 않았다. 상대방이 갑작스럽게 침묵하니 뭔가 이상했다. 마치 적이 갑자기 전쟁터에서

항복한 듯했다. 나는 우리가 이겼다고 믿고 싶었지만 AOL이 한마디도 없이 포기할 리는 없다고 생각했다.

일주일 뒤, 우리는 메신저가 다시 차단되었다는 것을 깨달았다. 그런데 이번에는 상황이 달랐다. AOL 서버는 내가 처음보는, 이해할 수 없는 괴상한 메시지 덩어리를 보내고 있었다. 대강 이런 식으로 보였다.

```
                        2A 02 77 9C 01 28 00 01         *.W..(..
00 13 00 00 80 0E A6 1B 00 FF 00 0B 01 18 83 C4 ................
10 4F 8D 94 24 E4 FE FF FF 8B EC 03 AA F8 00 00 .O..$...........
00 90 90 90 90 8B 82 F0 00 00 00 8B 00 89 82 4E ...............N
00 00 00 8B 4D 04 03 8A F4 00 00 00 8D 82 42 00 ....M.........B.
00 00 89 45 10 B8 10 00 00 00 89 45 0C C9 FF E1 ...E.......E....
00 01 00 20 00 00 00 00 00 00 04 00 00 00 00 00 ................
00 00 00 00 00 00 00 00 00 00 00 00 00 00 00 00 ................
00 00 00 00 00 00 00 00 00 00 00 00 00 00 00 00 ................
00 00 00 00 00 00 00 00 00 00 00 00 00 00 00 00 ................
00 00 00 00 00 00 00 00 00 00 00 00 00 00 00 00 ................
00 00 00 00 00 00 00 00 00 00 00 00 00 00 00 00 ................
00 00 00 00 00 00 00 00 00 00 00 00 00 00 00 00 ................
00 00 00 00 00 00 00 00 00 00 00 00 00 00 00 00 ................
00 00 00 00 00 00 00 00 00 00 00 00 00 00 00 00 ................
```

```
00 00 00 00 00 00 00 00 00 00 00 00 00 00 00 ...............
00 00 00 00 00 00 00 00 00 00 00 00 00 19 10 ...............
08 11 29 EC FF FF 44 00 00 00 00 00 00 00 FF 00 ..)...D........
00 00 08 01 00 00 00 00 00 00 90 47 40 00 F8 E9 ..........G@...
EA FE FF 00 00                                 .....
```

첫 두 줄은 표준적인 AOL 인스턴트 메시지 헤더header다. 그런데 90 90 90 90부터는 도저히 이해가 안 됐다. 지금까지 AOL 서버가 자신들의 클라이언트나 메신저 클라이언트로 보냈던 메시지와 아무런 관계가 없는 것이었다. 중간에 00만 계속 이어지는 부분도 수수께끼였다. 0만 계속되는 것이 많은 의미를 지닐 리가 만무했기 때문이었다.

우리 클라이언트는 그 부분을 무시했지만, AOL 클라이언트는 그 괴상한 메시지에 더 짧은 형태의, 똑같이 괴상한 메시지를 되돌려보냈다. 나는 이 괴상한 메시지가 뭔지 도저히 알 수가 없었다. 미칠 지경이었다. 나는 반나절 동안 뚫어져라 보다가, 우리 개발진의 뛰어난 서버 엔지니어인 조너선을 찾아가서 이게 뭐냐고 물었다. 그는 몇 분 동안 들여다보다가 말했다. "코드네." 실제로 x86(인텔이 1978년에 개발한 인텔 8086에 적용된 CPU 설계—옮긴이 주) 어셈블리어 코드였다. 그는 반복되는 90이 무엇을 뜻하는지 알아차렸다. x86 어셈블러에게 아무런 연산도 하지 말라고("no-op") 말하는 것이었다. 즉 프로세서에게 한 주기가 돌 때까지 아무 일도 하지 말라고 말하는 것이었다.

그러자 아귀가 맞았다. 대개 서버에서 클라이언트로 보내는 프로토콜 메시지는 코드가 아니라 데이터로 읽힌다. 그런데 AOL의 클라이언트에는 버퍼 오버플로buffer overflow라는 보안 버그가 있었다. 버퍼는 프로그램이 실행될 때 임시로 데이터를 저장하기 위해 메모리에 할당된 구역이다. 저급 언어를 쓰면 버퍼가 수용할 수 있는 양보다 더 많은 양의 데이터를 쉽게 입력할 수 있다. 그런데 AOL이 보낸 다량의 프로토콜 메시지는 버퍼의 끝자락 너머로 흘러넘쳤다. 컴퓨터의 기억 장치에서 버퍼의 끝 바로 옆 장소는 저장된 데이터가 아닌 다른 것일 수 있다. 이를테면 실행될 수 있는 어셈블리어 코드가 바로 옆에 놓일 수도 있다. 버퍼에서 흘러넘친 데이터가, 실행되고 있는 클라이언트의 코드를 고쳐 씀으로써 AOL 프로그램의 기능을 제어할 수 있었다.

이는 엄청난 보안 취약점이다. 클라이언트가 동작하는 컴퓨터를 서버가 통제할 수 있기 때문이다. 누군가 악의적으로 이용한다면 서버가 컴퓨터를 훔쳐보거나 먹통으로 만들 수 있다. AOL은 자사 프로그램의 이 버그를 알고도 모른 척하고 있다가 악용하기 시작한 것이다! 죽 이어지는 `00`은 프로그램의 버퍼를 채우는 용도였다. 그러면서 커다란 메시지가 AOL 클라이언트의 버퍼 끝자락에 닿으면, 프로토콜 메시지의 나머지 부위가 실행 코드를 고쳐 쓰는 식이었다. 프로토콜 메시지의 나머지 부분에는 실행시킬 새 코드가 들어 있었고, 클라이언트는 그 코드를 즉시 실행했다. AOL은 사용자의 클라이언트가 메모리의 특정한 구역에 있는 정보를 훑어서 서버로 다시 보내도록 했다.

교묘했다. 여태껏 그들이 썼던 그 어떤 방법보다도 교묘했다. 게다가 공정한 게임이라는 차원을 넘어선 것이기도 했다. 우리 클라이언트에는 없고, 자사 클라이언트에는 있는 수정하지 않은 보안 취약점을 해킹하다니. "롬멜, 너 정말 대단한 개자식이야" 하는 순간이었다. 나는 전혀 예상하지 못했다.

마이크로소프트의 누군가가(나는 그가 누군지 끝내 알아내지 못했다) 언론에 그 버퍼 오버플로 이야기를 흘렸다. AOL의 클라이언트에 엄청난 보안 취약점이 있다는 것을 알면 AOL은 클라이언트를 수정해야 하고, 그러면 그 보안 취약점을 더 이상 이용할 수 없게 될 것이라고 생각했던 듯하다.

보안 전문가 리처드 M. 스미스는 '버킹 컨설팅'의 '필 버킹'이라는 사람이 자신에게 AOL 클라이언트에 버퍼 오버플로가 있다고 경고하는 이메일을 보냈다고 썼다.

스미스 씨께,

저는 개발자로서, 올해 안에 출시할 혁신적인 인스턴트 메시징 클라이언트를 열심히 개발하고 있습니다. 그래서 AOL과 마이크로소프트 사이의 전투를 흥미진진하게 지켜봤습니다. AOL이 MS를 차단하기 위해 정확히 무엇을 하고 있고, MS가 차단을 우회하기 위해서 정확히 무엇을 하고 있는지를 파악하려고 애쓰면서요. 최근까지는 꽤 모범적인 양상으로 싸움이 전개되었는데, 지금은 AOL이 너무 멀리 나가지 않았나 하는 걱정이 듭니다.

AIM 클라이언트에 버퍼 오버플로 버그가 있는 듯해요. 버그가 있다는 것 자체가 엄청난 문제라는 말은 아닙니다. MS에도 나름의 버그가 있을 것이 분명하니까요. 그런데 지금 AOL은 MS 인스턴트 메신저를 차단하기 위해 *자사의 버퍼 오버플로 버그를 이용하고* 있습니다.[9]

MSN 메신저 서비스의 이름을 틀리게 적은 것은 잘한 일이었지만, 나머지 부분에서는 좀 서툴렀다. 이 혁신적인 앱의 개발자는 자기 앱을 제시하지도 않으면서 마이크로소프트-AOL 전쟁의 어느 한쪽을 편들고 있었다. 또 이 이메일에는 버퍼 오버플로 메시지의 일부도 포함되어 있다. 나는 몇 시간 동안 그것을 들여다보고 있었기 때문에 생생하게 기억한다. 필 버킹의 글(그리고 그의 이름) 자체도 수상쩍은데, 그는 더 나아가 마이크로소프트 IP 주소가 있는 마이크로소프트 컴퓨터에서 (야후 계정을 통해서) 이메일을 보냈다. IP 주소는 이메일의 헤더에 적혀 있었다. 즉 이메일 곳곳에 마이크로소프트의 디지털 지문이 남아 있었다.

스미스는 그 이메일을 마이크로소프트가 보냈다고 비난했다. 결국 마이크로소프트는 인정했다. 곧 마이크로소프트가 가명을 써서 AOL을 비난하려고 시도했다는 폭로 기사가 났다. 버퍼 오버플로를 설명하는 것보다는 그런 이야기가 독자에게 더 쉽게 먹힐 테니까. 여러 온라인 보안 포럼에서는 버퍼 오버플로가 진짜로 있다는 것을 확인한 사람들이 AOL를 비난했지만, 언론은 관심을 기울이지 않았다. 버퍼 오버플로는 그 뒤로 몇 차례 개정판이 나올 때까지도 AOL 클라이언트에 존속했다. AOL은 그런 버그가 있다고 결코 인정하지 않았으며, 언론은 문제 자체를 아예 이해하지 못했다.

결국 우리는 포기했다. 나는 씁쓸한 마음을 달래야 했다. 나는 서버 팀으로 옮겼다. 클라이언트 쪽이 더 좋긴 했지만, MSN 메신저 서비스를 개발하는 일은 점점 지루해지고 정치적인 양상을 띠고 있었다. 마이크로소프트가 장기간에 걸쳐서 서서히 쇠퇴하던 시절이기도 했다(이 추세는 2014년 스티브 발머가 물러나고 사티아 나델라가 그 자리를 이어받으면서야 뒤집혔다). 관료주의와 상부로부터의 간섭이 점점 극심해지고 있었다. 어떤 착상이 승인을 받으려면 관리자들과 무수히 회의를 해야 했다. 악명 높은 스택 랭킹 시스템은 팀들과 개발자들 사이에 불화를 일으켰다. 부서마다 "머릿수"를 확보하기 위해 무척 애썼고, 중간 관리자들은 독자적으로 움직일 수 있는 개발진을 확보하기 위해 공격적으로 로비를 하곤 했다. 1990년대 말에 사내에서 소수의 개발 집단이 미래를 내다본 야심적인 인터넷 기반 문서 편집 프로그램인 넷독스NetDocs의 개발에 나섰다. 하지만 넷독스는 오피스에 잡아먹히면서 출시되기도 전에 살해됐다. 그 시장은 2000년대 중반에 구글이 구글 독스Google Docs라는 온라인 문서 편집기를 내놓으면서야 열렸다. 그런 식이었다.

다년간 수백 명의 엔지니어들이 공들인 계획이 대중에게 이름조차 알리지 못한 채 사라지곤 했다.

2001년 9월 11일에 아내는 여행 중이었다. 그런데 아침 일찍 나에게 전화를 걸어서 세계무역센터 건물이 공격을 받았다고 알려주었다. 나는 멍한 상태에서 뉴스를 대충 훑은 뒤 차를 몰고 출근했다. 회사 로비의 텔레비전에서 MSNBC 뉴스가 흘러나오고 있었다. 그 앞에 몇 사람이 서 있긴 했지만, 말하는 사람은 아무도 없었다. 직원들은 평소보다 조용했지만 늘 하던 대로 회의가 줄줄이 이어졌다. 그 순간 나는 마이크로소프트가 직원들을 세상의 중요한 일을 외면하고 오로지 자기 일에만 열중하게 만든다는 것을 처음으로 어렴풋이 느꼈다. 외부의 위협이 없을 때 면역계가 건강한 자기 세포를 공격할 수 있는 것처럼, 마이크로소프트는 성공에 취한 나머지 시선을 내부로 돌려서 자기 자신을 공격하고 있었던 것이다. 이미 생태계 자체가 잘못되어 있었다.

그 불행한 시절에 나는 비윤리적이고 부정직하게 행동하도록 부추기는 환경에서 보통 사람들이 어떻게 행동을 하는지를 볼 수 있었다. 합리성과 타당한 논증이 집단 사고와 정실주의를 극복하리라 희망하면서, 원칙을 지키고 올바로 행동하려 애쓰는 이들도 있었다. 하지만 자신의 고결함을 내버리고 관리자의 공허한 말에 맞장구를 치거나, 정치적 논쟁에서 양쪽 사이를 몰래 오가는 기회주의적 태도를 보이는 이들도 있었다. 나는 자신을 지키고 과시하는 데 혈안이 된 나이든 이들을 보았다. 겁쟁이와 사기꾼도 보았다.

우리 팀이 한 야심만만한 프로젝트 관리자의 불가능한 계획에 반대하고 나서자, 그는 아예 직접 팀을 새로 만들어서 우리 일을 넘겨달라고 하고는 자신의 꿈을 추구하러 나섰다(결국 실패했다).

나는 내 원칙을 버리지 않았지만, 기업의 관성에 맞서서 내 원칙을 지키는 데에는 실패했다. 가장 후회되는 것은 내 밑의 사람들을 회사의 변덕으로부터 보호하지 못했다는 점이다. 많은 하위 관리자처럼 나도 실질적인 권한보다 더 많은 책임을 떠맡고 있었고, 내가 통제할 수 없는 나쁜 소식을 전달하는 역할을 맡아야 했다. 물론 오늘날까지도 나는 그런 딜레마에 제대로 대처할 수 없다. 당시 내 나이는 스물넷이었으니, 어찌해야 한다는 생각 자체가 불가능했다. 모두 좋은 사람들이었던 내 팀원들은 받아야 마땅한 것보다 낮은 평가 점수를 받았으며, 나는 시스템이 썩었다고 말하고 싶을 때에도 그냥 그들이 잘하고 있다고 말해야 했다. 그런 스트레스 때문에 나는 과민해지고 모질어졌다. 내 자신에게만이 아니라 남들에게도 매우 까칠하게 굴었다.

나는 우리 팀의 두 명과 맺은 돈독한 우애 덕분에 그나마 버틸 수 있었다. 우리는 우리 자신이 아니라 시스템이 미친 것이라면서 서로를 다독였다. 우리가 옳았다. 우리 모두 회사를 떠난 뒤에 훨씬 더 행복해졌으니까. 직장 생활을 하면서 개인적으로, 그리고 직업적으로 상처 입은 이야기가 그리 특별할 것 없어 보일지 몰라도, 고용주가 직원의 정체성에 가하는 힘을 과소평가해서는 안 된다. 마이크로소프트를 떠나 구글로 가서 더 건강하고 덜 지독한 환경에서 지내고 나서야 지독했던 직장 생활의 편집증이 가셨고, 감정에 배어 있던 독소가 서서히 빠져나갔다.

내가 마이크로소프트를 그만두고 구글에 자리를 얻은 것은 한두 해 동안 왠지 모를 불편함, 자괴감, 엄습하는 불안감에 시달리다가 결정한 일이었다. 내 상사는 내가 떠나면 소송을 걸겠다고 위협했다. 바로 그날 나는 짐을 챙겨서 떠났다. 구글로 떠난 다른 엔지니어들로부터도 비슷한 이야기를 들었다. 윈도우의 설계자인 마크 루코프스키가 구글로 옮기자, 스티브 발머는 방 저편으로 의자를 집어던졌다고 한다(적어도 의자를 뒤흔들기는 했을 것이다).[10] 마이크로소프트 최고의 엔지니어 수백 명이 구글로 빠져나가고 있었고, 인재 유출에 경영진의 모욕감이 겹쳐서 구글에 대한 증오심이 팽배해졌다.

내부적으로는 이렇게 분위기가 험악했어도, MSN 메신저 서비스는 아주 잘나갔다. 사용자가 수천만 명으로 늘어났고 동시 접속자가 수백만 명에 달했다. 나는 2000년에 메신저에 이모티콘 기능을 추가했다. 그래서 메신저는 쌍점과 닫는 괄호의 조합(:))을 웃는 얼굴 이모티콘으로 변환한 미국 최초의 채팅 프로그램이 되었다(웃는 얼굴 이모티콘은 아마 한국에서 더 먼저 쓰였을 것이다). 사람들은 이모티콘을 무척 좋아했다. 또 우리는 클라이언트에 인터넷 전화도 추가했다. 나는 서버 구조를 재설계하는 데 기여하기도 했다. 내가 접했던 가장 험난한 기술적 과제였다. 그 일을 해냈을 때 너무 기뻤다.

내가 마이크로소프트를 떠난 뒤 메신저는 여러 해 동안 허덕거렸다. 그러다가 마이크로소프트가 스카이프를 매입하자, 불필요하고 시대에 뒤떨어지는 프로그램으로 전락했다. 결국 메신저는 2014년에 종말을 고했다. 나 자신도 이미 몇 년 전부터 쓰지 않고 있었다.

마이크로소프트-AOL 전쟁에서 얻은 더 큰 교훈은 코드 작업이 더 이상 컴퓨터에 깊이 빠져 있는 괴짜들의 은밀한 취미가 아니라는 것이었다. 국가적, 심지어 국제적 사건에 영향을 미치는 사회문제가 되어가고 있었다. 내게 두 대기업에 속한 소수의 사람들 사이의 싸움이었던 채팅 전쟁은 잠시나마 전국적인 뉴스거리가 되었다. 돌이켜보면 우리의 삶 구석구석으로 스며들고 있었던 것이 단지 컴퓨터가 아니라 코드 자체였음을 내가 처음으로 어렴풋이 알아차렸던 것이 바로 그때였던 듯하다. 그러나 당시에 코드가 무엇을 할 수 있는지, 그리고 그것이 어떤 영향을 미칠지 이해한 사람은 거의 없었다. 물론 지금도 여전히 그렇다. 그 전쟁은 버퍼 오버플로 버그로 인해 끝났지만, 그 버그의 존재 여부조차 여전히 논란거리다. 기자도 대중도 이해하지 못했으니까.

마이크로소프트를 떠난 지 얼마 뒤, 나는 그 채팅 전쟁 때 나를 상대했던 AOL의 엔지니어 중 한 명과 우연히 마주쳤다. 우리는 박장대소했다. 나는 버퍼 오버플로를 이용했던 그의 천재성에 찬사를 보냈다. 비록 내 패배를 애석해했지만 말이다. "정말 멋진 게임이었어요." 내가 말하자 그도 동의했다. 우리는 그렇게 여러 해가

지난 뒤에도 진짜 뒷이야기를 아는 사람이 아주 적다는 것이 의아했다.

채팅 전쟁의 또 다른 교훈은 코드에 대한 확고한 기반 지식 없이는 소프트웨어가 끼치는 기술적·사회적 영향을 제대로 이해할 수 없다는 것이다. 그 이해는 아래에서부터, 코드와 계산의 본질에서부터 시작되어야 한다. 즉 이진수로부터다.

3장 이진수

실천과 이론

> 일상 언어 습관 때문에, 우리는 '컴퓨팅'이라는 단어가 마치 잘 정의된 무언가를 가리키는 양, 어떤 종류의 물건을 가리키는 양 쉽게 말한다. (…) 하지만 그 문제는 사실 더 미묘하다. 나는 컴퓨팅을 특정한 목적과 의도, 통찰, 인위적인 도구, 테크닉을 수반하는 인간 활동이라고 생각한다.
>
> —페테르 나우르[1]

마이크로소프트에서 나는 친구 목록과 채팅방을 다루었지만, 그 사람들이 누구인지 또는 무슨 말을 하는지는 내게 중요하지 않았다. 나는 우체국처럼 알림을 띄우고 메시지를 전달하는 일에만 신경썼다. 내가 프로그램을 짠 컴퓨터처럼 나도 데이터의 인간적인 의미와 단절되어 있었다. '사람'과 '메시지'의 일반적인 형태만 있었을 뿐이다. 달리 말하면, 데이터는 서버뿐 아니라 내게도 불투명했다. 나와 내 프로그램은 이해가 아닌 계산에 관심이 있었다.

컴퓨터는 무엇보다도 사람보다 더 빨리, 더 완벽하게 계산을 하는 기계다. 이름에서도 드러난다. '계산computation'이라는 단어는 역사적으로 수를 셈하는 것을 가리켰다. 시인 존 밀턴이 별자리의 "날, 달, 해를/계산하는compute 별 무리의 춤"이라고 썼을 때, 그는 천체들의 숫자 시간 계산에 관해 기술하고 있었다.[2] 하지만 나는 로고, 인스턴트 메시징, 버퍼 오버플로에 대해 말하면서 수학은 거의 언급하지 않았다. 컴퓨터가 수학을 하는 기계인 것은 맞다. 대개 단순한 수학이다. 그러나 '계산'은 '산수arithmetic'가 아니며, 산수를 하는 행위조차도 아니다. 오늘날 컴퓨터 작업의 중요성은 컴퓨터가 계산하는 수가 우리 현실을 재현한다는 것이다. 비록 아주 엉성하게 재현하며, 그것도 아주 애를 써서 하는 것이지만, 기계가 계산하는 모든 숫자는 단순히 숫자 이상의 의미를 가지고 있다.

컴퓨터의 역사는 두 평행한 경로를 밟아왔다. 한쪽에는 계산을 더 잘 수행하는 기계를 만드는 공학 작업이 있다. 다른 쪽에는 그런 계산이 알고리즘적으로, 그리고 우리 세계에서 무엇을 의미하는지 탐구하는 이론 작업이 있다. 1930~40년대에 앨런 튜링은 다양한 계산 모형들을 이론화했다. 반면에 콘라트 추제(1941년 Z3라는, 논란의 여지가 있지만 최초의 프로그래밍 가능한 컴퓨터라고 여겨지는 기계를 만든) 같은 공학자들은 이론적 가능성과 한계에 대해 거의 무지한 상태로 범용적인 계산 기계를 발전시켰다. 컴퓨터과학(이론)과 소프트웨어공학(실천)은 서로에게 영향을 미쳤으며, 양쪽 다 오늘날 우리가 알고 있는 컴퓨터의 진화에 중요한 역할을 했다. 이론가들은 프로그램을 짤 수 있는 더 정교한 컴퓨터 언어를 개발했다. 또 데이터 집합을 이용해서 지도 학습supervised training을 할 수 있는 인공 지능 모델들을 만들었다. 그러나 그 모델들은 구글의 엄청난 데이터 집합과 컴퓨터 클러스터에 적용된 후에야 이미지 인식과 바둑 전략 같은 분야에서 혁신적인 결과를 낳기 시작했다. 나를 포함하여 많은 이들은 구글의 알파고AlphaGo가 2016년 최고의 바둑 기사와 바둑을 두어서 이겼을 때 충격을 받았다. 바둑 수의 엄청나게 복잡한 조합을 고려할 때, 나는 컴퓨터가 바둑에서 최고 수준에 오르려면 10년은 더 걸릴 것이라고 확신했었다. 인텔 공동 창업자 고든 무어의 이름을 딴 경험 법칙인 '무어의 법칙'은 집적 회로에 집어넣을 수 있는 트랜지스터의 수가 약 2년마다 2배로 늘어난다고 말한다. 다시 말해, 컴퓨터의 계산 능력이 기하급수적으로 증가한다는 것이다. 1970년의 최고 컴퓨터에는 트랜지스터가 수천 개 들어 있었다. 지금은 수십억 개가 들어 있다. 그렇다고 해서 그때보다 컴퓨터가 수백만 배 더 영리해졌다는 뜻은 아니며, 알파고 같은 성취가 놀라운 이유가 바로 그 때문이다. 계산 능력은 기계의 지능을 결정하는 중요한 요소지만, 계산 능력만으로 모든 것이 결정되지는 않는다. 컴퓨터과학의 지적 발전도 중요한 요소다.

어떤 컴퓨터과학자들은 프로그램을 직접 짜는 일을 기피한다. 한편 컴퓨터과학 이론을 수박 겉핥기 정도로만 알고 있는 코더도 많다. 서로에게 배타적인 분야들의 사례가 대개 그렇듯이, 양측은 서로를 더 잘 알수록 혜택을 본다. 특히 기계학습machine learning은 엔지니어와 과학자의 긴밀한 협력으로 추동되었다. 기계학습의 실용적인 성과는 이론에서 어떤 접근법을 추구해야 할지를 알려주는 강력한 지표일 때가 많다. 하지만 이론가는 여전히 기계학습 패러다임에 의문을 제기하고 새로운 접근법을 짜낼 필요가 있다고 본다. 나는 무언가를 증명하기보다는 만들고 싶어서 엔지니어가 되는 쪽을 택했지만, 컴퓨터과학이라는 배경을 통해서 얻은 이론이 없었다면 반쪽짜리 엔지니어에 불과했을 것이다.

오늘날의 컴퓨터는 겹겹이 쌓인 추상화 계층으로 이루어진 레이어 케이크나 다름없다. 많은 엔지니어들은 추상화의 한 계층에서만 일하고 다른 계층들은 모호하게만 알고 있을 뿐이다. 칩 설계자는 웹페이지를 어떻게 구축하는지에 관심이 없다. 웹 디자이너는 실리콘에 관해 거의 모른다. 그러나 모든 훌륭한 소프트웨어 엔지니어는 각 계층들이 어떻게 어울리는지, 그리고 각 계층이 구조와 목적이 비슷한 이론적 개념을 어떻게 구현하는지 이해한다. 그리고 그 지식은 엔지니어가 새로운 추상화 계층을 설계하고 그 계층을 더 훌륭하게, 더 탄탄하게, 더 우아하게 만드는 데 기여한다.

영화와 텔레비전에서는 암호 같은 난해한 명령어들이 화면에 줄줄이 이어지는 모습으로 코드를 묘사하곤 한다. 그런 영상은 프로그래밍을 신비화하려는 계략이다. 프로그래머는 좋은 코드를 볼 줄 알아야 하며, 약간의 노력으로도 코드의 짜임새와 기능에서 근본적인 단순성을 유도할 수 있어야 한다. 여기서 단순성이란 코드를 산뜻하고 예측 가능한 방식으로 짜는 조직 원리들을 말한다. 이 이해는 모든 코드의 배후에 있는 숨겨진 현실에 관한 지식에서 나온다. 그리고 그 현실은 한 마디로 말하면, 논리다.

참말쟁이와 거짓말쟁이

논리가 보증하는 것은 오로지 희망이지, 믿음이 아니다.

—찰스 샌더스 퍼스

논리학자 레이먼드 스멀리언(그리고 영화 〈라비린스Labyrinth〉)을 통해 유명해진 퍼즐이 있다. 거짓말쟁이와 참말쟁이가 등장하는 퍼즐이다. 세상에 두 유형의 사람만 있다고 하자. 늘 거짓말을 말하는 사람과 늘 진실을 말하는 사람이다. 어떤 두 사람이 다음과 같이 말한다면, 누가 거짓말쟁이고 누가 참말쟁이인지 알 수 있을까?

몰리 : 레오폴드는 거짓말쟁이다.

레오폴드 : 우리 둘 다 거짓말쟁이다.

추론은 이런 식으로 전개된다. 레오폴드의 말은 참일 리가 없다. 그가 참말쟁이라면, 그의 말은 거짓이 되므로 모순되기 때문이다. 따라서 그는 거짓말쟁이임이 분명하다. 그의 말이 거짓이므로, 레오폴드와 몰리 둘 다 거짓말쟁이일 리는 없다. 레오폴드가 거짓말쟁이이므로, 몰리는 참말쟁이임이 틀림없다. 따라서 몰리의 말은 참이다.

나는 여섯 살 딸에게 문제를 다음과 같이 바꿔서 낸 적이 있다. 문이 두 개 있어. 한쪽에는 엄청난 돈이 들어 있고, 다른 한쪽에는 상어가 숨어 있지. 어느 문인지는 몰라. 문에는 이렇게 적혀 있어.

1번 문 : 상어가 여기 있어!

2번 문 : 두 문 다 거짓말을 해.

너라면 어느 문을 열겠니? 몰리와 레오폴드의 퍼즐에서와 똑같은 논리가 적용된다. 2번 문의 말은 거짓임이 틀림없다. 자신이 거짓말쟁이라는 말은 진실일 수 없기 때문이다. 따라서 1번 문에 적힌 것은 참임이 분명하다(그렇지 않다면 2번 문은 진실을 말하는 것이 된다). 상어는 1번 문 뒤에 있으며, 돈은 2번 문 뒤에 있다.

나는 어릴 때 이런 논리 퍼즐을 강박적으로 수백 가지나 찾아서 풀었다. 운 좋게도 엄마가 스멀리언의 『퍼즐 나라의 앨리스*Alice in Puzzle-Land*』를 구해준 덕분에, 나는 불 논리Boolean logic(모든 컴퓨터의 토대를 이루는 이진수 논리), 거짓말쟁이와 참말쟁이가 나오는 퍼즐,

논리 역설이라는 분야를 접하게 되었다. 스멀리언은 루이스 캐럴의 소설 주인공을 거짓말쟁이 퍼즐에 쉽게 끼워 맞출 수 있었는데, 논리의 엄격하지만 독단적인 규칙들이 앨리스 시리즈에 딱 들어맞았기 때문이다. 캐럴은 논리의 대가였다.

그 책을 읽은 뒤, 나는 스멀리언의 다른 책에도 도전했다. 특히 『퍼즐과 함께하는 즐거운 논리*What Is the Name of This Book?*』와 『숙녀일까 호랑이일까?*The Lady or the Tiger?*』에는 트란실바니아와 르네상스 시대 이탈리아 같은 곳을 배경으로 삼은 비슷한 퍼즐들이 실려 있었다. 그는 도교와 선禪의 우화들을 다룬 책을 썼지만, 또한 그가 논리학자로서 기여했던 분야인 분석철학을 다룬 책도 썼다.

이런 책들에 실린 퍼즐 중에는 여러 단계의 추론이 필요하도록 아주 복잡하게 꾸민 것들도 있었다. 어느 쪽이 무슨 말을 했는지 알려주지 않는 퍼즐도 있었다. "예"와 "아니오"를 무의미한 단어들로 대체한 뒤, 각 단어가 둘 중 어느 쪽을 뜻하는지 알려주지 않는 퍼즐도 있었다. 쿠르트 괴델의 불완전성 정리를 설명하려고 시도한 난해한 퍼즐도 있었다. 내가 볼 때는 성공하지 못했지만 말이다.† 나를 진정으로 짜증나게 한 퍼즐도 하나 있었다. 단순화하자면, 이런 형태였다.

한 사람이 두 상자 중에서 어디에 초상화가 들어 있는지를 알아

† 괴델의 불완전성 정리는, 무엇보다도 특정한 컴퓨터 프로그래밍 문제들은 해답의 존재 자체가 논리적 모순을 야기하기 때문에 그 문제를 푸는 것이 불가능하다는 것을 증명한다.

내려고 한다. 첫 번째 상자에는 "초상화는 여기에 없다"라고 적혀 있다. 두 번째 상자에는 "두 상자 중 한쪽만이 진실을 말하고 있다"라고 적혀 있다. 초상화는 어디에 있을까? 나는 가능성들을 죽 살펴보았다. 두 번째 상자가 진실을 말하는지에 상관없이, 첫 번째 상자에 적힌 말은 진실이 아님이 분명하다. 두 번째 상자의 말이 참이라면 첫 번째 상자의 말은 거짓이고, 두 번째 상자의 말이 거짓이라고 해도 마찬가지로 첫 번째의 말은 거짓임에 틀림없기 때문이다(그렇지 않다면 두 번째 상자가 진실을 말하는 것이 된다!). 이 퍼즐의 남자도 첫 번째 상자에 초상화가 있다고 추측한다. 그는 첫 번째 상자를 연다. 그런데… 없다. 초상화는 두 번째 상자에 있다. 그는 너무나 당혹스럽다. 나도 마찬가지였다. 답은 논란의 여지가 없어 보였는데 말이다.

스멀리언은 이렇게 설명했다.

> 어느 문장이든 간에 그것이 참인지 거짓인지에 관한 정보가 주어지지 않는다면, 또는 진릿값들 사이의 관계에 관한 정보가 전혀 제공되지 않는다면, 문장들은 무엇이든 말할 수 있고 물건은 어디에나 있을 수 있다. 원하는 개수만큼 상자를 가져다가 어느 하나에 물건을 집어넣은 뒤, 뚜껑에 아무렇게나 적을 수 있다. 그런 문장들은 어떤 정보도 제공하지 않을 것이다.[3]

나는 속은 기분이었다. 스멀리언이 이치에 맞는 논리 문제를 제시할 것이라고 암묵적으로 전제하고 있었기 때문이다! 하지만 다른 퍼즐들에서는 따라야 할 규칙들이 명시적으로 제시되어 있는 반면, 이 퍼즐에서는 그런 전제가 전혀 없었다는 것을 마지못해 인정해야 했다. 여기서 얻은 교훈은 참과 거짓이 절대적인 것이 아니라, 맥락에 따라 달라진다는 것이었다. 그 맥락을 벗어나면 진술은 의미를 잃는다. 규칙을 따른다는 보증이 없다면 우리는 추론이 타당하다는 것을 결코 확신할 수 없다. 논리적이면서 맥락상으로 고립된 컴퓨터의 세계만큼 그 말이 딱 들어맞는 곳은 없다.

1과 0

사람은 어떻게 수를 이해할 수 있는 것이며, 수는 어떻게 사람이 이해할 수 있도록 되어 있는 것일까?

—워런 매컬러

컴퓨터의 핵심 특징은 디지털이라는 것이다. 모든 것이 1과 0으로 된 이진수로 표현된다. 컴퓨터의 단위, 그리고 데이터 자체의 단위는 이진숫자binary digit, 즉 비트bit다. 겉으로 어떻게 보이든 간에 모든 디지털 데이터는 기본적으로 두 개의 기호로 된 언어, 달리 말하면 기호 하나(1)와 그 기호의 부재(0)로 이루어진 언어로 표현된다. 가능성이 정확히 두 가지뿐인 언어다.

언뜻 볼 때 우리 세계는 이 1과 0으로 된 언어에 들어맞지 않는 듯하다. 이진수를 토대로 한 컴퓨터 연산은 이질적으로 보인다. 그러나 많은 것들이 컴퓨터에서, 이진수로 표현될 수 있다. 문자, 그래픽, 소리, 동영상, 프로그램이 그렇다. 현상과 그 표현이 더 복잡해질수록, 디지털 번역물이 원본을 훼손한다고 주장하는 이들이 있다.† CD, 디지털 영상, 심지어 디지털 시계를 놓고서도 그런 주장이 나오곤 한다. 그 과정에서 현실의 원본이 가진 "분위기"가 사라진다거나, 말로 표현할 수 없는 어떤 핵심 본질이 훼손되거나 제

† 오디오도 그렇다. 오디오 애호가들은 '턴테이블에서 도는 비닐 레코드를 다이아몬드 바늘로 읽어서 나오는 소리를 트랜지스터가 아닌 진공관을 쓰는 앰프로 증폭하여 듣는 아날로그 음악'을 디지털 과정이 결코 재현할 수 없다고 주장한다. 나는 동의하지 않는다. 레코드와 디지털 파일 사이에 어떤 차이가 있든 간에(어느 정도의 차이는 분명히 있다) 디지털 표현 속에 담을 수 있다. 연약한 비닐을 탄탄한 디지털 세계의 영역으로 번역하는 능력을 부정하는 물신적인 태도에 취한 나머지, 오디오 애호가들은 간섭과 손상을 막겠다고 디지털 케이블을 "차폐"하기까지 한다. 케이블을 통해 흐르는 데이터의 오류 검사 비트가 손상될 수 있다(그럴 리가 없다)는 양 말이다. 또 이른바 "고성능" CD까지 나와 있다. 동일한 1과 0의 서열을 어떤 식으로든 신비하게 강화할 수 있다는 식이다. 오디오 애호가는 일반 청취자보다 자신이 더 진정한 음악을 듣고 있음을 확인받고 싶어 한다. 홍콩의 오디오 애호가들은 벽과 천장에 세심하게, 하지만 이해할 수 없는 방식으로 바이올린과 첼로를 매달아놓는다. 그 악기들의 공명(또는 기운)을 통해 방에서 울리는 음악의 질이 향상된다고 여긴다.
나는 정반대의 강박 관념을 갖고 있다고 고백하련다. 나는 사람의 귀가 구별할 수 있다는 측정 불가능한 차이가 아니라, 사람의 귀가 구별할 수 없는 측정 가능한 차이에 관심이 많다. 나는 MP3 같은 손실이 있는 포맷보다 FLAC 같은 무손실 포맷을 더 선호한다. 검사를 해보면 사람의 귀가 그 차이를 구별할 수 없음에도 말이다(나는 분명히 구별하지 못한다. 나이가 있어서 15킬로헤르츠를 넘는 영역은 듣지 못한다). 디지털화할 때 음악이 불완전하게 변형된다는 지식이 나를 신경 쓰이게 한다. 때문에 내 귀가 슬프게도 그 차이를 알아차리지 못하는 데에도, 나는 내 디지털 음악을 무손실 원본 포맷으로 저장한다.

거된다는 것이다. 그러나 그렇지 않다. 우리가 아날로그를 디지털로 번역할 때 잃는다고 생각하는 것은, 사실 한 형식을 다른 형식으로 부정확하게 번역할 때 항상 일어나는 일일 뿐이다. CD 음악을 디지털 파일로 추출할 때보다, 비닐 레코드의 음악을 카세트테이프로 옮길 때 잃는 것이 더 많다.

이론상으로는 무엇이든 다 이진수로 표현할 수 있다. 책이든 음악이든 단세포 생물이든 항성계든 다 마찬가지다. 그러나 현실적으로 우리는 아직 복잡한 구조를 디지털로 상세히 번역할 능력을 갖추지 못했기에, 가까운 시일에 (세상에서 가장 복잡한) 인간의 뇌가 계산 가능한 이진수 표현으로 번역되는 일은 없을 것이다. 이 표현 과정이 반드시 완벽성을 추구하는 것은 아니지만 투명성transparency은 추구한다. 투명성은 디지털 사본이 원본 현상과 실질적으로 구별할 수 없게 되는 시점을 가리킨다. 기상학자들은 컴퓨터 시뮬레이션을 써서 수십 년 전보다 훨씬 더 정교한 날씨 모델을 만들지만, 날씨는 카오스 현상을 일으키므로 완벽하게 모사할 수 없다. 단지 자료를 토대로 추측을 점점 더 개선시킬 수 있을 뿐이다. 반면에 음향학적 시뮬레이션은 아주 정교해져왔기에, 음향 기술은 실내 환경과 메아리까지 아주 정확하게 재현할 수 있다. 악기 소리의 합성도 해가 갈수록 점점 더 정교해지고 있다. 날씨 시뮬레이션이 비를 내리게 할 수는 없는 것처럼, 디지털 요리법도 음악의 청각 경험까지 담는 것은 아니다. 하지만 충분히 정확한 요리법은 적절한 자원과 도구가 주어진다면 원래의 현상(음악, 세포, 날씨)을 재현할 수 있게 해준다. 컴퓨터 화면은 회화 작품을 하나의 이미지만으로 보여줄 수 있지만, 우리가 그 그림의 모든 얼룩, 결과 색조와 색깔의 모든 변이, 칠하고 튄 모든 자국을 지도에 다 담을 수 있다면, 충분히 정교한 기계로 그림을 현실에서 똑같이 재현할 수 있다. 적어도 이론상으로는 그렇다. 기술 발전이 충분히 이루어진다면 컴퓨터와 로봇은 인간이 구별할 수 없을 만큼 충분히 훌륭한 사본들을 만들어낼 수 있다. 작품을 만들어내는 데 필요한 모든 정보는 정확하게 기록할 수 있다. 그렇다면 원본 그림의 본질은 무엇일까? 물리적 대상 자체일까, 아니면 그것을 기술하는 데이터일까?

까다로운 질문이다. 그림 자체는 데이터다. 비록 디지털이 아닌 아날로그 형식이긴 해도 그렇다. 그림을 스캔함으로써, 우리는 그림을 미학적으로 덜 와닿기는 하지만 동일한 정보를 지닌 다른 요리법으로 번역한다. '사물' 자체는 이미 어떤 언어로 표현되어 있다. 만물은 우리의 어떤 근본적인 개념의 표현 형태다. 영화는 필름에 음화로 표현되고, 화면에는 광자로 표현된다. 음악은 테이프에 자성을 띤 산화물로 표현되고, 더 순수한 형태로는 우리 고막을 울리는 일련의 파동으로 표현된다. 의자는 나무와 금속의 특정한 배치로 표현된다. 종이책은 종이에 찍힌 잉크의 패턴으로 표현된다. 우리는 이런 아날로그적인 사물은 추상적 개념의 표현 형태(또는 요리법)가 아니라고 생각하려는 경향이 있지만, 그것들도 데이터를 포함하고 있다. 우리는 아날로그 부호화와 디지털 부호화 사이에 임의로 구분선을 긋는 경향이 있지만, 그런 구분은 유지될 수 없다.

'데이터'는 디지털만이 아니라, 수많은 형식을 취할 수 있다.

현실과 그것을 표현하는 데이터의 경계가 불분명함에도 불구하고 우리는 그런 구분을 고집한다. 예를 들어 정통파 유대교는 어딘가에 적힌 신의 이름을 지우거나 훼손하는 것을 금지한다. 그래서 그들은 아예 신의 이름을 적지 않으려 한다. 그럼으로써 예배당에 그 종이를 보관하거나 묘지에 묻을 일이 생기지 않도록 하는 것이다.† 20세기 말에, 랍비들은 신의 이름을 컴퓨터 화면에 쓰는 문제를 놓고 고심해야 했다. 1998년 랍비 모세 사울 클라인은 신성한 이름을 화면이나 디스크에서 자유롭게 지워도 된다고 결정했다. 클라인의 비서인 요세프 하야드는 이렇게 말했다.

> 컴퓨터 화면의 글자는 화소, 빛점의 집합이다. 디스크에 저장했을 때에도… 0과 1의 배열에 다름 아니다.[4]

그러나 종이에 적은 문자도 잉크 입자들의 집합이긴 마찬가지다. 화면의 글자가 1초에 수십 번씩 지워지고 다시 써진다는 점에 착안하여, 글의 "영구적" 형태와 "일시적" 형태를 구분하는 식으로 해석하는 랍비도 있다. 그렇다면 신의 이름의 물리적 형상을 담은 어떤 "잉크"의 "영구적" 집합에만 그 제약이 적용되는 셈이다. 점자

† 이 제약은 대개 히브리어에만 적용되지만, 영어로도 "G-d" 이나 "L-rd"로 쓰는 사례를 흔히 볼 수 있다. 유대교 율법은 신의 네 글자 이름과 엘로힘 등 신성한 7가지 이름의 사용을 제한한다.

는 영구적이다. 그런데 여기에도 애매한 측면이 있다. 랍비는 LED 광고판은 어떻게 생각할까? 화이트보드는? 자석 스케치 보드는? 스크래블 게임의 글자 타일은?

랍비에게 골칫거리를 안겨주려고 하는 말이 아니다. 범주화 categorization의 부정확성을 지적하려는 것뿐이다. 우리는 이 세계의 사물들이 유형물 아니면 가상물, 디지털 아니면 아날로그, 영구적인 것 아니면 일시적인 것 등으로 산뜻하게 나뉜다고 생각한다. 그러나 어느 한쪽 범주에 산뜻하게 들어맞지 않는 사례들이 있다. 정통파 유대인은 누군가가 실수로 인쇄 명령을 눌러서 '영구적' 사본을 만들 수도 있는 위험을 피하고자 아예 컴퓨터에 신의 이름을 입력하지 않으려고 한다. 비트의 0과 1의 구분은 절대적이지만, 그 구분이 삶의 복잡한 현상들에서 엄격하게 지켜지는 일은 드물다. 대부분의 경우에 구분이 잘 지켜지지만, 앞으로 살펴보겠지만 그것으로는 충분치 않다.

켜짐과 꺼짐

수학이 논리라고 말할 때의 '논리'는 생각의 분석과 비판으로 정의할 때의 '논리'와 같은 것이 아니다.

—프랭크 램지[5]

컴퓨터는 우리를 디지털의 신세계로 억지로 밀어 넣지 않았다. CD든 이메일이든 간에 어떤 현상이 비트와 바이트, 즉 1과 0으로 만들어진다고 해서, 디지털이 디지털 이전과 전혀 다른 세계라는 뜻은 아니다. 디지털은 컴퓨터가 등장하기 오래전부터 아날로그 세계 속에 숨어 있었다. 예를 들어, 스멀리언의 '참말쟁이' 퍼즐의 형식 논리 속에서도 디지털의 흔적을 찾을 수 있다. 컴퓨터가 일으킨 충격은 1과 0에서 비롯된 것이 아니라, 연관되어 있지만 전혀 다른 이진법에서 나온 것이다. 바로 참과 거짓이다.

컴퓨터 프로그래머에게 참/거짓과 1/0의 두 이진법은 금방 상호 교환 가능한 것이 되었다. 참은 1이고 거짓은 0이다.[†] 대다수 컴퓨터 언어는 불 변수(참이거나 거짓일 수 있는)와 숫자 변수(1, 0, 또는 다른 어떤 수일 수 있는)를 명확히 구별하지만, 현실적으로 그 구분은 모호하다. 컴퓨터 연산에서 논리와 수학이 놀라울 만치 긴밀하게 관계를 맺고 있기 때문이다.

잠시 설명을 해보자. 불 논리는 한 개 또는 두 개의 이진수 변수에 적용되는 AND, OR, NOT 같은 일련의 논리 연산자로 이루어진다. (p AND q)는 p와 q가 둘 다 참일 때에만 참이다. (p OR q)는 p가 참이거나, q가 참이거나, 둘 다 참일 때 참이다. (NOT p)는

† 거꾸로 이것이 프로그래머에게 한없이 짜증을 불러일으킬 때가 많다. 나는 ML 언어로 프로그램을 짤 때 그런 짜증나는 일을 겪었다. 그 언어에서는 음수를 표현할 때 숫자 앞에 – 대신에 ~를 붙인다. "-2"는 "~2"로 적어야 하며, 그렇지 않으면 기계가 이해하지 못한다. 그런 표기법을 쓰는 데에는 나름의 이유가 있다. 문제는 그런 이유가 보편적인 언어 관습을 어기는 것을 정당화하지 못한다는 데 있다.

p가 거짓이라면 참이고, p가 참이라면 거짓이다. "내 이름은 데이비드이고(AND) 나는 키가 3미터다"는 거짓이다. "내 이름은 데이비드이거나(OR) 나는 키가 3미터다"는 참이다.† 스멀리언의 퍼즐은 불 논리 문제를 그럴 듯하게 포장한 것으로서, p와 q 중 어느 쪽이 참이고 거짓인지를 알아내는 것이 목표다.

불 연산은 컴퓨터 하드웨어의 기본 구조를 구성한다. 컴퓨터 칩의 트랜지스터는 논리 게이트logic gate를 이루며, 이는 물리적 하드웨어에 구현된 불 연산자라고 볼 수 있다. 불 연산자처럼 논리 게이트는 입력을 받아서 출력을 내보낸다. 입력은 두 가지 가능한 '신호' 중 하나가 들어오는 것이고, 출력은 입력에 따라서 두 가능한 신호 중 하나를 내보내는 것이다. 트랜지스터의 NOT 게이트는 입력 신호가 오지 않으면 고압 신호를 출력으로 내보내고, 입력 신호가 오면 출력을 내보내지 않는다.‡ AND 게이트는 전류가 두 입력의 양쪽에서 흘러들 때 신호를 출력할 것이다. 이 게이트들을 연결하면, 단순한 셈을 할 수 있다. 덧셈과 뺄셈을 통해 곱셈과 나눗셈을 할 수 있고, 여기에서부터는 논리보다는 프로그래밍(불 논리를 소프트웨어로 구현한 것을 포함하여)에 더 가까워보인다.

† 설령 내 키가 3미터라고 해도 참일 것이다. OR은 둘 중 한쪽 또는 양쪽 다 참일 때를 뜻하기 때문이다. 한편 XOR, 즉 배타적 논리합exclusive-OR 연산자는 두 진술 중 어느 한쪽만 참이고 다른 한쪽은 거짓일 때 참이다.

‡ 정확히 말하자면 일반적으로 출력을 내보낼 때는 고압 신호를 쓰고 아닐 때에는 전압이 0에 가까운 신호를 쓴다. 어쨌든 정확히 구별되는 두 가지 신호, 즉 이진법을 쓴다는 점이 중요하다.

이런 회로판에는 '참'도 '거짓'도 없다. 거기에는 참과 거짓, 심지어 0과 1도 없으며, 단지 전압의 켜짐과 꺼짐이라는 이진법이 있을 뿐이다. 게이트가 전압 신호를 내보내는지 여부에는 사실상 아무도 관심이 없다. 그 신호가 다른 무언가를 나타낼 때를 제외하고 말이다. 그리고 그런 신호가 컴퓨터에서 표현하는 것은 논리적 참과 거짓이라는, 우리가 부과한 추상 개념이다. 참과 거짓은 우리가 특정한 회로판의 특정한 지점에서의 어떤 신호의 존재나 부재에 적용하는 개념들이다.

진릿값의 이진수 표현이 매우 널리 쓰이기 때문에 우리는 논리 이진수(참/거짓)와 계산 이진수(1/0 또는 켜짐/꺼짐)를 으레 혼동한다. 우리는 프로그래밍 언어를 써서 불 변수(이거_켜져_있나요라고 하자)를 다룰 수 있다. 값은 참 또는 거짓일 수 있다. 가장 단순한 표현은 0을 거짓, 1을 참으로 삼는 것이다. 그러나 이 숫자 표현 방식에서 숫자가 2를 넘어가면, 즉 0이나 1이 아닌 다른 값이 나오면 어

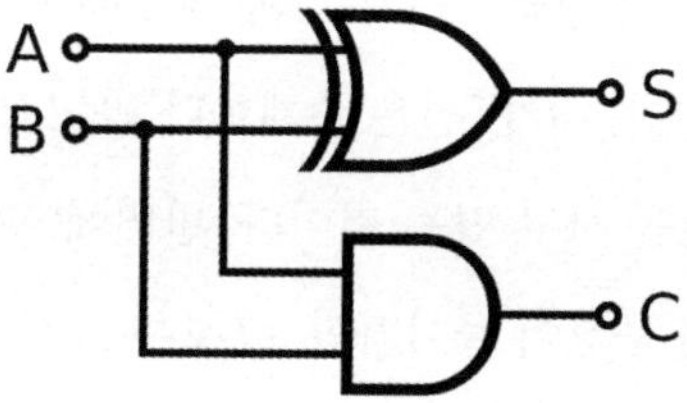

이진수 반가산기half-adder. 위는 XOR 게이트, 아래는 AND 게이트다.
A와 B의 이진수 입력을 '더하여' 이진수 논리합(S)과 자리올림(C) 출력을 내놓는다.

떻게 될까? 그냥 그런 숫자를 무의미하다고, 참도 거짓도 아니라고 선언할 수 있지만, 우리는 선택지가 두 가지가 아니라 참, 거짓, 무의미 세 가지인 삼진법 논리를 원치 않는다. C 언어에서는 0을 거짓, 다른 모든 수는 참이라고 정한다. 이 표현은 진리를 존재와 동일시하는 우리의 일반적인 관습에 들어맞는다. 거짓은 0, 즉 무, 부재, 비어 있음과 동일시한다. 참은 현존, 타당성, 존재다. 0이 아닌 모든 수, 심지어 음수조차도 그렇다.

프로그래머는 언제나 참과 거짓을 1과 0의 동의어로 취급한다. 참과 거짓은 이진법의 한 자릿수에 들어갈 수 있는 두 가지 값이 된다. 그러나 참과 거짓은 순수한 형식적 관습으로 남아 있다. 비록 그 단어들이 형이상학적 중요성을 지니고 있다고 할지라도 말이다. 내가 신은_존재한다 = 참이라고 쓴다고 해서 신이 존재하게 되는 것은 분명히 아니다. 게다가 컴퓨터가 신이 존재한다고 생각하거나 믿게 만드는 것도 아니다. 그 표현이 하는 일은 오로지 컴퓨터의 기억 장치 깊숙이 어딘가에 신호를 하나 설정하는 것이다. 그러나 그 코드 줄은 회로판의 신호 변경만을 뜻하는 것이 아니다. 신호의 켜짐이나 꺼짐 이외에 우리가 참과 거짓에 할당하는 모든 의미는 어떤 해석이 된다. 내가 "신은 존재한다"라고 말할 때, 나는 현실 세계에 관한 주장을 하고 있는 것이다. 반면에 프로그램에 신은_존재한다 = 참이라는 문장이 들어가면, 그것은 그저 신호의 변경을 나타내는 것에 불과하다.

컴퓨터는 참과 거짓의 차이를 이해하지 못하며, 두 개념이 무슨 의미인지도 이해하지 못한다. 컴퓨터가 우리가 이해하는 식으로 진리를 이해하게 된다면, 그 이해는 비트가 아니라 다른 어딘가에 놓여 있을 것이 틀림없다.

참과 거짓

누군가 진리를 주장하면, 진리는 그를 버리고 떠나.

—토머스 핀천, 『메이슨 & 딕슨*Mason & Dixon*』

논리의 역사는 오랫동안 '참'에 '1'이나 '켜짐'을 넘어서는 의미를 부여하는 문제를 붙들고 씨름해왔다. 다시 말해, '참'이 세계에 관해 무언가를 진술하게 하는 문제다. 이 난제는 컴퓨터가 등장하기 오래전부터 있었다. 참인 진술과 거짓인 진술을 명확히 구별할 수 있다고 생각할지도 모르지만, 논리 퍼즐 바깥의 세계에서는 이 구분이 지독히도 어렵다는 것이 드러난다. 섹스투스 엠피리쿠스 같은 서양철학자들과 나가르주나(용수보살) 같은 동양철학자들은 우리가 무언가의 진리를 과연 알 수 있을까 하는 의문을 품기에 이르렀다. 철학적 자기 응시처럼 보일 수도 있을 이런 우려는, 거기에 형식 논리formal logic가 도입되자 더욱 절박한 것이 되었다. 컴퓨터 과학과 인공 지능 분야에 지대한 영향을 끼친 위대한 논리학자 알프레드 타르스키는 '규약 TConvention T'를 어떤 문장의 진리를 판단하는 최소 기준으로 제시했다. 규약 T의 사례를 두 가지 들면 이렇다.

> 1. "하늘은 파랗다"는 하늘이 파랗다면, 그리고 그럴 때에만if and only if 참이다.
>
> 2. "나는 젤리 도넛이다"는 내가 젤리 도넛이라면, 그리고 그럴 때에만 참이다.

규약 T를 놓고 철학자들은 아주 많은 잉크를 소모해왔다. 그러나 나는 대다수의 평범한 독자들은 이 기준이 어떤 문장의 진리 여부를 판단하는 데 그다지 유용한 지침이 못 된다는 데 동의하리라 생각한다. 그리고 규약 T가 2000여 년 전 아리스토텔레스의 정의(그 자체는 플라톤의 정의에 토대를 둔)보다 별 발전이 없어 보인다는 것을 알면 더욱 절망스러울 수 있다.

> 아닌 것을 맞다고 하거나 맞는 것을 아니라고 말하는 것은 거짓인 반면, 맞는 것을 맞다고 하고 아닌 것을 아니라고 말하는 것은 참이다.[6]

그런 진리가 무엇이든 간에, 우리는 컴퓨터가 세계와 상호작용을 잘하려면 사람과 똑같은 방식으로 참과 거짓을 구별할 수 있어야 한다고 안전하게 결론을 내릴 수 있다. 논리적 진리와 세속적인 진리의 차이를 무너뜨리려는 논리학자들의 시도가 부적절하다는 것은 컴퓨터 시대에 너무나 명확히 드러났다. 수학자이자 현상학자인 잔카를로 로타는 그 점을 통명스럽게 표현했다.

> 그래서 수학자들은 수학 논리의 언어에 다시 철학적 의미를 주입하려는 철학자들의 우스꽝스러운 짓거리를 얼떨떨하게 지켜보고 있다. (…) 수학 논리인 양 꾸민 철학 용어 때문에 철학자들은 수학 논리가 철학적 의미의 진리를 다루는 것이라고 오해하기에 이르렀다. 그러나 그것은 착각이다. 수학 논리는 진리가 아니라 진리의 게임만을 다룬다. 수학자들은 거드름을 피우면서 기호를 남발하는 현대 철학 논문을 볼 때면 눈살을 찌푸린다. 모노폴리 게임에 쓰는 돈을 진짜 가게에 내미는 사람을 보듯이 말이다.[7]

로타의 말은 플라톤을 떠올리게 한다. 플라톤은 진리가 현실적인 문제임을, 즉 순수한 이론적 추상이 아니라 행동의 문제임을 처음으로 알아차린 사람에 속했다. 파울 프리들렌더는 이렇게 요약했다. "플라톤 체계에서 진리는 언제나 양쪽을 가리킨다. 존재하는 현실, 그리고 이해와 주장의 정확함이다."[8]† 문제가 되는 것은 논

† 또한 윌리엄 제임스는 이렇게 말했다. "진리는 어떤 생각에 우연히 따라붙는 것이다. 생각은 사건들을 통해서 참이 되며, 참으로 만들어진다."[9]

리와 언어 사이의 간격이 아니라, 논리와 현실 사이의 간격이다. 기호와 증명은 그 자체로는 간격을 좁힐 수 없다.

형식 논리에서 진리는 외부적인 의미가 없는 구성물을 가리킨다. 내가 "X = X"가 X의 가능한 모든 값에 참이라고 주장할 때, 나는 동일성 공리를 논리 체계에 적용하는 것이다. 무언가가 자기 자신과 동일하다는 것은 언제나 참이라는 개념이다. 이 단순한 원리조차도 현실에 적용하려고 시도하면 곧바로 모호한 사례를 접하게 된다. 내가 "데이비드 = 데이비드"라고 말한다면, 나는 "2 = 2"와 동일한 차원의 무언가를 말하는 것일까? 아니면 숫자 대신에 사람 이름을 말하면, 관여하는 진리의 유형이 달라질까? 2가 2와 같지 않을 수 있다는 것은 불가능해 보이지만, 데이비드는 데이비드와 같지 않을 수 있지 않을까? 어딘가 좀 다른 두 명의 데이비드가 있다고 한다면? 금세 맥락이 관여하기 시작한다.

고틀로프 프레게, 버트런드 러셀, 루트비히 비트겐슈타인, 루돌프 카르나프 같은 선구적인 논리철학자들은 논리의 형식주의를 현실의 내용 및 형이상학과 결부시켰다.† 그들은 논리가 세계를 규율하는 기능을 지니는 것이 틀림없다고 보았다. 카르나프는 자신의 대표작에 『세계의 논리 구조*Der Logische Aufbau der Welt*』라는 제목을 붙였고, 보편적인 논리 언어가 세상을 온전히 표현할 수 있음을 보

† 19세기 미국 철학자 찰스 샌더스 퍼스도 여기에 속한다고 주장할 수 있지만, 그의 연구는 수십 년 동안 묻혀 있었다.

여주겠다는 야심을 품었다. 그 나름의 유토피아 세계관이었다. 그는 헌신적인 사회주의자이자 평화주의자였다. 『세계의 논리 구조』 서문에서 그는 자신의 더 원대한 목적은 고통을 일으키는 모든 오해와 비합리성을 제거하여 세계를 바로잡는 것이라는 점을 명확히 밝혔다.

> 우리는 우리의 철학 탐구의 토대가 되는 태도와, 전혀 다른 삶의 분야들에서 현재 드러나고 있는 지적인 태도 사이에 내적 근연 관계가 있다고 느낀다. 우리는 예술 운동, 특히 건축 분야의 운동에서, 그리고 전반적으로 의미 있는 유형의 개인적이고 사회적인 삶, 교육, 외부 단체 활동을 추구하는 양상에서 이 태도를 감지한다. 우리는 주위 어디에서든 동일한 기본적인 태도를, 동일한 사고와 행동 양식을 느낀다. 어디에서든 명쾌함을 요구하지만, 삶이 결코 그렇게 명쾌하게 이해할 수 있는 것이 아님을 깨닫고 있는 태도다. 세세한 것들에 세심한 주의를 기울이도록 하면서도 전체를 관통하는 거대한 줄기들을 알아보는 태도이기도 하다. 사람들이 서로 얽매여 있음을 인정하면서도 개인의 자유로운 발전을 추구하는 태도다. 우리의 탐구는 장래에 이 태도가 이길 것이라는 믿음을 통해 이루어진다.[10]

카르나프의 태도는 지금도 많은 엔지니어, 과학자, 수학자의 공감을 얻고 있다. 그것은 언젠가는 논리와 수학을 이해하는 만큼 세상을 이해할 수 있을 것이라는 전망과 희망이다. 오래전 플라톤이 제시했던 것이기도 한 수학적 전망은 이성을 사용해서 고통, 오해, 갈등 같은 논리적 모순을 없앤 조화로운 세상을 만든다는 것이다.

비트겐슈타인은 『논리철학 논고*Tractatus Logico-Philosophicus*』의 첫 문장을 이렇게 썼다. "세계는 일어나는 일들의 총체다." 이 역시 논리와 세계를 결합시키는 주장이다. "내 방에 유니콘이 있다"는 내 방에 유니콘이 없기 때문에 거짓이다. 그러나 "모든 사람은 동등하게 태어난다" 같은 문장은 어떨까? 그런 문장의 진릿값은 어떻게 하면 확정할 수 있을까? 컴퓨터는 아직 내 방에 유니콘이 있는지 여부조차 알아낼 수 없다.

우리는 무엇이 참이고 거짓인지를 안다. 아니, 적어도 안다고 생각한다. 가장 단순한 사실들 너머로 가면, 평균적인 과학자가 자기 분야에서 받아들여진 진리를 판단하는 것보다 일상생활에서 진리를 판단하기가 훨씬 더 어려워진다.[†] 누가 자동차 사고를 일으켰는지를 판단하려면 하나의 법체계 전체가 동원된다. 나는 날씨가 선선하다고 생각하는데 아내는 춥다고 말한다. 우리는 "늙은", "마른", "지저분한", "멍청한" 같은 단어를 아무렇게나 일관성 없이 쓰며, 그런 단어를 언제 써야 할지를 놓고서도 저마다 생각이 다르다. 일상생활에서 사실과 견해를 나누는 선은 때로 보이지 않을 정도로까지 너무나 불분명하며, 우리 언어에는 언제나 모호함과 애매함이 가득하다. 덕분에 언어는 풍성해지지만, 그만큼 혼란도 일어난다. 코드는 모호함 위에서 허둥대지만, 문학은 그 위에서 번성한다.

과학에서조차도 이는 까다로운 문제다. 뉴턴의 법칙은 수백 년 동안 진리로 받아들여졌으며 지금도 여전히 유용하지만, 이제 우리는 그 법칙이 보편적으로 참이 아님을 안다. 질량이 엄청나게 크고 속도가 엄청나게 빠를 때에는 뉴턴의 법칙이 들어맞지 않는다. 뉴턴은 광속이 일종의 절대적인 속도 한계 역할을 하리라는 것을 상상도 못했다. 그는 빛의 속도는커녕, 빛이 무엇인지조차 몰랐다. 뉴턴의 법칙은 단서가 붙긴 하지만, 때때로 참이다. 하지만 단서가 붙은 진리도 여전히 참일까?

모든 세속적인 진리에는 맥락, 조건, 단서가 딸려 있다. 비트겐슈타인은 세속적인 맥락, 조건, 단서가 바로 형식 논리의 것과 같다

† 로베르트 무질은 과학이 '진리'를 생산하는 일에 놀라울 만치 흡족한 성과를 내왔다고 말한다. "'과학적 관점'을 '인생관'으로, '가설'을 '시도'로, '진리'를 '활동'으로 번역한다면, 모든 저명한 과학자나 수학자의 평생에 걸친 연구는 용기와 혁신적인 영향 측면에서 역사상 가장 위대한 성취를 훨씬 능가할 것이다. 추종자들에게 이렇게 말할 수 있는 사람은 아직 태어나지 않았다. '너희는 훔치고 죽이고 간음해도 좋다. 우리의 가르침은 너희의 범죄들이 이루는 시궁창을, 물방울을 흩뿌리는 맑은 계류로 바꿀 만큼 강력하다.' 반면에 과학에서는 그때까지 틀렸다고 여겨지던 것이 갑작스럽게 그 분야를 혁신시키거나, 흐릿하면서 경멸을 받던 어떤 개념이 새로운 사유 체계의 지배 개념이 되는 일이 몇 년마다 일어난다. 그런 사건은 격변일뿐더러 우리에게 야곱의 사다리를 오르게 한다. 과학이라는 삶은 동화처럼 강하고, 근심걱정 없고, 영광스럽다."[11] 철학자나 시인이 뭐라고 말하든 간에, 삶은 과학이 하는 식의 혁신과 발견을 내놓지 않는다. 니체의 '신의 죽음Death of God'이나 워홀의 '15분짜리 명성Fifteen Minutes of Fame'처럼 인기를 얻는 "발견"은 논쟁과 유추의 대상이 된다. 과학은 많은 전투를 벌이지만, 모든 과학적 개념은 참이나 거짓 중 어느 한쪽일 수밖에 없고, 어느 쪽인지 조만간 알게 될 것이라는 예상이 늘 깔려 있다. 그 부작용으로 많은 과학자들이 정치적 및 도덕적 문제에서도 그런 명확한 답을 얻을 수 있다고 믿게 되는데, 불행한 일이지만 이해 못할 일은 아니다.

고 주장했다. "논리의 한계는 내 세계의 한계다." 그는 현실 세계에서 진리가 어떻게 작용하는지 알기 위해서 논리를 살펴보았다. 그는 우리의 언어학적 문장이 참이나 거짓인 현재 상태를 묘사하고, 형식 논리가 그런 문장의 구성을 통제하는 규칙을 제공한다고 주장했다. 언어와 세계는 논리 형식을 공유하며, 그 논리 형식은 현실의 형식이기도 하다. 언어를 형식 논리로 편제하려는 이 시도는 수십 년 동안 많은 컴퓨터과학자와 인지과학자의 신념이 되었고, 놈 촘스키의 언어학에도 근본적인 영향을 미쳤다.

그러나 10년 동안 철학을 멀리한 뒤에 비트겐슈타인은 마음을 바꾸었다. 언어는 현실과 그렇게 논리적으로 얽매인 고정된 관계를 맺고 있지 않았다. 어떤 문장의 진리를 현실에 비추어서 '측정하는' 과정은 객관적이지도, 명확하지도 않았다. 우리가 하는 말의 의미는 그 말을 하는 맥락에서 떼어낼 수가 없다. "우리는 자신이 쓰는 개념들의 경계를 명확히 정할 수가 없다. 진짜 정의를 모르기 때문이 아니라, 진짜 '정의'가 아예 없기 때문이다"[12] 대신에 우리가 말하는 바와 그것의 진리는 사회적 관습에 토대를 둔다. 구어에서는 깨지 말아야 할 규칙들과 몹시 옳지 않은 말하기 방식들이 분명히 있다. 시간이 흐르면서 달라질 수 있고, 일상적으로도 해석의 융통성을 인정할 수 있음에도 말이다. 그런 경계를 명확히 정하는 일은 극도로 어렵다. 언어가 잘 짜인 체계적인 규칙들에 따라서 만들어지는 것이 아니라, 이리저리 겹치는 복잡한 관습을 통해서 만들어지기 때문이다. 어떤 진리를 따로 떼어낼 수도, 맥락과 분리시킬 수도 없지만, 실질적으로 확실한 수준으로 파악할 수는 있다. 진리는 반드시 상대적인 것이 아니며 진공 상태에서 존재하는 것도 아니다.

형식 논리도 마찬가지다. 형식 논리의 맥락은 엄격하고 명시적이다. 그래서 컴퓨터에 잘 들어맞는다. 그러나 그 단순성을 얻기 위해 논리와 현실 사이의 연결을 버려야 한다. 형식 논리의 참과 거짓은 우리가 일상생활에서 말하는 참과 거짓이 아니다. 형식 논리의 참과 거짓은 공허한 추상 개념이다. 1과 0이다.

나는 우리 모두가 따라야 하는 객관적인 외부 현실이 있다고 믿지만, 사회구성주의자이기도 하다. 우리는 진리를 발견하는 것 못지않게 무엇이 진리인지를 놓고 협의를 한다. 우리는 현실을 기술하기 위해 언어를 창안하고 만들지만, 비트겐슈타인의 말마따나 언어는 현실과 다소 우연히 관계를 맺을 뿐이다.[13] 따라서 우리가 '진리'라고 부르는 것은 결코 절대적인 진리가 아니라, 그것의 근사적 표현이다.[†] 우리는 일상적인 진리를 생성하고 협의하며, 그것을 놓고 다투기도 한다. 운이 좋다면 하루가 끝날 무렵에 합의가 널리 퍼질 것이다. 우리가 '진리'라고 부르는 것은 실질적인 이용 관습을 통해 거짓이 솎아지기 때문에 현실과 대강 들어맞게 된다. 천문학이 점성술보다 더 유용하다는 것이 입증되었기에, 점성술은 쇠퇴

† 윌리엄 C. 윔새트의 멋진 표현에 따르면, 과학 이론은 "현실의 단편적 근사piecewise approximation"다.

하고 천문학이 성장했다. 아리스토텔레스의 물리학은 기계를 만들고 운동을 예측하는 데 들어맞지 않았다. 뉴턴의 물리학은 들어맞았다. 사람들은 뉴턴의 물리학이 참이고 아리스토텔레스의 물리학이 거짓이라는 데 동의해야 했지만, 우리는 그렇게 할 타당한 이유를 지니고 있었다. 컴퓨터는 무언가를 참이나 거짓이라고 생각할 근거를 지니고 있지 않다. 무언가의 진리를 안다는 것은 그것을 설명하고, 이용하고, 옹호하고, 새로운 증거에 맞추어서 수정할 수 있다는 것이다. 컴퓨터가 자신이 참이라고 믿는 것을 이용해서 세계에서 제 기능을 할 때(또는 기능 이상을 보일 때), 그리고 세계와의 상호작용을 토대로 그런 '진리'를 판단하고 수정할 수 있을 때야말로, 우리는 컴퓨터가 참과 거짓의 의미를 이해한다고 말할 수 있을 것이다. 그때가 바로 컴퓨터가 인간이 되기 시작하는 날일 것이다.

막간: 외국어

—

정확히 나와 정확히 세계는

한 순간에 하나의 단어로 만나지 못한다.

—로라 라이딩, 「세계와 나The World and I」

컴퓨터는 인간이 세계를 길들이고 개념화하는 데 쓰는 인터페이스, 즉 언어를 능숙하게 사용하지 못한다. 나는 그 점에서 컴퓨터에게 공감한다. 내가 영어를 하기 시작한 것은 네 살 때였다. 그리고 여섯 살 때 처음으로 로고로 프로그램을 짰다. 아이들의 뇌 발달 양상은 천차만별이다. 내게 수학과 과학은 비교적 쉬웠다. 인간의 언어는 늘 어려웠다. 나는 대부분의 아이들보다 외국어를 이해하는 속도가 느렸다. 나는 영어가 로고와 C보다 더 모어母語처럼 느껴지지 않는다. 나는 빠르고 유창하게 말하는 사람들과 함께 있으면 불편하다.

그래서인지 몰라도, 나는 여러 사회적 환경에 동시에 발을 걸쳐왔으며, 인문학과 기술의 조합을 통해 그렇게 할 때가 가장 많았다. 나는 C를 배우면서 랠프 엘리슨의 시를 읽었고, 컴파일러를 작성하면서 로베르트 무질의 글을 읽었으며, 구글에서 일하면서 제임스 조이스를 읽었다. 각 분야는 상보적이었다. 구글에서 우리는 뉴욕 지하철 최적화 문제를 놓고 장시간 토론을 할 수 있었다. 역에서 가장 사람이 적은 열차 칸이 어디이고, 열차를 그냥 보내야 할 때가 언제인지 등을 놓고서다. 학계에서 헤겔의 주인/노예 변증법의 사회적·정치적 의미를 놓고 벌이는 추상적이고 심오한 토론은, 기술광에게는 알아듣지 못할 헛소리였다. 이 이론 작업은 직장에서 하는 정교한 기술 업무와 섞이지 않는 엉성한 아날로그 사고 양식이었다.

이 양쪽 집단은 대체로 서로를 안 좋게 생각했다. 이런 개략적인 묘사는 비록 과장한 것이긴 해도 진실에서 아주 멀리 떨어진 것은 아니다. 기술광이 볼 때, 인문학자는 아무런 의미도 없는 것을 입증하겠다고 무의미한 단어들을 남발하면서 사상누각을 짓고 있다.[†] 인문학자가 볼 때, 기술광은 맥락을 따질 생각조차 거의 안 하는 실증주의적 태도, 공허한 논의, 또는 논리 형식으로 환원시킬 수 없는 사고 양식에 매몰되어 있다. 양쪽은 서로에게 놀라울 만치 무정한 태도를 보인다. 그러나 양쪽은 결코 대등한 입장에 있지 않다. 기술이 폭발적으로 성장하고 컴퓨터가 점점 삶의 중심으로 들어오면서, 기술 문화는 시대 흐름에 부합하고 경제적으로도 성공을 거두었다. 반면에 인문학계는 저임금 노동력의 과잉 상태다. 학계는 더 이상 기술을 무시할 수 없으며, "디지털 인문학"이나 기술학 같은 유행이 위태로운 미국 고등 교육 체계를 떠받치는 새로운 구조가 되었다.

내가 볼 때 두 분야는 동등하다. 그리고 똑같이 이질적이다. 나에게 컴퓨터과학의 정확함은 언어학적 허풍을 억제하는 유용한 수단이었다. 그러나 인문학적 상상력 덕분에 나는 이 기술주의적 미로에서 나 자신이 무엇을 하고 있는지를 이해하고, 그 일을 왜 하고 있으며, 어디로 나아가고 있는지를 자문할 수 있었다. 나는 더 이상 프로그램을 짜는 일을 직업으로 삼고 있지 않지만, 그 일을 하면서 정신적 훈련을 하던 때가 그립긴 하다. 그 덕분에 엄밀한 기하학적 방식으로 정신을 집중할 수 있었다.‡

나는 어느 쪽 공동체에도 속하지 않았다. 대화의 주제가 계량경제학이든 헤겔이든 간에 내게는 잘 맞지 않았다. 어릴 때의 내 사

† 앨런 소칼의 〈소셜 텍스트*Social Text*〉 사기 사건은 완벽한 사례다. 나는 더 넓은 범위의 철학과 문학이 가치가 있다고 보긴 하지만, 소칼은 대체로 평론가들이 자기 패러디가 되어버렸다고 생각한 바로 그 분야를 표적으로 삼았다. 그 일이 벌어졌을 때 일부 학계가 매우 방어적인 태도를 보였다는 사실이야말로 그가 정곡을 찔렀음을 시사한다.

‡ 내 뇌의 그 부분을 훈련시키기 위해서 최근 나는 반쯤 이해가 될동말동하는 양자물리학 책들, 기계학습 논문, 스티븐 라벨의 극악무도한 퍼즐 게임인 〈스티븐의 소시지 롤Stephen's Sausage Roll〉로 시선을 돌리고 있다.

회 활동을 떠올리면 나는 줄곧 입을 다물고 지냈으며, 어쩌다가 소심하게 시험 삼아 말을 꺼냈다가 실패하곤 했다. 실패라고 한 이유는 어울리지 못했기(모든 아이들이 겪게 마련이다) 때문이 아니라, 그런 실험을 했을 때 마음에 흡족한 결과를 얻은 사례가 전혀 없었기 때문이다. 나는 늘 어리벙벙하게 말했고, 사람들은 내가 의도한 식으로 내 말을 이해하지 못하는 듯했다. 나는 영어가 내 생각을 제대로 전달하지 못한다고 느꼈다. 10대 중반까지도 생각과 감정에 맞게 말을 빚고 다듬는 법을 배울 만한 롤모델을 거의 찾을 수 없었다. 나중에 나는 버지니아 울프와 랠프 엘리슨처럼 아주 다양한 목소리로 복화술을 펼치고 서로 대면시킴으로써 의심을 품게 만드는 방법을 즐겨 쓴 작가들을 좋아하게 되었다. 하지만 그런 기준점이 생기기 전에는 그냥 입을 다물고 있는 쪽이었다. 무엇보다도 나는 지켜보고 있었다. 나는 카뮈의 『전락*La Chute*』에 나오는 속죄 판사였다. 카프카의 「밤에Nachts」에 나오는 야경꾼이었다.

밤에 깊이 가라앉는다. 때로 생각에 잠길 때 고개를 숙이듯이, 밤에 완전히 가라앉아 있다. 주위 사람들은 잠들어 있다. 집에서, 안전한 침대에서, 안전한 지붕 아래, 매트리스 위에서, 시트 안에서, 담요 밑에서 몸을 쫙 펴거나 만 채로 잠자는 연기를, 순진한 자기기만을 한다. 사실 그들은 황폐한 지역에서 예전에 그랬고 나중에 다시 그랬듯이 한데 모여서, 공터에서 야영을 한다. 무수히 많은 사람들, 군대, 민족이 추운 하늘 아래 추운 땅에서 이마를 팔에 댄 채로 엎드려 있다. 조용한 가운데 숨소리만 들린다. 그리고 당신은 지켜보고 있다. 당신은 야경꾼 중 한 명이며, 옆의 장작더미에서 꺼낸 불붙은 막대 하나를 휘둘러서 다음 사람을 찾는다. 당신은 왜 지켜보고 있는가? 대답이 들린다. 누군가는 지켜봐야 하니까. 누군가는 있어야 하니까.[1]

나는 어떤 주제를 택하든 간에(마음과 몸의 문제, 공화당의 의회 장악, 튜링 검사) 자신이 어떤 말을 하는지 숙고하지도 않은 채 똑같이 가두연설을 할 수 있는 노련한 연사들에게 경이로움을 느낀다. 내 머릿속에는 결코 단어가 머물러 있지 않았다. 생각만이 있었고, 생각은 단어가 없이는 말로 내보낼 수 없다.

하인리히 폰 클라이스트는 마음의 생각이 활동적이며, 그래서 기계적으로 반복 사용되는 단어 집합으로는 포착할 수 없다고 주장했다. 하나의 영구적인 표현을 인정한 생각은 죽은 것이라고 했다. 공기 중에서도, 그리고 종이 위에서도.

그러고 나면 말하기는 결코 장애물이 아니다. 말하기는 마음의 제동장치가 아니라, 같은 축을 따라 도는 두 번째 바퀴라고 말할 수도 있겠다. (…) 그런 것들을 아는 이들은 우리가 아니라, 우리 중에서 어떤 특출한 상태에 있는 이들이기 때문이다. 상투적인 지식인들만이, 즉 어제는 국가가 무엇인지를 외

워서 알았지만 오늘은 다시 까먹은 이들만이 시험에서 답을 맞출 것이다.[2]

자랄수록 영어를 더 유창하게 하게 되었지만, 그래도 여전히 나는 사회 규범이 요구하는 여러 양식들을 따라가기 어려웠다. 대학에서 나는 내가 선호하는 자유분방한 형태의 글쓰기가 대다수 교수에게 좋은 인상을 남기지 못한다는 것을 알아차렸다. 예외도 있긴 했지만, 그 때문에 오히려 더 당혹스러웠다. 십대의 내 자아가 끄적거리곤 하던 혼란스럽고, 정돈되지 않고, 쏟아지는 생각의 흐름을 좋다고 하는 이들은 거의 없었고, 높은 점수를 받으려면 학문 분야에 맞는 정확한 어법을 쓰라는 말을 들었다. 그런 어법은 분야마다, 심지어 강의마다 달랐다. 인문학 강좌 중 상당수는 내가 흥미롭다고 생각한 것들의 90퍼센트를 내버리고 필수 기본 틀에 한두 가지 개념만 집어넣기를 요구하는 어법을 이끌어내는 훈련이었다. 그러나 내가 원하는 식으로 쓰거나 나와 교수를 동시에 만족시키는 불가능해 보이는 글을 쓰는 것 사이에서 선택을 해야 하는 상황이 닥쳤을 때, 나는 좋은 성적을 받는 것이 앞으로 살아가는 데 더 도움이 될 것이라고 판단했다. 별난 글은 남는 시간에 쓰면 되었다. 프로그래밍 일을 할까, 아니면 철학이나 문학 쪽 대학원에 갈까 결정해야 하는 상황이 닥쳤을 때, 어느 쪽을 택할지는 명확했다.

컴퓨터 언어 중에는 한 주제의 변주곡과 비슷한 것들이 많다. C(그리고 그 후속 언어인 알골ALGOL)의 절차적인 명령형 구조나 LISP

및 LISP의 몇몇 강점만을 다듬고 조정한 후속 언어들의 함수형 구조처럼, 컴퓨터 언어에는 몇 가지 패러다임이 있다. 명령형 언어는 주변의 실행 환경에 영향을 미치는 서열 형태로 구조가 짜여 있다. 함수형 언어는 대수적 함수들의 값을 구하는 형태로 구조가 짜여 있다. 패러다임마다 더 잘 들어맞는 업무 과제가 있다. 인간의 언어도 마찬가지다. 어떤 맥락이든 간에 그 맥락에 더 적합한 화법과 사고방식이 있으므로, 나는 맥락에 따라서 다르게 말하는 법을 배웠다. 알고리즘은 다양한 프로그래밍 언어를 통해서 표현될 수 있다. 정렬 알고리즘은 C든 LISP든 간에 동일하다. 구현하는 코드는 서로 전혀 다를지라도 말이다. 나는 어느 특정한 어법에 치중함으로써 내 언어 사용 양상이 예측 가능해지고 굳어지는 것을 바라지 않았다. 나는 기술 세계와 대학원, 기술 논문과 소설 사이에 균형을 이루고자 했다.

나는 어떤 사회적 맥락의 규범과 거기에 소속된 이들을 존중하는 한편으로 그 사회적 맥락에서 빠져나오고 싶은, 줄다리기의 한가운데에 놓인 듯한 상황을 끊임없이 겪고 있었다.† 아내는 내가 쓰는 초고가 마치 독일어를 그대로 번역한 것처럼 읽히곤 한다는 것을 알아차렸다. 복잡한 명사 어구와 종속절이 줄줄이 이어진다는 것이었다. 나는 지금도 단순하면서 명쾌하게 의사를 전달하기 위해

† 또는 만화가 에디 캠벨의 표현을 빌리자면, 타협의 스킬라Scylla와 실패의 카립디스Charybdis 사이의 줄다리기다.

의식적으로 엄청난 노력을 하고 있다. 자폐증이 있는 해커 메레디스 L. 패터슨은 자신의 사회적 어려움을 이런 식으로 설명했다.

> 라이브저널과 트위터는 시간이 흐를수록 내 생각을 점점 더 빨리 영어로 번역하라고 가르쳐왔지만, 여전히 번역은 어려우며 실시간으로 이루어지지 않는다. (…) 너무 무례하게 직설적으로 말하지 말라는 어릴 때의 교훈을 지켜왔기 때문이다.[3]

패터슨과 달리, 나는 어떤 지배적인 본능도 가지고 있지 않았다. 나는 이런 유형의 사회적 자기 주도 학습을 다른 기준에서 바라보았다. 드니 디드로의 『라모의 조카*Le Neveu de Rameau*』가 그중 하나였다. 인생을 즐기며 사는 사람이 힘겨운 노력과 공부를 통해서 대화, 희롱, 사회적 기생의 기술을 어떻게 배웠는지를 이야기하는 내용이다.†

> 나는 해야 하는 것이 뭐고, 말하지 말아야 할 것이 뭔지를 작가들의 글을 통해서 알아내지요. (…) 나는 나이며, 어디까지나 내 자신으로 남아 있겠지요. 하지만 사회적으로 나무랄 데 없는 방식으로 행동하고 말하지요.

---

† 작가 중의 작가인 디드로는 괴테와 헤겔에게 엄청난 영향을 미쳤다. 헤겔은 『정신 현상학*Phänomenologie des Geistes*』에서 『라모의 조카』를 인용했고, 『정신 현상학』은 라이어널 트릴링의 『성실과 진정*Sincerity and Authenticity*』에 영향을 주었다.

그런데 이런 식으로 읽는 독자가 나 하나뿐이라고는 생각하지 마세요. 여기서 내가 나은 점은 오로지 남들은 대개 본능적으로 하는 일을 나는 명료한 사고와 합리적이면서 정확한 관찰을 통해서 체계적으로 한다는 겁니다. 남들이 책을 읽고서도 나보다 더 나아지기는커녕 계속 멍청하게 구는 반면, 나만이 스스로 멍청하게 굴고 싶을 때만 그렇게 굴면서 훨씬 더 잘나가는 이유가 바로 그 때문이죠. 어떤 상황에서는 조롱거리가 되는 꼴을 피할 방법을 알려주는 바로 그 기술이 다른 상황에서는 탁월한 수준으로 비웃음을 사게 해줄 방법도 알려주지요. 그럴 때 나는 남들이 말한 모든 것, 내가 읽은 모든 것을 떠올리고 내 스스로 창안한 모든 것을 덧붙여요. 이 방면으로 내가 창안한 것들이 놀라울 만치 많거든요.[4]

본래 나는 이런 유형의 뻔히 보이는 속임수를 경멸했고, 정직하고 진지한, 어떤 이상적인 자기표현을 높이 평가했다. 하지만 그것이 속임수가 아니라 내가 추구하는 의사소통이며, 그런 방식을 학습함으로써만 타인에게 나를 이해시킬 수 있으리라는 점을 서서히 깨달았다. 다시 말해서, 나는 내 자신의 언어로 타인에게 나를 이해시킬 수 있다는 자만심을 버렸다. 그래서 컴퓨터가 다양한 응용 프로그램을 돌리고 다양한 언어를 기계어로 번역하는 것처럼, 다양한 문체의 화법들을 받아들였다.

라모의 조카라는 인물은 다양한 사회적 상호작용 소프트웨어가 작동하는 일종의 범용 기계다. 나도 비슷하게 적응력을 갖추기 위해 애썼다. 하지만 보편적인 사회적 기계가 된다는 것은, 어떤 의미로 말을 하거나 하는 말에 의미를 부여하고자 할 때 그저 본능이 시키는 대로 하거나 감정에 휘말리지 말아야 한다는 것이기도 하다. 그 결과 번역 과정에서 비틀림이 생긴다. 나는 특정한 사회적 언어를 모국어로 작동시키는 기계보다 더 느리게 작동하고, 더 많은 오류를 저지르곤 한다.[†] 내가 작가가 되기 훨씬 전부터 작가의 영원한 악마(이 단어가 내가 생각하는 바를 의미할까, 아니면 더 나은 단어가 있을까?)는 이미 내 곁에 있었다.

특정한 단어나 관용어를 쓸 때 느끼는 망설임과 그것들이 내 의도를 과연 제대로 드러냈을까 하는 의구심은 내게는 단순히 사적인 문제가 아니다. 나는 단어와 생각 사이에서 타협하지만, 사회는 비슷하면서도 훨씬 더 큰 과제에 직면한다. 우리의 단어와 컴퓨터 코드 사이에 있는 원초적이면서 서로 어긋나는 관계다. 우리는 인간의 언어와 컴퓨터 코드 사이에서 엉성하게나마 번역하는 법을 컴퓨터에게 가르쳐왔다. 그들이 이해하고 오해할 수 있는 것들은 현재 우리 삶을 빚어내는 위력을 발휘한다.

---

† 잉게보르크 바흐만의 단편소설 「동시에Simultan」는 번역가의 마음속을 그린 일종의 초상화로, 나처럼 외국인의 사고방식을 지닌 사람을 탁월하게 묘사하고 있다.

2부

—

인간

4장	부분에 이름 붙이기

꼬리표

—

단어는 삶을 베끼는 매체가 아니다. 단어가 진정으로 하는 일은 삶 자체의 질서를 복구하는 것이다.

—I. A. 리처즈, 『수사학의 철학*The Philosophy of Rhetoric*』

내 이름은 데이비드다. 이 이름은 히브리어 단어에서 유래하는데, 대부분의 경우에 '사랑하는'을 의미하며 '아저씨'를 의미하기도 한다. 내 부모님은 그저 당시에 그 이름이 인기 있었기에 골랐다. 마침 아버지의 중간 이름도 데이비드였기 때문에 더 마음에 드셨던 모양이다. 대다수 사람들에게 내 이름은 아무런 의미가 없다. 그냥 나를 부르는 이름이다. 그러나 나는 인간, 프로그래머, 작가, 남편, 아빠, 뉴욕 사람, 유대인으로도 불릴 수 있다. 이 단어들은 나름의 의미를 지니며, 내 정체성을 확인하는 것이라기보다는 나를 기술하는 것들이다. 즉 꼬리표label다.

인류 역사의 대부분에 걸쳐서 사람과 사물은 우연히, 때로 임의적으로 꼬리표를 얻었다. 컴퓨터는 그런 상황을 바꾸었다. 컴퓨터는 사람이나 사물과 상호작용하지 않는다. 대신 사람이나 사물에 대한 일종의 내적 표상을 조작한다. 그 표상은 CT 영상이나 날씨 모델처럼 수학적이거나 도식적인 것도 있지만, 단순히 사람이나 사물에 그 특성에 맞는 이름을 붙이고 분류한 데이터 구조에 불과할 때도 있다. 아마존 상품, 페이스북 프로필, 음악 파일은 모두 딸려 있는 다양한 식별자와 선별자를 통해 분류된다. 그런 표시들을 메타데이터metadata라고 부르기도 한다. 이름과 ID(책의 ISBN이나 숫자 ID 같은)는 어떤 실체를 콕 집어서 가리킬 수 있지만, 그 실체를 기술하는 것은 아니다. 대신 우리는 실체에 그것을 기술하는 꼬리표를 붙인다. 꼬리표는 단어다. 하지만 특정한 개인이나 사물의 이름을 가리키는 단어가 아니다. 꼬리표는 아주 다양한 맥락에서 쓰인다. 일반적이고 보편적인 플레이스홀더placeholder(수학이나 컴퓨터 언어에서 값이나 식 등을 넣는 자리—옮긴이 주)다.

창세기에서 신은 아담에게 동물의 이름을 붙이는 일을 맡겼다. 다른 동물들은 두 자극(소리와 장면, 감정과 상황)을 연관 짓는 능력을 지니고 있지만, 사람만이 자극에 임의의 음성 꼬리표를 붙인다. 이런 점에서 컴퓨터는 사람보다 동물에 더 가깝다. 컴퓨터는 어떤 현상에 꼬리표를 붙이는 훈련을 받은 뒤에야 그렇게 한다. 기계학습이 발전함에 따라, 컴퓨터는 (비록 잠정적이긴 하지만) 꼬리표를 일반화하여 새로운 상황들에 적용하는 방향으로 나아가는 놀라운 모습을 보여주고 있다. 하지만 아직은 막 걸음마를 뗀 아기보다도 못한 수준이다.

프로그래밍 언어와 인간의 언어는 서로 다른 목적을 가진 서로 다른 메커니즘이다. 컴퓨터 언어는 논리나 대수에 더 가깝다. 그 말은 컴퓨터 언어가 궁극적으로는 숫자를 다룬다는 뜻이다.† 인간의 언어는 인간의 삶과 그 안의 모든 것을 다룬다. 인간의 언어와 기계의 언어 사이에서 번역하는 일은 영어를 프랑스어로 번역하는 것보다 훨씬 까다롭다. 영어로 말하든 프랑스어로 말하든 간에, 말하는 사람들은 동일한 기본 현실, 즉 인간이 지각하는 현실을 이야기하고 있다. 사람들은 동일한 세계에 관한 지식, 즉 맥락을 공유한다. 컴퓨터는 이 맥락을 공유하지 않는다. 컴퓨터가 우리를 이해하려면, 우리가 숫자라는 원료 위에 맥락을 구축해줘야 한다. 사람의 마음이 신경세포 위에 구축되는 것과 비슷하다.

먼저, 컴퓨터의 수와 우리가 알고 경험하는 실제 세계 사이의 관계를 구축한다. 1에서 26까지의 수를 영어 알파벳 자모와 대응시

† 더 정확히 말하면, 수든 비트든 집합이든 함수든 공간적 형태든 무엇이든 간에 수학적 추상 개념을 다룬다. 이것들은 모두 데이터의 한 범주이지만, '데이터'는 컴퓨터의 영역을 넘어서 멀리 확장되면서 가망 없이 모호한 용어가 되었으므로, 나는 (대다수) 컴퓨터 데이터의 근본적인 표현인 '수'라는 말을 종종 쓸 것이다.

키고 추가로 몇 개의 수는 마침표 등 문장부호에 대응시키면, 우리는 컴퓨터로 영어 구문 전체를 쉽게 표현할 수 있다. 하지만 내가 "데이비드는 초콜릿을 좋아한다"라는 메시지를 전달하고 싶을 때, 5-1-22-9-5로 시작하는 숫자열을 길게 늘어놓는 것은 그 기분을 표현하는 가장 효율적이거나 논리적인 방식이 아니다. 그보다는 다음과 같이 단어를 숫자로 표현하는 코드화 방식을 창안해서 쓸 수도 있다.

1 = 데이비드는

2 = 초콜릿을

3 = 좋아한다

컴퓨터가 이 코드화를 언제 어떻게 써야 할지를 알기만 하면, 1-2-3은 공간을 훨씬 덜 차지하고도 "데이비드는 초콜릿을 좋아한다"라는 문장과 같은 의미를 지니게 된다. 하지만 이런 코드화를 쓰는 컴퓨터는 전혀 없을 것이다. 용도가 극도로 한정되어 있기 때문이다. 일반화가 되지 않는다. 내가 데이지는 초콜릿을 싫어한다는 말을 덧붙이고 싶어 한다고 하자. 그러면 이런 식이 된다.

4 = 데이지

5 = 싫어한다

그러면 4-2-5로 쓸 수 있다. 이런 식으로 필요할 때마다 계속 만들어낼 수 있다. 컴퓨터는 나, 데이지, 초콜릿에 관해 전혀 모르지만, 나나 데이지에 관한 정보를 그 메시지를 해독할 수 있는 사람에게 전달할 수 있는 코드(또는 코드화 방식)를 가지고 있다. 이런 식의 숫자 코드화 방식을 써서 우리는 복잡한 정보를 저장하고 전달할 수 있다. 범주를 나열할 수도 있다.

```
enum TRAFFICLIGHT_STATE {
  RED = 1,
  YELLOW = 2,
  GREEN = 3
}
```

컴퓨터는 기억 장치의 특정한 지점에 있는 숫자 1(빨강)을 3(초록)으로 바꿀 때 자신이 무엇을 하고 있는지 전혀 알지 못한다. 하지만 그 컴퓨터를 교통 신호등 제어기와 연결하면, 그런 변화가 신호등 불빛을 빨강에서 초록으로 바꾸므로 우리에게 의미를 지니게 된다.

데이터를 숫자로 보는 것과 그 데이터가 표현하는 대상으로 보는 것의 차이는 컴퓨터 언어와 인간 언어 사이의 근본적인 차이와 같다. 기계적인 코드화와 의미 있는 대화 도구의 차이이기도 하다. 컴퓨터가 우리 세계의 사회경제적 연결망을 점점 더 늘리고 나아가 지배할수록, 두 언어 사이의 간격을 좁히는 것이야말로 컴퓨터 과학과 소프트웨어공학의 점점 더 시급한 관심사가 되어왔다. 컴퓨터가 그 틈새에 다리를 놓고 우리의 방식으로 세계를 이해할 수 있다면, 우리는 그 문제로 더 이상 머리를 싸맬 필요가 없을지도 모른다. 아마 컴퓨터는 대규모 경제와 조직 체제의 문제들을 훨씬 더 잘 다룰 것이다. 그러나 당신이 기술낙관론자라면 그 틈새를 과소평가하기 쉽다. 반면에 기술비관론자라면 그 틈새를 연결할 수 없을 것이라고 생각하기 십상이다.

컴퓨터가 자신의 데이터가 표현하는 것을 이해할 수 있는 언어를 만들 수 있을까? 한마디로 표현하자면, 이것이 곧 인공 지능의 문제가 된다.

지금 우리는 '우리'가 무언가에 관해 이야기를 하는 방법을 그다지 이해하지 못하고 있다는 것을 깨닫고 있다. 우리 뇌에는 인간의 언어를 배우도록 신경 회로가 깔려 있다. 우리는 그 언어를 배우는 능력을 타고 나며, 다른 동물은 그런 능력이 없다. 또 인간은 기계의 코드로, 즉 수학과 논리로 말하는 법도 터득해왔다. 우리가 컴퓨터를 인간 언어의 세계로 끌어들이고 컴퓨터에게 인간 언어를 이해할 능력을 가르치려고 엉성하게나마 시도하는 동안, 거꾸로 컴퓨터는 우리에게 컴퓨터 코드로 생각하는 법을 가르치고 있다.

오늘날 데이터 처리 과정의 핵심 중 상당 부분은 데이터를 분석하는 난해하고 창의적인 알고리즘이 아니라, 그런 알고리즘을 우리에게 유용하게 만드는 데 필요한 꼬리표 달기를 통해 이루어진다. 꼬리표 달기 과정은 더 정확하게 말하면 코드화 과정이다. 모호한 개념에 개별적인 식별자를 붙임으로써, 우리가 세계를 헤쳐 나갈 수 있게 해준다. 우리는 컴퓨터가 '개'와 같은 사물에 관한 우리의 개념을 이해하도록 프로그램을 짜는 법을 아직 모른다. '개'는 사람마다 다른 사실과 이미지를 모아놓은 엉성한 집합이다. 우선 컴퓨터가 아는 것이라고는 그 단어 자체다. 우리는 'DOG'라는 세 문자로 이 개념을 코드화한다. 컴퓨터는 그 문자들에 해당하는 아스키 코드의 세 숫자(68 79 71)로 그 단어를 표현하거나, 특정한 프로그램의 어떤 다른 숫자 체계로 코드화할 것이다. 이를테면 애완동물을 분류하는 프로그램은 개를 1, 고양이를 2, 거북을 3으로 표현할 수 있다. 어쨌든 간에 컴퓨터에게는 '개'라는 개념이 전혀 없으며, 가진 것이라고는 그 개념에 붙인 꼬리표의 코드밖에 없다. 컴퓨터가 세계를 처리하려면 먼저 세계를 코드화해야 한다.

'코드'라는 단어는 일련의 프로그래밍 명령어를 뜻할 수도 있고 코드화된 꼬리표를 뜻할 수도 있다. 혼란을 없애고자, 나는 '코드'나 '코드화' 같은 용어 대신에 '꼬리표'라는 단어를 코드화의 요소들을 가리키는 데 쓸 것이다.

컴퓨터 때문에 오늘날 우리는 꼬리표를 많이 신경 쓴다. 우리는 애초에 그 꼬리표들이 임의로 붙여졌다는 점을 기억해야 한다. 우리는 지금 붙어 있는 꼬리표를 당연시하지만, 그것들은 그저 합의된(또는 논란이 있는) 관습일 뿐이다. 오늘날 서양의 음악 표기법 같은 복잡한 코드화의 기원은 불분명하지만, 우리는 그 표기법을 당연하게 받아들인다. 우리가 고정된 것이라고 여기는 라틴 문자도 너무나 많은 사람들이 쓰는 바람에 지역별로 고쳐서 쓰기가 불가능해졌기 때문에 비로소 현재의 안정한 상태에 도달한 것이다. 코드화의 역사는 대부분 너무나 굴곡이 많아서, 그 복잡성을 꿰뚫고 나아가서 꼬리표가 어떻게 삶을 빚어내는지를 알아내기란 쉽지 않다. 어쨌든 여기서는 가장 오래되었으면서 가장 보편적인 꼬리표 두 가지를 살펴보기로 하자.

남성과 여성

단어들이 우리를 향해 굴러오니, 깔리지 않도록 조심해야 한다.

—알프레트 되블린, 『베를린 알렉산더 광장*Berlin Alexanderplatz*』

질문에 따라서 답이 명확해지기도 하고, 흐릿해지기도 한다. "지구가 태양을 돌까, 태양이 지구를 돌까?"처럼 어떤 기본적인 물리적 사실이 답인 질문들도 있다. "우리 태양계에는 행성이 몇 개일까?"처럼 기준과 용어가 달라짐에 따라 답이 달라지는 질문들도 있다. 그리고 "로마 제국은 언제 멸망했을까?"("서기 476년"부터 "결코 멸망한 것이 아니다"에 이르기까지 다양한 답이 나오는)나 "분리 부정사를 남발하는 것이 영어 문법에 적절할까?"("물론"이라고 답하는 이들도 있는 반면 "끔찍하고 천박하게 들린다"라고 말하는 이들도 있다)처럼 관련된 사실들이 명확하지 않은 질문들도 있다. 우리는 마지막 유형의 질문들에는 권위 있는 합의가 나오거나 서로 동의하지 않는다는 데 동의할 때까지 논쟁을 벌인다.

일반적으로 컴퓨터는 이 두 유형의 질문을 구별하지 않는다. 컴퓨터 데이터에는 인식론적인 단서가 딸려 있지 않다. 불러내면 저장된 방식 그대로 나타난다. 우리는 컴퓨터에게 마지막 유형의 질문을 잘 하지 않지만, 컴퓨터가 어디에나 있으므로 컴퓨터에게 그런 데이터의 처리를 맡기고 싶어진다. 하지만 그러려면 먼저 몇몇 질문에 답해야 한다. 그 질문 중 하나를 꼽으면 이렇다. "사회적 성(젠더gender)은 몇 가지나 될까?"

서양 사회에서는 젠더와 생물학적 성 사이의 구분에 대한 인식이 점점 더 커지고 있다. 즉, 비록 젠더가 생물학적 성과 상관관계가 있지만, 젠더가 개인의 생리학적·생물학적 특성과 필연적인 관계가 없다는 것이다.[1] 그런데 젠더의 기준은 뭘까? 합의된 것이 전혀 없다.† 이 질문을 둘러싼 논쟁은 '젠더'를 여러 하위 범주로 쪼갠다. 젠더 정체성, 젠더 역할, 젠더 표시, 젠더 표현 등. 하지만 우리는 자신의 성별, 그리고(또는) 젠더를 통해 끊임없이 식별되기 때문에 어쩔 수 없이 자신을 분류하는 하나의 꼬리표를 고를 수밖에 없다. 대부분의 사람은 태어날 때 남성이나 여성이라는 꼬리

† 트랜스메디컬리즘transmedicalism(자신의 성별에 불쾌감을 느껴야만 트랜스젠더의 자격이 있다는 주장—옮긴이 주)을 둘러싼 논쟁은 이런 질문이 얼마나 해결하기 어려운지 보여주는 사례다.

표를 달며, 그 꼬리표를 평생 유지한다. 하지만 그렇지 않은 이들도 있다. 오늘날 이 주된 범주들 너머에는 트랜스젠더transgender, 젠더퀴어genderqueer, 에이젠더agender, 안드로진androgyne, 포모섹슈얼pomosexual 등이 있다. 생리학적으로 분류되는 성임에도 나름의 젠더라고도 주장되는 간성intersex은 말할 것도 없다. 과학은 여기에 명확한 답을 주지 않는다. 세계보건기구가 제시하듯이 젠더가 문화와 시대에 따라 변하는 사회적 구성물이라면, 얼마나 많은 젠더가 있는지는 결코 과학적 사실이 되지 못한다.[2] '얼마나 많은 종류의 젠더가 있어야 하는가'에 대한 견해들만 있을 뿐이다.

컴퓨터는 새로운 범주를 쉽게 추가할 수 있다. 그저 우리가 포함시켜야 한다고 생각하는 꼬리표도 들어가도록 성이나 젠더의 코드화를 확장하기면 하면 된다. 페이스북은 2014년에 성별 선택 항목을 2가지에서 51가지로 늘렸고, 그 뒤에 7가지(영국에서는 20가지)를 더 추가했다. 페이스북은 새로운 젠더 분류 체계를 정하려고 한 것이 아니었다. 그러나 실제로는 그렇게 되었다. 페이스북은 약 10억 명의 사용자를 대상으로 규칙을 설정하므로, 스스로가 규범이 되는 것을 피할 수 없다. 사실 바로 그 점이 애초에 활동가 집단들이 페이스북에 젠더 항목들을 추가하라고, 이어서 젠더를 스스로 입력할 수 있도록 하라고 압력을 가한 이유이기도 하다. 이 글을 쓰는 현재 우리 삶에 별 영향을 못 미치는 수준의 소셜 네트워크를 운영하는 구글은 단순히 '남성', '여성', '기타' 항목만 제공하는 반면, 페이스북은 이렇게 많은 항목을 제공한다.

에이젠더 Agender

안드로진 Androgyne

안드로지너스 Androgynous

바이젠더 Bigender

시스 Cis

시스 여성 Cis Female

시스 남성 Cis Male

시스 남자 Cis Man

시스 여자 Cis Woman

시스젠더 Cisgender

시스젠더 여성 Cisgender Female

시스젠더 남성 Cisgender Male

시스젠더 남자 Cisgender Man

시스젠더 여자 Cisgender Woman

여성 Female

여성에서 남성으로 Female to Male

FTM

젠더 유동 Gender Fluid

젠더 비순응 Gender Nonconforming

젠더 고민 Gender Questioning

젠더 변이형 Gender Variant

젠더퀴어 Genderqueer

간성 Intersex

남성에서 여성으로 Male to Female

남성 Male

MTF

양쪽 다 아님 Neither

뉴트로이스 Neutrois

이분법 거부 Non-binary

기타 Other

팬젠더 Pangender

트랜스 Trans

트랜스* Trans*

트랜스섹슈얼 Transsexual

트랜스섹슈얼 여성 Transsexual Female

트랜스섹슈얼 남성 Transsexual Male

트랜스섹슈얼 남자 Transsexual Man

트랜스섹슈얼 사람 Transsexual Person

트랜스섹슈얼 여자 Transsexual Woman

트랜스 여성 Trans Female

트랜스* 여성 Trans* Female

트랜스 남성 Trans Male

트랜스* 남성 Trans* Male

트랜스 남자 Trans Man

트랜스* 남자Trans* Man

트랜스 사람Trans Person

트랜스* 사람Trans* Person

트랜스 여자Trans Woman

트랜스* 여자Trans* Woman

트랜스여성성Transfeminine

트랜스젠더 여성Transgender Female

트랜스젠더 남성Transgender Male

트랜스젠더 남자Transgender Man

트랜스젠더 사람Transgender Person

트랜스젠더 여자Transgender Woman

트랜스남성성Transmasculine

두 영혼Two-spirit

페이스북은 처음에 사용자가 이 목록에서만 선택을 하도록 했지만, 나중에 사용자가 원하는 항목을 스스로 입력할 수 있도록 허용했다. 비록 인터페이스가 그렇게 하려는 시도를 단념시키는 쪽으로 구성되어 있지만 말이다(나는 입력 방법을 알아내는 데 몇 분을 소비해야 했다). 사용자는 서로 모순되든 말든 상관없이, 자신을 기술하는 용어를 10가지까지 적을 수 있다. 나는 "남성, 여성, 양쪽 다 아님, 없음"이라고 적었다. 페이스북이 성별의 수를 2가지, 51가지, 71가지 등으로 엄격하게 한정하여 제시하고서 모든 사용자가 의무적으로 택하도록 한다면, 데이터 분석을 더 산뜻하게 할 수 있을 것이다. 반면에 애초에 목록 집합을 설정하지 않는다면, 희귀하면서 때로는 유일무이하고 표준화되지 않은 성별들이 죽 나타날 것이다. 그런 데이터는 혼란스럽고 분석하기가 더 어렵다.

그러나 페이스북은 주된 두 범주 너머로 나가는 것을 장려하지는 않는다. 사용자는 계정 등록을 할 때 남성이나 여성 중에서 선택을 해야 하며, 그 뒤에야 프로필 페이지에서 성별을 바꿀 수 있다. 그리고 페이스북은 사용자에게 원하는 인칭 대명사를 고르도록 하는데, 항목이 남성, 여성, '중성'('그들') 세 가지밖에 없다. 뒤에서 살펴볼 텐데, 페이스북은 성별 선택 목록을 확장함으로써 양쪽 진영의 활동가들로부터 찬사와 비판을 받았지만, 사실 이런 꼬리표에 대한 페이스북의 관심은 피상적인 수준이다.

페이스북은 점점 유연해져가는 성별 분류 체계를 수용하기 위해 애썼다. 컴퓨터는 유연성에 대처하는 능력이 매우 떨어진다. 하지만 여기에 작용하는 피드백 메커니즘이 있다. 페이스북이나 다른 어떤 기업이 관리하는 특정한 유형 분류 체계typology 내에서 자신의 범주를 명확히 정하라는 요구는 유저가 그 유형 분류 체계에 불만을 갖게 만들기 십상이다. 젠더는 지속적으로 구체화되는 구성물이다. 하지만 끊임없이 비판을 받는 것이기도 하다.

특정한 분류 체계를 강화할 위험 때문에, 유형 분류 체계는 결국 낡고 편협한 것으로 여겨지게 된다. 우리의 인종 범주들은 지금과 달라지는 쪽으로 진화할 가능성이 높으며, 얼마 지나지 않아서 인종에 관한 현재의 사고방식 중 상당수는 낡거나 무지한 것으로 여겨질 것이다. 페이스북이 사용자에게 비밀리에 붙이는 '보수적'과 '진보적'이라는 꼬리표는 25년 전과 전혀 다른 의미를 지닌다. 그런 정의는 앞으로도 계속 진화할 것이 분명하다. 이렇게 역동적인 세계에서도 컴퓨터는 우리에게 범주 분류를 계속하라고 강요하겠지만, 역설적이게도 컴퓨터는 우리가 범주를 수정하고 다듬도록 도울 수 있다. 컴퓨터에 기술된다는 것은 꼬리표로 기술된다는 것이다. 꼬리표로 기술된다는 것은 범주 중에서 하나를 선택한다는 것이다. 여기에는 허용하지 않는다는 의미보다는 사소한 것으로 만든다는 의미가 함축되어 있다. 데이터는 명시적인 쪽을 선호한다.

이런 유형 분류 체계 중에는 사용자에게 드러나지 않는 것들도 있다. 즉 사용자는 자신이 분류되고 있음을 알지 못한다. 그러나 젠더 분류 체계가 그렇듯이, 많은 꼬리표가 불안정하다. 페이스북은 나를 X세대라고 간주한다. 페이스북은 X세대를 1961~1981년에 태어난 사람들이라고 정의한다. 문헌을 조금만 훑어봐도 X세대가 1964년에 끝났다는 의견부터 1984년에 끝났다는 의견까지 다양한 주장이 있음을 알 수 있다. 어릴 때 나는 X세대가 되기에는 너무 어리다는 말을 들었는데, 어느 시점엔가 마케팅 담당자들이 그 개념을 다르게 정의하기로 공모했다. 나는 Y세대(나중에 밀레니엄세대로 명칭이 바뀌었다)는 아니었다. 아무튼 X세대였다. 마케팅 담당자들이 다시 생각을 바꾼다면, 페이스북도 따라 할까? 그보다는 페이스북 자체가 놀라운 시장 장악력을 토대로 특정한 연령 범위를 선택할 가능성이 더 높다. 그런 범주는 진리가 아니다. 페이스북 버전의 진리가 지닌 힘일 뿐이다. 페이스북은 현재 '가짜 뉴스'와 '진짜 뉴스'의 차이, '정치적 정보'와 '정치적 선전'의 차이를 결정하려고 애쓰고 있다. 그런 구분도 페이스북 버전의 진리이며, 이 구분을 정의하는 데는 페이스북 자체뿐 아니라 페이스북 광고와 앱을 통해서 사용자들에게 영향을 미치려는 협력 기업들도 관여한다.

게다가 각 범주는 범주 내의 차이들을 무시한다. 예를 하나 들어보자. 나는 인구 중 10퍼센트를 차지하는 왼손잡이에 속한다. 내 누이 둘도 그렇고, 내 아이들 중 하나도 왼손잡이다. 부모님은 둘 다 오른손잡이지만, 아버지는 당시의 많은 이들이 그랬듯이 학교에서 (좀 서툴긴 해도) 오른손으로 글을 쓰라는 압력을 받았으므로 원래 왼손잡이였을 가능성이 있다. 나는 왼손잡이 하면 새끼손가락에 묻은 잉크나 흑연, 오른손잡이에게 맞춰져 불편한 일체형 책상이 떠오른다.† 페이스북이 내게 왼손잡이인지 오른손잡이인지 고르라고 하며, 내가 그 점에 꽤 신경이 쓰인다고 가정하자. 나는 분명히 왼손잡이를 택하겠지만, 주로 쓰는 그 손이 힘이 더 센 것은 아니라는 설명을 덧붙이고 싶을 것이다. 나는 오른쪽 팔과 손이 왼쪽보다 힘이 더 세다. 주로 왼손을 쓴다는 것은 내 오른쪽 뇌가 우

---

† 왼손잡이가 오른손잡이보다 일찍 사망한다고 주장하는 연구 결과들은 대개 헛소리다. 어떤 연령 이상에서는 왼손잡이를 찾아내지 못하자 왼손잡이가 더 일찍 죽는다고 결론지은 연구도 있다. 사실 그들이 학교를 다니던 시절에 억지로 오른손잡이가 되어야 했기 때문에 그런 조사 결과가 나왔을 뿐이다.

성임을 시사하지만, 눈은 왼쪽 뇌의 통제를 받는 오른쪽 눈이 우성이다. 초등학교에 들어갔을 때 나는 교실에 비치된 낡은 왼손잡이용 가위를 쓰다가 너무 안 들어서 어쩔 수 없이 새것인 오른손잡이용 가위를 쓸 수밖에 없었다. 그 뒤로 가위는 죽 오른손잡이용을 썼다. 마우스도 오른손으로 쓰지만, 전화기는 주로 왼손으로 쓴다. 이런 사례들이 있어도, 나는 여전히 스스로를 왼손잡이라고 여기고 사회적으로도 그렇게 받아들여진다. 그러나 사회가 어떤 이유로든 간에 성별과 인종의 사례에서처럼 그런 꼬리표를 다듬는 쪽으로 가기 시작한다면, 페이스북에서 그런 미묘한 차이들을 포착할 수 없을 것이다.

문화적 변화는 꼬리표를 수정한다. 정체된 문화에는 정적인(그리고 정체된) 꼬리표가 가득하다. 유동적인 문화는 현재의 분류 체계가 해체되고 마찬가지로 우발적인 다른 분류 체계가 들어서도록 허용한다. 정체는 영속성이라는 착각을 일으킨다. 그리고 사회가 특정한 분류 체계를 더 강화할수록, 그 분류 체계는 사회적 변화를 가로막는 관성을 만들게 된다.

대중 매체와 세계적인 연결망에 힘입어서, 오늘날의 사회는 이전의 사회들보다 훨씬 더 역동적이다. 철도가 발명되면서, 그 전까지는 상상도 못했던 속도로 하위문화들이 만나고 생각이 교환되고 발전이 이루어졌다. 자동차와 항공기는 변화를 더욱 가속시켰다. 인터넷은 문화적 변화의 속도를 높인 가장 최근의 사례일 뿐이다. 우리는 새로운 문물들에 쉴 새 없이 치이면서, 인류의 많은 사회적 유산이 훨씬 정적인 사회에서 출현했다는 사실을 잊고 있다. 그 오래된 유산들은 상당한 변형이 이루어지지 않는다면 빠른 속도로 바뀌는 현재의 문화에 적응하지 못할 것이다.

사람들이 '팬젠더pangender'나 '양인종biracial' 같은 용어를 앞으로 50년 동안, 아니 2000년 동안 쓰지 않을 수도 있다. 그러나 중국 제국의 조직화된 관료 체제를 암암리에 뒷받침했던 '유교Confucian' 같은 꼬리표는 수세기 동안 복잡한 개념적인 의미를 간직해왔다.† 오늘날에도 그렇게 긴 수명을 지닌 무언가가 존재할 수 있을까? 우리에게 자기 자신, 믿음, 주변 세계의 모든 것에 꼬리표를 붙이라고 컴퓨터가 요구하는데, 기술은 우리가 오늘날 쓰는 꼬리표에 어떤 영향을 미칠까? 그리고 그런 꼬리표는 얼마나 오래 갈 수 있을까?

주모자와 괴짜

몇몇 과학 분야에서는 보편적 원리를 발견하려는 노력이 광물학자가 조합을 통해 모든 광물을 만들 수 있는 근원적이고 보

† 중국의 문명과 문화는 세계의 다른 지역들을 부끄럽게 만들 만큼 안정성과 지속성을 자랑한다. 거의 2500년 동안 다소 알아볼 수 있는 형태로 유지되어왔다는 것은 유교 사상의 튼튼함을 증명하는 사례다. 문화적 실체로서의 기독교도 그에 버금갈 만큼 오래되었지만, '기독교'라고 불리는 다양한 신앙 체계와 문화 운동, 그리고 그 이름 아래에서 행해지는 다양한 사상과 행위는 너무나 천양지차라서, (대략적으로) 세계에서 주로 쓰는 달력이 새로 바뀌는 시점에 생일이 있는 한 사람을 존경한다는 것 외에는 그 어떤 공통점도 찾기가 어렵다.

편적인 원소를 발견하려는 것만큼 헛된 일임이 드러날 때가 종종 있다. 자연은 속이나 종이 아니라 개체를 만들지만, 근시안적인 우리는 많은 것들을 동시에 함축할 수 있는 유사성을 찾고자 한다. 우리가 창안하는 범주들이 더 넓어질수록, 이런 개념은 점점 더 부정확해진다.[3]

—게오르크 크리스토프 리히텐베르크

내 이름은 데이비드다. 그리고 나는 녹색이다. 한 기업의 연수원에서 진행자들이 나와 직장 동료들에게 네 가지 성격 유형 중 어디에 속하는지를 파악하는 검사를 했을 때 나온 결과였다. 성격은 색깔로 구별했다. 청색, 녹색, 금색, 오렌지색이었다. 이런 유형의 분류법은 여러 가지로 변형되어 나오지만, 이 검사에서는 각 색깔을 대략 이런 식으로 기술했다.

녹색 : 분석적, 논리적, 이론적, 내향적 엔지니어
청색 : 조화 지향적, 온정적 중재자
금색 : 전통적, 관습적, 구조 애호적 관료주의자
주황색 : 외향적, 창의적, 낙관적, 미래 지향적 지도자

구글 직원들의 연수회였던 그곳에서는 녹색이 압도적으로 많았고, 나도 거기에 속했다. 청색과 주황색은 더 적었고, 금색은 아마 한두 명이었을 것이다. 진행자들은 구글 연수회에서는 대부분이

녹색으로 나온다고 말해주었다.

이 분류법은 과학이 아니다. 사람들 사이의 차이에 관한 무언가를 포착하는 것이 아니라, 임의로 고른 최소한의 무언가를 포착할 뿐이다. 그런 구분은 누가 한 것일까? 이런 검사를 제공하는 기업 컨설턴트는 자신의 방법이 고대 그리스와 히포크라테스의 4체액, 혹은 기질과 일맥상통한다고 주장한다. 색깔과 네 가지 체액을 이런 식으로 대응시키기도 한다.

녹색 : 침착함 (물, 점액)
청색 : 다혈질 (공기, 혈액)
금색 : 우울함 (흙, 흑담즙)
주황색 : 성급함 (불, 황담즙)

4체액 이론이 파울 힌데미트의 발레곡 〈네 가지 기질The Four Temperaments〉과 카를 닐센의 교향곡 2번처럼 예술 작품에는 영감을 주고 있지만, 우리는 히포크라테스의 이론을 더 이상 의학적 지침으로 삼지 않는다. 그런데 왜 성격 분류는 그의 이론을 참고하는 것일까? 인간은 단순한 분류 체계를 선호하며, 네 가지로 분류하는 방식은 이해하기 쉽기 때문이다. 둘로 나누는 것은 너무 단순하다.†

† 전통적으로 민간에 전해지는 이분법은 거의 다 남성과 여성, 빛과 어둠, 삶과 죽음이라는 원초적인 이분법과 맥락이 닿는다. 중립적인 유형 분류 체계를 찾는다면, 이렇게 선택을 유도하는 이분법은 피하는 것이 최선이다.

셋으로 나누면 대칭을 이룰 수 없다. 2대 1로 대립시키는 동역학이 작용한다.† 그러나 4는 심미적으로 만족스러운 동시에 유연하다. 4개 집단으로 나누면 짝을 짓고 대립시킬 수 있고, 대칭적으로 묶거나(2 대 2), 불균등하게 대립시킬 수도 있고(3 대 1), 각각이 다른 세 집단과 유사점과 차이점을 지닐 수 있다. 히포크라테스의 분류 체계는 어느 정도는 기억하기 쉬워서 존속되었고, 전 세계에는 원소(흙, 공기, 불, 물)에서 원인(질료인, 형상인, 작용인, 목적인)까지 만물을 분류하는 체계들, 인도의 카스트, 맹자의 사덕(인, 의, 예, 지), 불교의 네 가지 진리에 이르기까지 4대 분류 체계를 택한 전통 이론들이 많다.‡

그러나 사분법 분류의 미덕은 훨씬 더 복잡한 현실에 임의적이고 단순한 질서를 부과함으로써 나오는 인위적인 구조들이다. 우리의 인지적 선호가 성격 유형에 대한 정확한 묘사를 보장할 이유는 없다. 그러나 우리는 산뜻한 사분법 분류를 쉽게 이해하며, 그래

---

† 삼분법은 흥미롭다. 대립과 대칭을 억제하고, 불안과 충돌을 부추긴다. 플라톤의 영혼 삼분설이나 기독교의 삼위일체설이나 프로이트의 정신 이론처럼 어떤 대상을 셋으로 나누는 사례들이 종종 있지만, 만물을 세 범주로 나누는 사례는 훨씬 적다.

‡ 몇몇 사례를 보면, 중국 문화는 5형식 구조를 좋아하는 듯하다. 공자의 오륜, 중국 전통의학과 음양오행에서의 오행이 그렇다. 극동의 문화들에는 수비학적 미신이 아주 많다. 4라는 수가 특히 그렇다. 죽을 사死 자와 동음이의어이기 때문이다. 그래서 사분법 구조를 좀 꺼리게 되었을 수도 있다. 그런 작은 수를 불길한 것이라고 선언하면 엄청나게 불편해진다. 높이가 13층까지 올라가는 건물보다 4층까지 올라가는 건물이 훨씬 더 많다. 큰 수를 불길한 것이라고 선언하는 편이 훨씬 낫다. 나는 666이라는 숫자를 둘러싼 미신이 작용하는 사례가 그리 많이 떠오르지 않는다. 불편함을 일으키는 미신 중 최고는 꽃의 수가 짝수라면 불길하다는 러시아 미신이다. 그래서 구매자는 꽃을 살 때 짝수가 아닌지 확인하기 위해 꽃봉오리의 수를 센다.

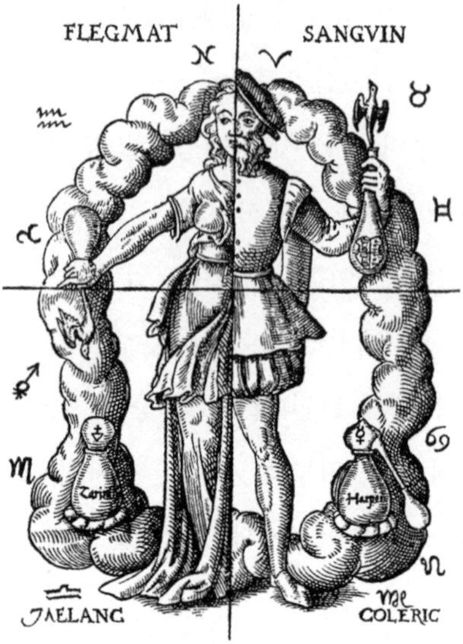

레온하르트 투르네이서의 『제5원소*Quinta Essentia*』(1574)에 실린
4체액의 연금술 그림.

서 그 체계를 버리지 못한다. 우리 스스로도 어쩌지 못한다. 인간은 의미를 추정하는 데 뛰어나다. 우리는 기호 체계의 가장 임의적인 측면(예를 들어 수를 세는 것 같은)을 서로 충돌하는 다양한 개념들과 연관 지어서 확장한 뒤, 새로운 체계에 의해 뒤집히기 전까지 그것을 고수한다. 하지만 우리의 인지 편향은 이런 체계들의 구조에 깊이 의지한다.

오늘날 지겨울 정도로 널리 유행하고 있는, 성격을 네 가지로 분류하는 체계는 대부분 마이어스와 브릭스라는 두 아마추어 심리학자의 비과학적이고 사변적인 시도가 놀라울 만큼 성공을 거둔 결과물이다. '마이어스-브릭스 성격 유형 검사Myers-Briggs Type Indicator, MBTI'는 4개의 이진수 축을 써서 사람들을 16가지(2^4) 유형으로 분류하는 것이다. 이 검사법이 과학적으로 타당함을 시사하는 증거는 거의 없지만, 생각하는 사람의 점성술이라고 불리곤 하는 이 체계가 아주 많은 이들에게 호소력이 있다는 점은 부정할 수 없다. 적어도 내 세대의 사람들에게는 그렇다. 나는 만남 주선 사이트, 트위터, 페이스북, 쿼라Quora에서, 그리고 사람들이 일상적인 대화를 할 때 성격을 MBTI 유형으로 간단하게 표현하는 사례를 자주 접한다. "오, 이 일은 내 방식대로 해야 해. 나는 INFJ이니까." "갑자기 화내서 미안. 나도 어쩔 수 없어. ENFP이거든." 이렇게 단순화한 무언가로 어떤 사람에 관해 실질적으로 많은 것을 설명할 수는 없지 않을까? 그렇다면 유형 분류 체계가 왜 그렇게 인기가 있는 것일까? 사람들은 왜 그런 것을 받아들이고, 어떤 용도로 쓸까? 기업과 인력 개발 기관들은 MBTI나 비슷한 유형 분류 체계들을 써서 누가 어떤 일에 가장 적합할지를 예측하고자 한다. 연구, 소통, 지원 등 어떤 업무에 배정해야 할지 판단한다. MBTI를 기업, 대학, 정부에 보급하고 시험을 실시하는 회사인 CPPConsulting Psychologists Press는 『포춘*Fortune*』 500대 기업 중 80퍼센트 이상이 MBTI를 써서 직원들을 평가한다고 주장한다.[4] 심리학자들은 MBTI에 줄곧 회의적이었지만, 우리는 MBTI로 성격이 분류되는 것을 피하기 쉽지 않다.

MBTI 자체는 순탄하지 않은 긴 역사를 거치면서 놀라울 만큼

당신의 성격 유형은?

다음 질문들을 토대로 자신의 마이어스-브릭스 유형에 해당하는 네 글자를 고르시오. 각 질의 항목들이 다 들어맞지는 않는다고 해도, 자신에게 가장 자연스럽다고 여겨지는 쪽의 글자를 고르시오.

1. 외향적인가 내향적인가?

- 말이 많고, 개방적이라고 할 수 있다.
- 빠르게 변화하는 환경을 선호한다.
- 남에게 자기 생각을 이야기하는 경향이 있다.
- 주목 받는 것을 즐긴다.

그렇다면 당신은

E

외향형

- 속마음을 숨기고, 내성적이라고 할 수 있다.
- 생각할 시간이 있도록 느리게 변화하는 환경을 선호한다.
- 혼자 속으로 생각하는 경향이 있다.
- 주목 받기보다는 지켜보는 쪽을 좋아한다.

그렇다면 당신은

I

내향형

2. 정보를 어떻게 받아들이는가?

- 지금 있는 현실에 초점을 맞춘다.
- 확고한 사실과 세부사항에 주의를 기울인다.
- 실제 응용되는 개념들을 선호한다.
- 구체적이고 있는 그대로 서술하는 쪽을 선호한다.

그렇다면 당신은

S

감각형

- 어떠할 수 있을지 가능성을 상상한다.
- 만물이 어떻게 연결되는지 큰 그림을 그린다.
- 착상과 개념 자체를 즐긴다.
- 비유적이고 시적으로 묘사하는 쪽을 선호한다.

그렇다면 당신은

N

직관형

3. 어떤 의사 결정 방법을 선호하는가?

- 논리적 추론을 통해 객관적으로 한다.
- 정의 · 공정성을 중시한다.
- 논증의 결함을 찾는 일을 잘한다.
- 이성적이고, 냉철하다고 여겨진다.

그렇다면 당신은

T

사고형

- 개인적 가치와 자신의 행동이 끼칠 영향을 고려한다.
- 조화 · 용서를 중시한다.
- 남들을 기쁘게 하고 장점을 말해주는 것을 선호한다.
- 따뜻하고 인정이 많다고 여겨진다.

그렇다면 당신은

F

감정형

4. 대외적으로 어떤 삶을 선호하는가?

- 문제가 고정되어 있는 쪽을 선호한다.
- 규칙과 일정을 지켜야 한다고 생각한다.
- 일처리 단계가 상세한 쪽을 선호한다.
- 계획을 짜고, 마주한 것이 무엇인지 알고자 한다.

그렇다면 당신은

J

판단형

- 열린 대안을 선호한다.
- 규칙과 일정이 융통성을 지닌다고 본다.
- 진행하면서 개선하고 수정하는 쪽을 선호한다.
- 놀랄 일과 새로운 상황을 즐긴다.

그렇다면 당신은

P

인식형

ISTJ 책임감 있고, 성실하고, 분석적이고, 내성적이고, 현실적이고, 체계적이다. 근면하며 현실적이고 올바른 판단을 내린다고 신뢰할 수 있는 사람.	**ISFJ** 따뜻하고, 사려 깊고, 점잖고, 책임감 있고, 현실적이고, 철저하다. 남을 돕는 일을 즐기는 헌신적인 배려자.	**INFJ** 이상주의적이고, 정리 정돈을 잘하고, 통찰력 있고, 의지할 수 있으며, 동정적이고, 점잖다. 조화와 협력을 추구하고 지적인 자극을 즐긴다.	**INTJ** 혁신적이고, 독립적이고, 전략적이고, 논리적이고, 내성적이고, 통찰력 있다. 자신의 독창적인 생각을 토대로 혁신을 이룬다.
ISTP 행동 지향적이고, 논리적이고, 분석적이고, 자발적이고, 내성적이고, 독립적이다. 모험을 즐기고, 기계 작동법을 이해하는 능력이 뛰어나다.	**ISFP** 부드럽고, 예민하고, 남을 장려하고, 도움을 주고, 융통성 있고, 현실적이다. 아름다우면서 실용적인 개인 환경을 조성하려고 애쓴다.	**INFP** 예민하고, 창의적이고, 이상주의적이고, 주변을 잘 살피고, 남을 배려하고, 충직하다. 내면의 조화와 개인의 성장을 중시하고, 꿈과 가능성에 초점을 맞춘다.	**INTP** 지적이고, 논리적이고, 정확하고, 내성적이고, 융통성 있고, 상상력이 뛰어나다. 추측과 창의적 문제 해결을 즐기는 독창적인 사색가.
ESTP 외향적이고, 현실적이고, 행동 지향적이고, 호기심 많고, 다재다능하며, 자발적이다. 실용적인 문제 해결자이자 노련한 협상가.	**ESFP** 잘 놀고, 열정적이고, 사교적이고, 자발적이고, 재치가 많고, 융통성이 있다. 상식에 강하고, 눈에 잘 띄는 방식으로 남을 돕는 것을 즐긴다.	**ENFP** 열정적이고, 창의적이고, 자발적이고, 낙천적이고, 남을 지원하고, 놀기 좋아한다. 영감을 중시하고, 새로운 일을 시작하고, 남의 잠재력을 잘 본다.	**ENTP** 창의적이고, 열정적이며, 전략적이고, 모험심 있고, 탐구적이고, 다재다능하다. 새로운 착상과 도전을 즐기고, 영감을 중시한다.
ESTJ 효율적이고, 외향적이고, 분석적이고, 체계적이고, 의존적이고, 현실적이다. 사회자나 진행자 역할을 맡아서 질서 있게 일이 진행되도록 하는 일을 즐긴다.	**ESFJ** 사교적이고, 외향적이고, 믿음직하고, 양심 있고, 체계적이고, 현실적이다. 남을 돕고 기쁘게 하는 일을 찾고, 적극적이고 생산적인 활동을 즐긴다.	**ENFJ** 배려하고, 열정적이고, 이상주의적이고, 체계적이고, 외교적이고, 책임감 있다. 인맥을 중시하는 노련한 의사 소통 전문가.	**ENTJ** 전략적이고, 논리적이고, 효율적이고, 외향적이고, 야심적이고, 독립적이다. 사람들을 조직하고 장기 계획을 세우는 데 능하다.

마이어스-브릭스 성격 분류 체계

의 권위를 획득했다. 단순하면서 인기 있기 때문에, 사람들이 스스로를 어떻게, 왜 분류하는지를 연구하는 데 있어서 이상적인 사례가 된다. 이런 분류 체계는 일단 컴퓨터 알고리즘으로 입력되면 훨씬 더 중요한 의미를 지니게 된다. 사용자가 자기 자신을 엄격하게 분류하고 체계화하도록 하는 MBTI 같은 검사는 컴퓨터가 우리를 더 잘 이해할 수 있도록 만든다.

1940년대에 캐서린 쿡 브릭스와 이사벨 브릭스 마이어스는 성격의 4가지 기본 유형을 만들고, 거기에 카를 융이 1921년 저서 『성격 유형*Psychologische Typen*』에서 기술한 성격 이론을 가미함으로써 4축 분류 체계를 개발했다. 융의 연구는 점성술 수준의 사이비과학은 아니었다. 점성술은 지구중심설을 토대로 하고, 과학자들이 뭐라고 말하든 간에 명왕성이 행성이어야 한다. 그렇다고 해서 융의 연구가 그의 우연한 관찰, 의심스러운 직관, 자유 연상 외의 다른 무언가에서 나왔다고 주장할 근거는 거의 없다.† 사회과학적 지식이 거의 없었던 브릭스와 마이어스는 융의 연구를 자신들의 일

† 조지 마카리의 『마음 혁명: 정신분석의 탄생*Revolution in Mind: The Creation of Psychoanalysis*』은 정신분석학의 여명기를 솔직하게 그리고 있다. 그 선구자들은 서로가 지어낸 신화들을 주거니 받거니 하면서 통일된 마음 이론을 맨땅에서부터 만들어내려는 터무니없는 경쟁을 벌였다. 그들은 정신이라는 이해할 수 없는 어둠 속을 더듬거리던, 창의적이긴 해도 어설펐던 정신의 소유자들이었다. 그리하여 그들은 마음에 관한 세속적인 신화를 창조했다. 하지만 지금 우리는 그들이 생각했던 것보다 마음의 범위가 훨씬 넓다는 것을 안다. 어쨌거나 온갖 지적인 기벽을 부렸음에도 지그문트 프로이트는 여전히 많은 이들에게 가장 명석한 사람 중 하나라고 여겨진다. 또 많은 이들은 알프레드 아들러를 가장 현명한 사람이라고 생각한다. 그중에서도 유달리 더 공격적으로 허세를 부린 인종차별적이고 오만한 정신분석학자가 있다. 바로 카를 융이다.

화적 경험과 결합하여 성격 분류 체계를 짰다. 1950년대에 심리학자 데이비드 케어시는 마이어스-브릭스 모델을 4가지 '기질'과 결합하여 '케어시 기질 검사Keirsey Temperament Sorter'를 창안했다. 두 모델은 세부사항은 다르지만, 4개의 축을 써서 성격을 16가지 유형으로 나눈다는 점은 같다. 그 후에 등장한 분류 체계들은 대부분 이 둘 중 하나, 또는 양쪽을 토대로 만들어진 것이다.

나는 대학교에서 이 검사의 온라인 웹 1.0버전을 처음 접했는데, 전혀 놀랍지 않게도 INTJ라고 나왔다. 주모자Mastermind, 또는 덜 호의적인 표현을 쓰자면 괴짜Crackpot라고 불리는 유형이다. MBTI를 변형시킨 오케이큐피드OkCupid의 '너무나도 솔직한 성격 검사'는 INTJ를 이렇게 설명한다.

> 사람들은 당신을 몹시 싫어한다.
>
> 당신이 너무나 영리하고 스스로 그 점을 잘 안다는 뜻이다. 당신은 틈만 나면 자신의 능력을 자랑하려고 든다. 최근에 "오만하다"는 말을 듣지 않았는가? "재수 없어"라는 말은? 못 들었다면 사람들이 뒤에서만 수군거렸을 것이다.
>
> 그렇다. 이렇게 말해도 당신이 울지 않으리라는 것을 안다. 당신은 감정에 휘둘리는 쪽이 아니다. 당신은 대인관계보다 이론적 문제나 추상적 이론을 탐구하는 데 더 많은 시간을 보낸다.

여기에 대개 그 유형에 해당하는 사람을 우쭐하게 만드는 보완 설명이 따라붙는다. 이런 식이다.

> INTJ는 야심적이고, 자신만만하고, 신중하고, 멀리 내다보는 사람이다. INTJ는 '시스템 구축자'라고도 하는데, 상상력과 신뢰성을 겸비했다는 독특한 특징을 가지고 있기 때문일 수도 있다. INTJ가 어떻게 해서 맡게 되었든 간에, 그 시스템은 INFJ의 도덕적 대의에 해당하는 것이 된다. INTJ는 맡은 일을 위해서는 자기 자신과 동료들에게 가차 없이 굴 수 있기 때문에, 완벽성을 추구하고 권위를 무시하는 태도를 보이기도 한다.
>
> 이들은 대개 감정을 억제하며, 불합리한 사회적 관습이라고 여기는 것에는 시간을 낭비하지 않으려 한다. 그래서 INTJ가 아닌 이들은 거리감과 서먹함을 느낄 수 있다.

이런 과장된 말들을 읽고 나면 괴짜의 오만함이 보이기 시작할 것이다.[5] INTJ가 매우 대단한 양 들리겠지만, 다른 모든 유형들도 비슷하게 우쭐하게 만드는 말들로 기술되어 있다. 내 성격 유형을 기술하는 말이 다른 유형들을 기술하는 말들보다 '약간 더' 나처럼 들리기 때문에, 나는 내가 INTJ라고 믿을 이유가 어느 정도는 있다. 아마 나는 엘비스 프레슬리나 로널드 레이건(케어시닷컴에 따르면 내 유형과 정반대인 ESFP)보다 스티븐 호킹이나 아이작 뉴턴(케어시닷컴이 INTJ라고 보는)과 공통점이 더 많을 것이다. 아이작, 스티븐, 나 사이에 공유되는 핵심 특징이 뭔지 아직 잘 모르겠지만.

성격 분류가 오로지 무언가를 기술하는 과정은 아니다. 우리는 점성술 별자리든 마이어스-브릭스든 에니어그램Enneagram이든 간에, 그런 모델을 받아들일 때 자신의 유형을 스스로 규정한다. 내가 그런 모델 중 어느 하나를 신뢰한다면, 스스로를 궁수자리, INTJ, 또는 2형으로 간주하는 것 자체가 일종의 기준점 역할을 하게 되며, 미래의 내 행동에 영향을 끼칠 것이다.† "나는 마이어스-브릭스 검사가 헛소리라고 생각하지만, 내 자신이 아니라 내 성격을 기술한다는 쪽으로는 INTJ가 어느 정도 들어맞는다고 생각해"라고 말하는 사람도 그런 식으로 자기 자신을 보도록 조건을 부여하는 셈이다. 이 범주들이 유연하다면(우리는 생일이나 별자리를 바꿀 수 없다) 나는 그 분류 체계를 의심할지 모르지만, 내가 어떻게 분류되는지를 아는 것만으로도 내 경험에는 조건이 붙을 것이다. 그 분류 유형이 나와 꽤 잘 들어맞는다면, 나는 내 행동이 그 틀 내에 들어간다고 생각하는 쪽으로 편향될 가능성이 높다. 앞으로의 내 행동

† 천문학을 올바로 적용한 황성황도대 상에서, 내 생일은 13번째 별자리인 뱀주인자리Ophiuchus에 속한다. 뱀주인은 그리스 신화에 등장하는 의사 아스클레피오스(이집트의 파라오이자 의사인 임호테프와 관련이 있는)의 조상이다. 나를 어떤 원대한 구상을 하는 은밀한 주모자이자, 권위와 부당함을 그냥 두고 보지 못해서 혹평하는, 성급하면서 소외되기 십상인 사람이라고 분류하는 별자리다. 나는 점성술이 헛소리라고 생각하지만, 별자리가 말하는 바에 따르면 훨씬 더 나쁜 인간이 될 수 있는 듯하다. 또 중국의 띠를 적용하면 나는 용띠, 특히 오만하지만 인간적인 불의 용띠다. 이런 적절한 상징들이 믿지 않는 나 같은 사람에게 붙여져서 낭비되었다니 정말로 안타깝지 않은가.

클리프 존슨의 1987년 퍼즐 게임 〈더 풀즈 에런드〉. 타로의 도상학을 토대로 했다.

은 그 유형이 옳다는 생각을 더 굳히는 역할을 할 수도 있다. 물론 INTJ라고 분류되는 것이 반드시 나쁘다고는 할 수 없다. 긍정적인 자아상을 뒷받침하고 괴짜답지 않은 생산적인 활동을 부추긴다면 건강한 것이 될 수도 있다. 그러나 그것을 과학적 진단이라고 믿는 것은 전혀 다른 문제다. 결코 그렇지 않기 때문이다.

나는 클리프 존슨이 1987년에 발매한 놀라우면서 미치게 만드는 컴퓨터 퍼즐 게임인 〈더 풀즈 에런드The Fool's Errand〉를 통해서 타로 카드를 처음 접했다. 그리고 몇 년 뒤, 이탈로 칼비노의 『엇갈린 운명의 성』을 읽었다. 카드들을 바닥에 펼친 뒤 가로세로로 읽어서 이야기를 꾸며낸 책이었다.† 나는 그 카드들에 담긴 신화에 흥미를

† 칼비노는 울리포 집단의 일원이었고, 이 책은 크노의 『문체 연습』과 페렉의 『인생 사용법』처럼 형식적 제약을 중심으로 이야기를 쓰는 실험의 결과물이었다.

19세기 이탈리아 민치아테Minchiate 카드에 그려진 매달린 사람, 은둔자, 검의 에이스.

느꼈다. 마술이 아니라 신화로서다. 그래서 카드들을 죽 펼쳐놓고 읽는 대신에, 내게 가장 맞는다고 느낀 카드들을 뽑았다. 내 운명을 신화가 이끌도록 한다면, 신화를 내가 원하는 방식으로 자신에게 적용하고 싶었다. 그래서 나는 수수께끼의 매달린 남자Hanged Man, 침울한 은둔자Hermit, 진리를 추구하는 검의 에이스Ace of Swords를 골랐다.†

타로 카드를 무작위로 뽑는 대신에 원하는 것만 고른다면 속임수일까? 타로 점 자체가 의미 있다고 생각한다면 그렇다. 나는 카드들을 뒤섞은 뒤에 하나씩 펼치는 대신에, 원하는 카드를 고르는 편이 훨씬 더 건전하다고 생각한다. MBTI 같은 분류 체계는 임상 진단보다 타로 카드에 더 가깝다. 물론 펼쳐진 타로 카드를 읽는 것만큼 무작위적인 것도 아니고, 타로 카드를 직접 고르는 것만큼 인

† 〈심슨 가족〉 오래된 에피소드의 한 장면. 타로 카드를 읽는 사람이 죽음 카드가 이로운 변화를 뜻한다고 설명하다가, 행복한 다람쥐 카드가 나오자 겁에 질려서 헉한다.

위적인 것도 아니다. 그래도 그 두 접근법의 중간 어딘가에 놓이며, 그 어떤 형태의 진정한 진단 검사도 아니다. MBTI는 대개 24가지 질문을 통해 16가지 유형 중 하나로 분류하지만, 각 축을 이루는 대립되는 두 가지 항목 중에서 고르도록 하는 4가지 질문으로 이루어진 약식 검사도 있다. 한 마디로, 진단이 아닌 선택이다.

대조적으로 미네소타 다면 인성 검사Minnesota Multiphasic Personality Inventory, MMPI 같은 임상심리 검사는 표본 집단을 써서 표준화를 거친다. 널리 쓰이는 전형적인 형태인 MMPI-2는 예/아니오로 답하는 질문을 500가지 넘게 한다. 중복되는 문항도 있다. 건강염려증, 젠더 표현, 우울증, 편집증 등 10가지 종합 척도와 수십 가지 축을 기준으로 성격을 평가한다. 검사 대상자가 정직하고 일관성 있게 답하는지를 측정하는 '타당성 척도'도 포함되어 있다.

나는 십대 초반에 MMPI를 받았는데, 우울증 척도만 빼고 다른 척도들에서는 다 정상으로 나왔다. 나는 결과를 보고 안도했다. 우울증은 조증, 편집증, 조현병 등에 비하면 무해한 척도에 속했으니까. 나는 아주 정직하게 검사를 받았다는 말을 들었고, 그랬던 듯하다. 나는 그 검사가 나보다 정신적·감정적으로 더 심각한 이상이 있는 사람들을 위해 고안된 것이라고 생각했기에, 굳이 정직하게 하지 않을 이유가 없었다. 하지만 MMPI에는 마이어스-브릭스 검사에 없는 경험적인 측면이 있다. 특정한 성격 형질을 드러내는 표본 집단을 정한 뒤, 그 집단과 비교하여 나를 평가했다. MMPI가 결함이 없다는 말이 아니다. 그런 검사는 규범적인 성격을 띠고 있어서, (마이어스-브릭스 검사보다는 훨씬 덜하지만) 몇 가지 심각한 문제를 안고 있다. MMPI와 달리 마이어스-브릭스 검사는 결코 보정을 하지 않는다. 개인의 경험을 완전히 무시한 채 이분법을 제시하고서, 어느 쪽인지 택하라고 요구한다.

요지는 마이어스-브릭스 검사를 비롯해서 그와 비슷한 형태의 유형 분류 체계가 본질적으로 자기 분류 방식이라는 것이다. 마이어스-브릭스 검사 같은 것을 받아들일 때, 우리는 사실상 이렇게 말하는 것이다. "그래, 나는 내 자신을 바로 이런 식으로 보고 싶은 거야!" "내가 보이고 싶은 모습이 바로 이거야!" 마이어스-브릭스 검사 결과에 만족하지 못하는 사람은 얼마든지 다시 검사를 받아서 더 흡족한 결과를 얻을 수 있다. 이것은 부정행위이다. 단, 면도할 때 빠뜨린 부위가 있는지 보려고 거울을 들여다보는 것도 부정행위라고 할 수 있다면 말이다. 점성술과 마찬가지로 마이어스-브릭스 검사는 결과가 어떻게 나왔냐보다, 그 검사를 받을지 여부를 선택하는 행위 자체에 더 큰 의미가 있다. 스스로를 어떤 분류 체계에 끼워 넣느냐가 훨씬 더 중요하다.

현명한 비트와 어리석은 바이트

—

나는 떠밀리거나, 서류가 되거나, 도장이 찍히거나, 색인되거나, 요약되거나, 보고되거나, 숫자로 표기되지 않을 것이다. 내 삶은 내 것이다.

—넘버 식스, 〈더 프리즈너The Prisoner〉

내가 마이어스-브릭스 검사를 길게 다루는 이유는 세 가지다. 첫째, 아주 인기가 있어서다. 그 검사나 그것을 변형한 검사는 미국 전역의 기업과 연수원에서 생산성 향상 도구이자 직원의 자기 이해를 돕는 수단으로 쓰인다. 마이어스-브릭스 검사는 사회적 상호작용에 상당한 영향을 미치고 있다. 둘째, 마이어스-브릭스 검사는 훨씬 더 논쟁적이면서 파급력이 큰 분야들의 비교적 단순화한 버전이자, 언급하기에 부담이 적은 예시 역할을 한다. 젠더, 인종, 계급, 성차별, 정치적 성향, 정신질환과 신체질환, 범죄 같은 분야들 말이다.

마지막으로, 마이어스-브릭스 검사 같은 분류 체계는 매우 컴퓨터 친화적이다. MBTI가 제공하는 기본 틀을 받아들인다면, 나는 한 손의 손가락만으로 내 성격을 기술할 수 있다. 각 손가락이 하나의 축을 나타내며, 손가락을 구부리거나 펴기만 하면 된다. 어느 손가락이 펴졌는지를 보면, 내가 어떤 사람인지를 알 수 있다. 마이어스-브릭스 체계에서는 성격 유형을 4비트의 데이터만으로 나타낼 수 있다. 성격 묘사를 그 정도까지 압축할 수 있다니 부럽기 그지없다(점성술 별자리도 4비트로 나타낼 수 있다). 컴퓨터는 이런 유형 분류 체계를 이용하여 데이터를 분류할 수 있다. 마이어스-브릭스의 유형 분류를 C++ 언어로 짜면 이런 식이 될 것이다.

```
struct {
  bool fExtrovert;
  bool fIntuitive;
  bool fThinking;
  bool fJudging;
}
```

각 불 변수의 값은 참 아니면 거짓이다. 참은 그 변수의 이름에 적힌 성격 유형과 일치한다는 뜻이다. 거짓은 변수 이름과 정반대의 성격을 지닌다는 뜻이다. 이 정보는 4비트에 불과하지만, 각 변수가 적어도 1바이트byte의 저장 공간을 차지하므로(1바이트는 컴퓨터 저장의 최소 단위, 즉 원자 단위이며, 대부분의 경우에 길이가 8비트이다) 여기서는 적어도 32비트의 저장 공간이 필요하다. 각 비트에 불 변수의 값을 지정하여, 1바이트 길이의 변수(숫자나 문자 기호 하나를 저장하려면 1바이트 char가 필요하다)를 쓰면 더 나아진다. 그러면 이런 식이 될 것이다.

```
#define MBTI_EXTROVERT   0x01 // (or 1)
#define MBTI_SENSING     0x02 // (or 1 << 1)
#define MBTI_THINKING    0x04 // (or 1 << 2)
#define MBTI_JUDGING     0x08 // (or 1 << 3)
```

```
unsigned char MBTIType;
```

따라서 ESTJ는 모든 비트가 켜짐 상태이므로 이진수로는 1111이 된다. INFP는 모든 비트가 꺼짐 상태이므로 0000(또는 단순히 0)이 된다. 내 유형인 INTJ는 뒤쪽 두 비트는 켜짐, 앞쪽 두 비트는 꺼짐이므로 0011이 된다. `MBTIType`이라는 변수에서 뒤쪽의 4비트는 쓰지 않는다. 그냥 놔두기로 하자.

누군가의 성격 유형을 한꺼번에 지정하고 읽고 싶다면, 16개 유형을 모두 나열한 뒤에 순서대로 0부터 15까지의 숫자를 할당할 수 있다. 이를 열거자enumerator라고 한다.

```
enum MBTIType {
   INFP = 0,
   INFJ = 1,
   INTP = 2,
   INTJ = 3,
   ISFP = 4,
   ISFJ = 5,
   ISTP = 6,
   ISTJ = 7,
   ENFP = 8,
   ENFJ = 9,
```

```
    ENTP = 10,
    ENTJ = 11,
    ESFP = 12,
    ESFJ = 13,
    ESTP = 14,
    ESTJ = 15
};
```

눈치챘을지 모르지만(컴퓨터는 눈치채지 못할 것이 확실하다) 마지막 두 가지 표현, 즉 열거자와 4비트 변수는 동일하다. 나는 4비트로 표현했을 때의 각 MBTI 유형의 값에 따라서 순서대로 유형들을 나열했다. 열거자는 4비트 정보를 지닌다. INFP는 0이다. 앞서 말했듯이 4개의 비트가 모두 꺼짐 상태이므로, 이진수 값으로는 0000이 되기 때문이다. ESTJ는 15다. 이진수로는 1111이다. (십진법에서는 자릿수가 올라갈 때마다 10이 곱해지지만, 이진법에서는 2가 곱해지므로, 첫 네 자리의 값은 1, 2, 4, 8이 된다. 따라서 1+2+4+8=15.) INTJ는 3이며, 이진수로 나타내면 0011(1+2)이 된다.

컴퓨터에서는 이 두 가지 표현이 동일하다. 기계어로 된 프로그램은 오로지 숫자만을 다루기 때문이다. 내가 어떤 MBTI 변수의 값을 INTJ 코드와 비교하기 위해 쓴 코드는 그 변수를 3이라는 값(더 정확히 말하면 0011. 저 밑바닥에는 1과 0뿐이므로)과 비교한다. 그 값에, 심지어 그 코드에 내가 어떤 의미를 부여하든 간에, 그 의미는 CPU가 그 코드를 실행할 때면 이미 사라지고 없다. 컴퓨터에게 숫자는 아무 의미가 없다.

모든 데이터를 숫자로(더 구체적으로 말하면 비트로) 환원함으로써, 컴퓨터는 진정으로 데이터의 중립적인 결정권자가 된다. 우리는 그저 재미로 자신의 성격 유형을 검사하고, 기업 연수원에서도 그렇게 할지 모르지만, 성격 유형이 코드로 작성되어 고정된 컴퓨터 표현이 되고 그 표현이 중앙 서버에 무기한 저장된다는 것을 알면 마음이 불편해질 것이다. "안녕, 난 INTJ야!"라는 말은 지워지지 않는 각인이라는 느낌을 주지 않지만, 중앙 데이터베이스(기업이든 정부든 간에)에 나를 INTJ로 지정하는 3이 저장된다는 것은 분명히 그런 의미를 지닌다. 컴퓨터는 INTJ가 무슨 의미인지 이해하지 못하지만, 우리는 이해한다. 그리고 일단 3이 거기에 있다면, 그 값을 누가 통제하고, 누가 보고, 누가 의미를 부여하고, 어떻게 사용할 것인가 하는 문제들이 기계 기억 장치의 한계를 넘어서 중요해진다. 내 마이어스-브릭스 유형을 바꾸는 일이 내 법적 이름을 바꾸는 것만큼 어렵지는 않지만, 우리는 자기 데이터의 통제 권한을 잃음으로서, 자신을 정의하고 재정의할 능력도 일부 잃는다.

나는 기업 연수원에서 색깔 코드를 달고 다녔다. 나는 녹색 셔츠를 입고 내 유형을 받아들였지만, 대여섯 명씩 무리를 지어서 경기(사무용품을 가장 높게 쌓거나, 눈을 가린 동료가 길을 찾아가도록 알려주는 것 같은)를 할 때는 다른 녹색들과 팀을 이루지 않는 쪽을 택했다. 나는 청색인 이들이 많은 집단에 합류했다. 협조를 잘하는 이들

말이다. 기업 연수원이라서 그런 것이 아니었다. 나는 녹색들 대부분이 무엇이든 과잉 분석한다는 것을 알았다. 일종의 사이비과학적 성격 분류였다. 청색인 이들은 전반적으로 더 친절하고 느긋했으며, 나도 그런 상황을 즐겼다. 아마 내면 깊숙한 곳에서 나는 청색일지도 모른다. 그러나 나를 녹색, INTJ, MMPI-2 우울증, 또는 백만 가지 범주 중 어떤 하나로 분류하는 데이터베이스는 그 점을 알지 못할 것이다.

5장	자기 근사

5요인(또는 6요인)

> 사실을 산뜻하게 나뉘는 설명의 양동이들에 집어넣는 것은 나름 이점이 있다. 예를 들어, 사실을 더 잘 기억하는 데 도움을 줄 수 있다. 그러나 그런 사실에 대해 생각하는 능력을 망가뜨릴 수도 있다.
>
> —로버트 M. 새폴스키[1]

마이어스-브릭스 검사는 오락용이다. MMPI는 임상용이다. 그런데 성격의 몇몇 측면만이 아니라, 성격 전체를 포착한다고 주장하는 모델이 있다면? 이미 그런 주장을 하는 모델이 몇 가지 나와 있다. 인기가 MMPI와 마이어스-브릭스 검사의 중간쯤에 해당하면서, 학계의 지지를 받는 분류 체계인 '5요인Big Five' 성격 유형 같은 것들이 그렇다.[2] '5요인'은 1980년대에 많은 심리학 연구자들이 일반적인 모델에 합의를 한 뒤로, 지난 25년 동안 꾸준히 인기를 얻어왔다. 이 모델은 성격 요인들을 5가지 범주로 분류한다. 신경성Neuroticism, 친화성Agreeableness, 성실성Conscientiousness, 외향성Extroversion, 개방성Openness이다. 정신을 끝이 안 보이는 깊은

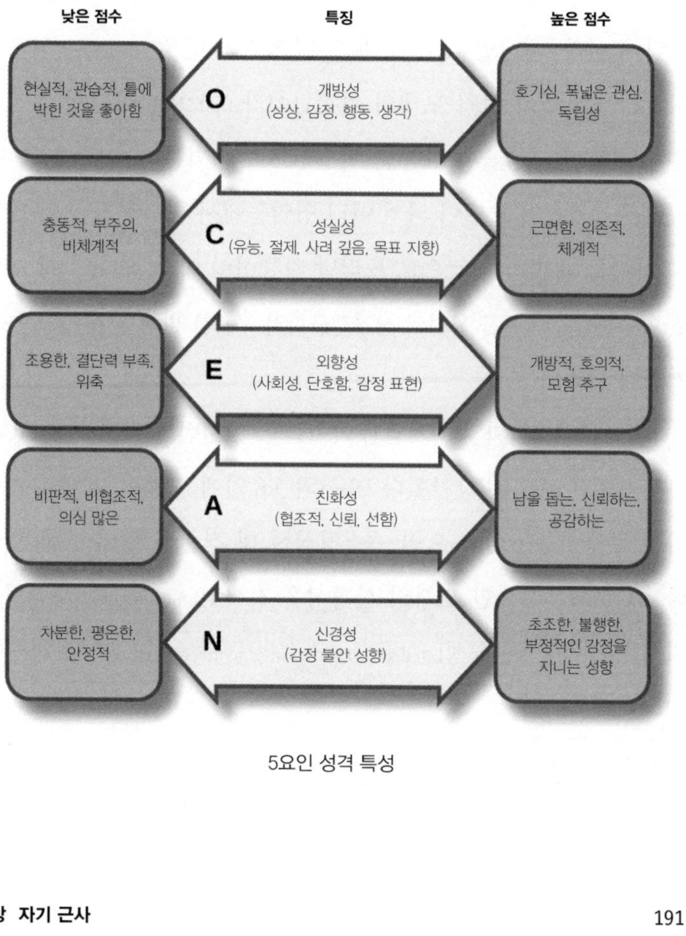

5요인 성격 특성

물로 보느냐 물이 새는 배로 보느냐에 따라서 OCEAN(오션)이나 CANOE(카누)라는 약어를 쓴다. 각 범주는 선형 스펙트럼을 이룬다.

5요인 모델 중에서 가장 잘 알려진 수정판은 '신5요인 성격 검사NEO Five-Factor Inventory'로서, 심리학자 폴 코스타와 로버트 맥크래가 만들었다.† 코스타와 맥크래는 5요인 모델이 개별 문화를 넘어서 보편적으로 적용되며, 태어날 때 유전자를 통해서 대부분이 정해지는 기본 성향을 반영한다고 주장한다.[3] 물론 이 두 주장 모두 논란이 있다. 대니얼 네틀은 대중서 『성격의 탄생*Personality*』 서문에서 5요인 모델이 성격 모델의 완전판이라고 보았다. "앞서 측정을 통해 구축된 모델들은 대부분 사실상 5요인 기본 틀 안에 넣을 수 있다. (…) 5요인 모델이 뇌의 여러 영역들에서의 신경 구조와 기능의 차이를 대변하는 것으로 드러날 가능성이 아주 높다."[4] 이 대담한 주장(우리가 인간 성격의 신경생물학적 구조를 밝혀냈다는)도 논란거리가 되었다.

다른 두 심리학자인 이기범과 마이클 C. 애시턴은 '헥사코HEXACO' 라는 6요인 모델을 창안했다. 오션의 5요인에 그들이 별개의 축이라고 주장하는 6번째 요인, 즉 '정직성 대 겸손성'을 추가한 것이다. 이 모형은 5요인 모형의 신경성을 정서성Emotionality, 개방성을 지성/상상력/비관습성Intellect/Imagination/Unconventionality으로 바꾸었

† 심리학자 존 딕먼과 루이스 골드버그를 비롯한 이들의 강력한 지지를 받고 있다.

요인	행동 특성
정직-겸손성 (H)	'성실한, 정직한, 충실한/충직한, 겸손한, 주제넘지 않은, 공정한' 대 '어리석은, 기만적인, 탐욕적인, 주제넘은, 위선적인, 자랑하는, 뽐내는'
정서성 (E)	'감정적, 과민한, 감상적, 두려움이 많은, 불안한, 취약한' 대 '용감한, 강인한, 독립적인, 자신만만한, 안정적인'
외향성 (X)	'개방적, 활기찬, 외향성, 사교적, 수다스러운, 쾌활한, 활동적' 대 '수줍은, 수동적, 위축된, 내향적, 조용한, 유보적 '
친화성 (A)	'참을성, 끈기, 평화로운, 부드러운, 다정한, 인정 많은, 점잖은' 대 '다혈질, 불화, 고집, 뚱한'
성실성 (C)	'정리 정돈, 자기 관리, 부지런한, 주의 깊은, 철저한, 정확한' 대 '너저분한, 소홀한, 무모한, 게으른, 무책임한, 산만한'
지성/상상력/비관습성 (O)	'지적, 창의적, 비관습적, 혁신적, 역설적' 대 '얄팍한, 상상력 없는, 관습적'
* 지성/상상력/비관습성은 '경험 개방성Openness Experience'이라고도 한다.	

6요인 헥사코 성격 모델

다. (외향성은 헥사코의 X가 된다.) 당연하겠지만, 5요인 체계의 창안자들은 헥사코를 경멸한다. 맥크래는 정직성-겸손성을 친화성과 상관관계가 있는 불필요한 항목이라고 치부한다.†

5요인과 헥사코 같은 성격 모델은 마이어스-브릭스보다 과학적이고, MMPI보다 폭넓으며, 우리 성격을 산뜻하면서 신뢰할 수 있게 분류한다고 약속한다. 둘 다 컴퓨터를 통한 분류에 아주 적합하

† "애시턴의 모델은 기본적으로 5요인 모델의 친화성을 두 요인으로 나눈 뒤, 후자에 정직-겸손성이라는 이름을 붙인 것에 불과하다."[5]

다. 문제는 어느 모델을 고르느냐다. 맥크래와 코스타는 대담하게 주장한다. "지구에 7대륙이 있다는 것이 사실이듯이, 5요인이 존재한다는 것도 그저 경험적 사실이다." 그러나 과학적으로 엄밀하게 따지면 그런 결론은 나올 수 없다. 4체액이 경험적 사실이라고 말할 수 없는 것과 마찬가지다. 이 모델들은 휴리스틱의 산물이다. 5요인과 헥사코는 우리에게 제공되는 두 가지 서로 다른 잣대다. 각 잣대에는 서로 다른 방식으로 눈금이 새겨져 있다. 그러고서는 어느 잣대가 올바른 것인지 판단하라고 한다. 여기에 정답은 없다. 우리는 객관적 현상을 측정하는 것이 아니라, 주관적 측정값 그 자체를 측정하려고 하는 것이다. 각 모델은 성격을 특정한 방식으로 구분하는 데 초점을 맞추면서, 그 모델에 딱 들어맞지 않는 사례들은 무시한다. 성격 모델은 임의적인 것이 아니지만, 취사선택되고 불완전한 것이다. 오션과 헥사코의 옹호자들은 저마다 자신의 견해를 뒷받침하는 행동 연구 자료를 제시하지만, 성격을 개인의 유전자와 신경생물학 차원에서 규명하기 전까지, 과학은 어느 쪽이 옳다고 말할 수 없다. 하지만 논쟁은 어느 한쪽 모델이 다른 쪽 모델보다 더 인기를 끌면 '해소될' 것이다. 아니, 제3의 모델이 둘을 대체함으로써 그렇게 될 가능성이 더 높다.

오션(또는 헥사코) 유형들이 우리의 페이스북 프로필, 기업 인사 기록, 정부 기록 등과 연동된다면 어떻게 될까? 사실 오션과 헥사코는 기업의 직원 연수 때 쓰이며, 마이어스-브릭스 검사도 그렇다. 우리는 친화성에서 낮은 점수를 받았다는 사실을 인사 기록 데이터베이스에 남기고 싶어할까?

일단 오션 같은 한 체계를 골라서 쓰기 시작하면, 헥사코 같은 다른 체계로 전환하는 데 비용이 많이 든다. 사람들을 재분류해야 하는 부담에 직면하므로, 기존 분류 체계가 옳다고 믿어야 할 동기가 강해질 것이다.

현실적으로 우리는 유형들을 대략이나마 분류해줄 체계가 필요하다. 인간은 늘 뭉뚱그려서 일반화한 형태로 말을 한다. 육체적으로든 정신적으로든 세계의 세세한 사항들을 다 처리할 능력이 없기 때문이다. 어느 특정한 분류 체계를 채택하여 특권을 부여하는 일에는 위험이 따른다. 그렇게 할 때, 우리는 어떤 분류 체계를 사용하든 간에 그것이 처리하지 못하는 복잡성을 놓칠 수 있다. 그리고 한 체계를 고수하면 할수록, 그 체계를 수정하거나 더 나을지도 모르는 새 체계로 대체할 가능성은 점점 줄어든다. 그 어떤 4요인, 5요인, 6요인 체계도 인간 심리의 복잡성을 충분히 설명하지 못하겠지만, 새롭게 등장한 체계가 다양성을 보존하는 한편으로 현행 체계가 최종적인 것일 리가 없음을 상기시키기만 한다면, 기존 체계보다 선호되곤 한다.

진단과 통계

'만물의 본질을 이해한다'라는 심오한 감각을 가지고 있는 우리의 마음이 구축하고 받아들일 수 있는 질서 집합이 우주 전체에서 검출되는 모든 가능한 질서 집합과 정확히 일치한다면, 그것이야말로 특별한 일일 것이다. 우리는 그런 일이 불가능하지는 않지만, 매우 있을 법하지 않아 보인다는 점을 인정해야 한다.

—스타니스와프 렘[6]

어릴 때 우리 집 거실 벽은 커다란 책장 3개로 채워져 있었고, 나는 자라면서 거기에 있는 책들을 섭렵했다. 황금기의 과학소설이 많았고, 칼 바크스의 '도널드 덕' 만화책, 『월드북 백과사전*World Book Encyclopedia*』, 맥스 슐먼의 '도비 길리스' 시리즈, 마틴 가드너가 주석을 단 루이스 캐럴의 책도 있었다. 또 훨씬 뒤에야 읽은, 20세기 중반에 출간된 성인용 책들도 있었다. 『형사 서피코*Serpico*』, 『캐치-22*Catch-22*』, 모스 하트의 『제1막*Act One*』에다가 프로이트의 『토템과 금기*Totem and Taboo*』 같은 좀 으스스한 느낌을 주는 제목의 정신의학 책도 있었다. 그러나 나를 가장 당혹스럽게 만든 책은 내가 꽤 많은 시간을 투자한 책이기도 하다. 미국정신의학협회가 내놓은 『정신질환 진단 및 통계편람 3판 개정판*Diagnostic and Statistical Manual of Mental Disorders, 3rd Edition, Revised*』(줄여서 『DSM-III-R』)이었다. 정신의학자들의 성서라 할 만한 책이었다. 이 1987년판 참고서는 작은 활자로 빽빽하게 채워진 데다 분량이 500쪽을 넘었다. 알코올 중독에서 조현병과 식욕 부진에 이르기까지 알려진 모든 정신질환을 일련번호를 붙여서 상세하게 분류하고, 환자가 어떤 장애를 지녔는지 판단하는 상세한 진단 기준도 제시했다. '모든' 정신질환이라고 말하는 이유는 (내가 배운 바에 따르면) 어떤 환자든 간에 정신질환이 있다고 말하려면 『DSM』에 있는 정신질환 꼬리표 중 하나 이상이 붙어야 한다고 요구할 때가 많기 때문이다.

내 부모님은 두 분 다 정신의학자였고, 1980년대는 두 가지 이유로 정신의학에 놀라운 변화가 일어나던 시기였다. 프로작, 졸로프트 등 SSRI 항우울제라는 새로운 물결이 일어났고, 『DSM-III』(1980)와 그 후속판인 『DSM-III-R』(1987)이 진단 혁명을 일으켰다. 어릴 때 나는 집에서 이 혁명들의 두 가지 사례를 접했다. 프로작이나 졸로프트 상표가 붙은 펜, 마우스패드, 포스트잇 통, 펜형 손전등 같은 잡동사니가 잔뜩 있었고, 『DSM-III-R』의 짙은 파란색 표지가 늘 눈에 띄었다.

1980년대 말에 우리 집에는 IBM 호환 컴퓨터(상표명을 대자면 컴팩)와 엡손 도트매트릭스 프린터가 있었다.† 부모님은 컴퓨터를 잘 다루지 못했기에, 정신질환 보고서를 작성할 때 문서 서식을 정하고 철자를 검사하고 인쇄하는 일은 내 차지가 되었다. 우리는 워드퍼펙트 5.1을 썼다. 파란 화면에 입력할 빈 칸만이 보이는, 튼튼

---

† 당시 엡손 프린터를 가지고 있던 사람은 인쇄할 때의 요란한 소리를 기억할 것이다. 한 줄 한 줄 찍어댈 때마다 총을 쏘는 듯한 소리가 들렸다. 밑줄(_____)은 문자와 숫자보다 더 약하고 단조로운 소리가 났다. 영국의 작곡가이자 즉흥 연주자인 휴 데이비스는 1980년대에 도트매트릭스 프린터의 다양한 소리를 이용해 작곡한 작품을 내놓았다.

하면서 간소한 문서 편집 프로그램으로서, 메뉴와 다양한 선택 항목을 고르는 단축키들도 있었다.† 파란 화면은 『DSM-III-R』의 파란 표지와 딱 어울렸다.

아버지는 카운티 보건 부서에서 일했는데, 이따금 주 정부에서 장애자 여부를 판정하는 일에 자문을 했다. 주 정부는 장애자 등록 신청자들에 관한 정보를 전혀 주지 않은 채, 한 차례 면담을 하고서 장애 지원 혜택을 받을 자격이 있는지 여부를 판단하는 데 쓰일 서류를 작성하도록 했다. 임상적 판단을 제대로 내릴 수 있는 상황이 아니었기에, 아버지는 신중하게 평가하면서도 관용적인 입장을 취하려 애썼다. 반면에 주 당국은 덜 관용적인 태도를 취하는 쪽이었다. 그런 상황에서 확실한 평가를 내린다는 것은 불가능했지만, 주 정부는 그런 평가서가 있어야 장애 혜택을 줄 수 있었다. 그 평가서에는 『DSM』 진단 기준이 큰 부분을 차지했다.

아버지는 타자기를 쓰던 습관에 따라 자판을 요란하게 두드리면서 평가서를 입력했고, 신원을 드러낼 만한 모든 정보를 지운 뒤, 내게 컴퓨터 마법을 부려보라고 했다. 나는 밑줄과 굵은 글씨로 적절한 대목을 강조하고, 줄을 맞추고, 서명 칸을 만든 뒤 인쇄를 했다. 이런 자문 보고서에는 알파벳을 순서대로 그리고 거꾸로 외울 수 있는지, 단순한 단어를 제대로 발음하는지, 최근 대통령 5명의

† 몇몇 단축키는 근육 기억을 통해 아직도 내게 남아 있다. F5는 파일 시스템 인터페이스를 불러온다. F10은 현재 문서를 저장한다. F7(그 뒤에 "N"과 "Y"를 치면)는 프로그램을 빠져나간다. F2는 철자 검사기다. 워드퍼펙트는 단축키 스티커를 제공했고, 그 스티커는 여러 해 동안 우리가 쓰는 자판의 기능키 윗줄에 붙어 있었다.

이름을 댈 수 있는지 같은 인지력 평가 결과와 환자의 배경, 증세 등이 요약되어 있었다. 끝에는 예후를 짧게 적었다. '양호'와 '우수'가 많았고 가끔 '주의guarded'가 있었다(아버지는 '양호'의 정반대라고 설명했다). 요약과 예후 사이에는 아주 중요한 진단 부분이 들어갔다. 『DSM』에 규정된 5가지 '축'에 따라서 내린 진단이었다. 이 축은 『DSM-5』에서는 삭제되었는데, 대강 이런 식이다.

축 I : 『DSM』이 정의한 주요 장애의 진단 코드
축 II : 성격 장애와 지적 장애
축 III : 정신질환 이외의 관련 있는 의학적 증상
축 IV : 관련 있는 심리사회적·환경적·상황적 요인들
축 V : 전반적인 기능 평가Global Assessment of Functioning 점수

가장 중요한 항목은 첫 번째와 마지막 축이었다. 아버지는 가운데 축들은 가끔 빈칸으로 놔두어도 그 축들은 꼭 채웠다. 나는 인간의 행동이 그렇게 구체적이고 명확한 방식으로 분류된 것을 그때 처음으로 접했다. 계량적 분석에 막 흥미를 느낄 나이였던 나는 이 기이한 분류 방식에 관심이 동했다. 나와 일면식도 없는 사람들이, 인간에 관해 내가 알고 있는 사항들과 전혀 일치하지 않는 임상 언어로 기술되어 있었다. 또 이 임상 언어는 내가 접근하지 못했던 내밀한 세계도 기술하는 듯했다. 나는 '불안', '경계성', '강박' 같은 용어들을 배웠지만,[†] 그 어느 것도 내가 본 사람들의 행동에 적용되

지 않는 것 같았다. 외국 사투리나 다름없었다.

축 V, 즉 전반적인 기능 평가는 어린 내게조차 단순해 보였다. 점수는 1에서 100까지였는데, 100점은 '우수한 기능', 50점은 '심각한 기능 장애', 20점 미만은 자기 자신이나 남에게 위험함을 뜻했다. GAF는 내게 좀… 막연하다는 인상을 주었다. 그렇지만 곧 막연함이라는 성질 자체가 어떤 역할을 한다는 것을 깨달았다. 그것은 환자의 상태가 얼마나 안 좋은지, 따라서 치료가 얼마나 필요한지를 알려주는 대강의 척도였다. 아버지에게 55점과 56점을 어떻게 구별할 수 있는지 물었더니 못한다고 답했다. 아버지는 실제로도 구분하지 않았다. 누구도 할 수 없었다.

축 I은 훨씬 더 복잡하면서 훨씬 더 흥미로웠다. 진단명에는 정교한 코드가 부여되어 있었는데, 대개 소수점 아래 2자리를 포함하여 5자리 수로 표기되었다. 환자의 서류에 적을 수 있는 가능한 모든 정신질환 진단명을 나열한 것이었다. 외상 후 스트레스 장애, 양극성 장애, 편집성 조현병, 경계성 인격 장애 같은 용어들은 『DSM-III』가 널리 쓰이면서 1980년대에 일상 대화에까지 진출했고, 나는 부모님이 쓰는 코드를 통해서 그런 용어들을 접하게 되었다. 이상했던 것은 그 용어들의 정의였다.

† 사실, 나는 '불안'이라는 단어를 만화 「피너츠Peanuts」에서 배웠다. 특히 주인공 찰리 브라운의 "내 불안들은 불안해"라는 표현을 통해서다. 또다른 주인공 루시는 오랜 세월 동안 많은 미국인들이 정신의학을 대하는 양가적인 감정을 상징하게 되었다. 그러나 내 아버지는 닥터 마부제에서 한니발 렉터에 이르기까지, 대중문화에서 정신의학자들이 너무나 이상하게 그려진다고 한탄했다.

모든 장애에는 숫자가 부여되었지만, 동시에 그 숫자는 오해를 불러일으켰다. 나는 사이언톨로지와 벨리코프스키즘Velikovskyism(1960~70년대에 유행했던 사이비과학—옮긴이 주) 같은 사이비과학을 논박하는 마틴 가드너의 글들을 읽었기에 더 신중한 태도를 가지고 있었다. 나는 수학을 좋아했지만 『DSM』은 수학이 아니었다. 그냥 숫자였을 뿐이었다. 긴장형 조현병에 295.2라는 숫자를 부여한다고 해서 그것이 더 객관적인 꼬리표가 되지는 않았다. 『DSM』이 기준 체계를 써서 진단을 내리는 방식은 악명이 높다. 어떤 장애라는 진단을 받기 위해서 그 장애를 가리키는 모든 표지들을 지닐 필요는 없다. 충분할 만큼만 지니면 된다. 많은 장애는 행동이나 성향을 죽 나열하고서 "다음 7가지 중 5가지", 또는 "다음 10가지 중 적어도 4가지"만 충족시키면 된다고 적혀 있다.

이는 질병이 무엇인지에 대해 내가 가지고 있던 그 어떤 개념과도 들어맞지 않았을 뿐 아니라, 부모님이 정신의학에 대해 내게 설명해준 것과도 들어맞지 않았다. 더 중요한 점은 내가 생각하는 '분류 체계'에 관한 그 어떤 개념과도 들어맞지 않았다는 것이다.† 아버지는 (텔레비전 프로그램, 동전, 만화책, 과학소설 등) 나름 분류에 일

---

† 질병을 분류하는 방법을 '질병분류학nosology'이라고 하는데, 나는 모든 새들 종 각각에 대해 올바른 집단 명사를 쓸 필요가 없는 것처럼 굳이 그런 용어를 쓸 필요가 전혀 없다고 본다. '까마귀 떼murder'와 '까마귀 무리group'는 그저 한쪽은 내집단에서, 다른 한쪽은 외집단에서 쓰는 것일 뿐 똑같은 말이다. '질병분류학'과 '분류학'이나 '분류 체계'도 마찬가지다.

가견이 있었고, 내게는 그런 분류 체계들이 『DSM』보다 훨씬 더 직관적으로 와닿았다. 또 『DSM』의 점검표는 전반적인 지침 역할도 하지 못했다. 적어도 사춘기 이전의 내가 봤을 때, 그중에는 그냥 아무렇게나 적은 듯한 것들도 있었다. 당시의 내가 성격을 제대로 판단할 리가 없었고, 게다가 증상들과 행동들이 전적으로 무작위적인 방식은 아니라고 할지라도, 의아하게 여겨질 만치 이상하게 배열되고 나열되어 있었다. 나는 누가 왜 이런 병을 지니고 있거나 지니고 있지 않은지를 설명하는 어떤 전문적인 논리가 있을 것이라고 가정했는데, 그렇지 않았다.

사람들이 일상생활에서 '강박 장애'나 '조울증' 같은 용어를 쓰기 시작했을 때, 그들은 『DSM』에 실린 냉정한 기준을 거의 염두에 두지 않았다. 『DSM』 범주는 점점 규범적인 것으로 변해갔다. 즉 질병을 진단하는 것에 못지않게 점점 더 경험과 증상을 끼워 맞추는 쪽으로 쓰이게 되었다. 프로이트 정신분석은 성욕을 상징하는 꿈속 장면, 무의식이 자기 자신과 전쟁을 한다는 정신역동 모형, 신경증이 유년기나 사춘기나 성년기의 대개 뒤틀리고 왜곡된 성욕에서 비롯된다는 강력한 설명을 내놓았다. 이런 초기 정신분석 개념들 중 상당수(초자아, 억압, 프로이트식 말실수, 무의식 등)는 은연중에 스며들어서 우리 문화의 떼려야 뗄 수 없는 일부가 되었다. 성적 신경증이라는 프로이트의 매혹적인 개념은 빛이 바랬어도 말이다. 『DSM』이 미친 영향은 그보다 평가하기가 더 어렵다. 정신분석이 일반 대중에게 정신질환을 미화하고 극화했다면, 『DSM』은 정신질환을 분류하고 정량화했다. 정성화에서 정량화로 넘어간 셈이다. 우리는 누군가의 광기를 기술하는 쪽에서 그것에 꼬리표를 붙이는 쪽으로 나아갔다.†

때로 나는 어떤 장애를 살펴볼 때면, 혹시나 내가 어느 정도 그런 증상을 보이는 것이 아닐까 생각하곤 했다. 많은 장애들에 내게도 들어맞는 사소한 기준이 적어도 하나는 있었기 때문이다. 조현병의 기준 중 하나는 '두서없는 말'이다. 나도 때로 앞뒤가 안 맞는 문장을 내뱉곤 하는데, 그럼 나도 조현병일 수 있다는 것일까? '경험을 즐기지 못함'은 많은 장애의 증상이었다! 나는 광기에 얼마나 가까운 것일까? 부모님은 아니라고 말했다. 그들은 임상 평가가 그런 기준을 통해서 이루어지는 것이 아니라, 자신들 같은 전문가들의 합리적인 판단을 통해 이루어진다고 설명했다. 전문가들은 『DSM』에 나열된 항목 중 몇 개 이상에 표시가 되었으니까 정신질환을 앓고 있다는 식으로 진단을 하지 않는다면서 말이다. 나는 그렇다면 그런 진단 범주들의 목적이 무엇이냐고 물었다. 부모님은 돈을 벌기 위한 것이라고 답했다.

여러 해가 흐른 뒤, 나는 나름의 별난 방식으로 『DSM』과 만났다. 26세 때 뉴욕에서 휴가를 보내다가 (아마도) 공황 발작을 겪었

† 꼬리표는 고정된 축약 묘사가 아니다. 한 꼬리표는 상충되는 여러 정의를 지니며, 그 각각의 정의는 겹쳐지는 꼬리표들의 집합이고, 특정한 상황에서 어느 정의가 적용되는지를 판단하는 과정 같은 것도 없다. 꼬리표는 극도로 모호하면서 이리저리 얽히고설킨 것이다. '경계성'이나 '조증'이나 심지어 '아프다' 같은 아무 용어나 택해서 "어떤 의미로 하는 말인가요?"라고 물으면 혼란스러운 상황에 빠지기 마련이다.

다. 나는 저녁에 시 외곽에서 에반 파커의 콘서트를 본 뒤, 기운이 매우 넘치는 친구 페이이와 함께 맨해튼 거리를 엄청난 속도로 질주하여 시내로 가서 키스 로와 도시마루 나카무라의 콘서트를 보았다. 가는 동안 나와 다른 친구인 크리스는 손잡이를 꽉 움켜쥐고 있었다. 두 번째 콘서트가 끝난 뒤, 크리스와 나는 로와 나카무라가 공연했던, 내가 몹시 가고 싶어 하던 클럽인 '토닉' 근처의 중국식당에서 닭고기를 먹었는데 너무 엉망이었다. 덜 익힌 데다가 끈적거리면서 피가 배어나왔다. 크리스는 시 외곽에 있는 자기 집으로 갔고, 나는 호텔로 돌아와 기분 좋으면서 지친 상태로 침대에 누웠다. 그런데 바로 그때 몸에 이상이 나타났다.

낯설면서 소름끼치는 상황에서 시간이 느릿느릿 흘러갔다. 자동차 사고가 일어나기 직전에는 백미러를 통해서 2초 사이에 뒤차가 확 다가오는 장면이 몇 분이 걸리는 양 느리게 느껴진다. 그날 밤 내게 일어난 일은 몇 시간 동안 일어난 것처럼 느껴졌다. 온몸으로 저릿저릿하고 불편한 낯선 느낌이 흘렀다. 팔과 다리, 특히 머리에서 뭔가 어긋나는 듯한 끔찍하고 신체적인 감각이 느껴졌다. 마치 저릿저릿함을 제외한 모든 감각이 사라지는 듯했다. 한 번도 경험하지 못한 새로운 유형의 고통이었다. 예리한 고통도, 둔탁한 고통도, 욱신거리는 고통도, 찌르는 고통도, 긴장도, 열도, 추위도 아니었다. 나는 여전히 내 몸 안에 있었지만, 내 몸은 훨씬 더 적대적인 곳이 되어 있었다. 고통을 받지 않는 데도 느끼는 고통이었으며, 내가 알고 있던 그 어떤 것과도 비교할 수 없지만, 놀라울 만치 불쾌하고 지속적인 감각이었다. 머리가 빙빙 돌았다. 나는 무슨 일이 일어나고 있는지 알 수 없었다. 게다가 뉴욕에 나 혼자였다. 나는 911에 전화를 걸었다.

구급차에 실려 가면서 구급대원에게 곧 죽을 것 같다고 말했던 일이 기억난다. 그는 자신이 죽어가고 있다고 말하는 사람은 결코 죽지 않는다고 말해주었다. 그 말을 들으니 좀 안심이 되긴 했지만, 죽어가고 있다는 생각을 떨쳐내지는 못했다. 나는 크리스에게 전화를 걸어서 닭고기가 상했는지도 모른다고 하면서 병원에 실려 가는 중이라고 말했다. 나는 아내와 어머니에게 메시지를 남겼다. 죽을 것 같은 느낌은 가라앉지도 더 심해지지도 않은 채 지속되었다. 나는 계속 긴장을 늦추지 않은 채 다음에 어떤 일이 일어날지 기다렸다. 나는 공황 상태에 빠졌지만, 이성을 잃지는 않았다. 나는 현재의 상황에 집중하면서 누구와 접촉하고 무슨 말을 하는지를 파악하려고 애썼다. 아내와 어머니에게 사랑한다고 말했는지 확인했다. 지금 죽는다면 너무 아쉬울 것이라고 생각했다. 최근에 일이 잘 되어가고 생활도 나아지고 있었기 때문이다.

얼마 뒤, 나는 응급실의 들것 위에 누워 있었다. 느낌은 조금 나아져 있었다. 끔찍한 기분은 여전했다. 하지만 처음의 끔찍한 느낌과 그 직후에 찾아온 죽을 것 같은 공포감을 구별하기가 더 어려워졌다. 살겠구나 하는 생각이 들기 시작했다. 간호사가 EEG를 비롯한 활력 징후들을 검사했다. 모두 정상이었다. 크리스가 찾아와서는 내 메시지를 듣고서 너무 놀랐으며, 정신을 차리기 위해 칫솔을 목으로 집어넣어 먹은 것을 다 토했다고 했다.

"내 목소리가 어땠어?"

"죽어가는 것처럼 들렸어."

나는 지금은 그런 생각이 안 든다고 말했다. 당직 의사가 오더니, 공황 발작이라고 말했다. 상황을 볼 때 그럴 가능성이 가장 높다고 했다. 아내에게 전화를 했더니 내가 살아 있다는 소식에 무척 안도했고, 어머니는 정말로 공황 발작이 맞는 것 같다고 했다. 내가 공황 상태에 빠질 일은 전혀 겪지 않았다고 하자, 어머니는 공황 발작이 그런 식으로 일어나는 것이 아니라고 했다. 공황은 존재의 상태이지, 마음의 상태가 아니었다. 크리스는 호텔까지 함께 가서 밤새 나를 돌봤다. 아침에 깨어나니 몽롱하고 기분이 이상했다. 마치 머리를 짓누르던 압력이 사라진 듯했다. 하지만 끔찍한 기분은 거의 사라진 상태였다.

그날 밤 내가 뭐에 사로잡혔는지 지금도 묘사하기가 쉽지 않다. 내가 아는 한 그 감각을 시각적으로 가장 잘 묘사한 것은 피터르 판데르 헤이덴이 브뤼헐의 〈성 안토니우스의 유혹The Temptation of Saint Anthony〉을 토대로 새긴 판화다. 강에 거대한 머리가 떠 있는데, 혼란에 빠진 상태에서 초현실적인 고문 속에 익사하고 있다. 내 시야는 바뀌지 않았지만, 그 판화는 내가 겪은 감각 손상과 신체 자율성의 상실을 포착하고 있다. 세상은 달라지지 않는다. 그저 끔찍하게 잘못되었다는 걱정만 있을 뿐이다. 살아가고 경험하는 평범한 수동적인 행위가 고통스러워지는 것이다.

〈성 안토니우스의 유혹〉, 피터르 판데르 헤이덴이 브뤼헐의 그림을 토대로 새긴 판화.

내게 무슨 일이 있었던 것일까? 당시의 최신판인 『DSM-IV-TR』(4판 개정판)에는 다음 증상들 중 4가지 이상에 해당하면 공황발작으로 진단한다고 실려 있다.† 그날 밤 내가 겪은 증상은 굵은 글자로 표시했다.

1. 가슴이 두근거리거나 심장 박동이 빨라짐

2. 식은땀

† 『DSM-5』는 두려움과 관련된 두 증상이 마지막에 오도록 순서를 재배치했을 뿐, 나머지는 『DSM-IV-TR』과 동일하다. '미쳐간다'라는 말도 넣었다. 또 이렇게도 덧붙였다. "문화적 특성을 띠는 증상들(이명, 목통증, 두통, 저절로 튀어나오는 비명이나 울부짖음 등)도 나타날 수 있다. 그런 증상들은 요구되는 4가지 증상 중 하나로 보아서는 안 된다." 나는 그런 증상들이 왜 문화적 특성을 띤다는 것인지 모르겠지만, 어쨌든 나는 정신의학자가 아니다.

3. 덜덜 떨림

4. 호흡이 가빠지거나 숨이 막힘

5. 목이 졸리는 느낌

6. 가슴 통증이나 불편함

7. 욕지기나 배앓이

8. 졸리거나 불안하거나 몽롱하거나 기절할 것 같은 느낌

9. 비현실감이나 자신과 분리되었다는 느낌(이인증)

10. 통제력을 잃거나 미쳐간다는 두려움

11. 죽어간다는 두려움

12. 저리거나 간질이는 느낌(감각이상)

13. 오한 또는 얼굴 홍조

5가지 증상에 해당하므로, 내 경험은 (가까스로) 공황 발작이라고 할 수 있었다. 그러나 나는 그 진단에 만족하지 못했다. 증상이 두 단계에 걸쳐서 찾아왔었기 때문이다. 내가 신경 교란이라고 부른 최초의 끔찍한 느낌이 첫 단계였다. 내 몸이 내게 이질적이면서도 외견상 부정확한, 수수께끼 같고 끔찍한 감각을 마음에 전달했다. 신경 교란 단계는 위의 증상 목록에서 기껏해야 마지막 두 증상만을 가지고 있었다. 저림과 오한이었다. 그밖에 모든 증상은 좀 더 뒤에 찾아왔고, 그것은 본질적으로 신경 교란의 일부가 아니라 신경 교란에 관한 내 걱정의 산물임이 명백했다. 그렇다면 신경 교란 자체가 공황 발작이었을까, 아니면 공황 발작의 원인이 신경 교란이었을까?

몇 주 뒤 다시 신경 교란이 찾아왔다. 이번에도 같은 수준의 끔찍한 느낌이 들었지만, 나는 내가 죽어가는 것이 아니며 어떤 실질적인 위험이 있는 것도 아님을 알고 있었다. 나는 의자에 앉아서 눈을 감고 천천히 호흡을 하면서 이 기이한 감각을 추적하려고 애썼다.[†] 그 감각은 내 머릿속에서 저절로 진동하면서 뒤틀렸다. 끔찍한 20분이 지나자, 신경 교란은 서서히 잦아들었다. 이번에는 오한도 찾아오지 않았다. 아마 뉴욕에서보다 방 안이 좀 더 따뜻했기 때문이었을 것이다. 뭐라고 설명할 수 없는 신경 교란과 함께 저릿저릿하면서 간질거리는 감각도 일어났다. 가슴 통증은? 없었다. 과호흡 증세는? 없었다. 생각이 마구 줄달음치는 일은? 없었다. 사실 나는 신경 교란의 핵심 요소들을 관찰할 수 있도록 가능한 한 가만히 있으려고 애썼다.[‡] 그 뒤로 몇 달 동안 이런 사건들이 드물게 일어나다가 마침내 사라졌다. 그런 일은 대개 저녁이나 밤에, 때로는 자다가 일어났고, 일하거나 활동하고 있을 때에는 거의 일어나지 않았다. 스트레스를 일으키는 일들과 어떤 식으로든 관련이 있다고 할지라도, 나는 그 패턴을 찾아낼 수가 없었다.

---

† 감각과 감정은 어떻게 다를까? 프랑스어는 둘을 묶어서 그냥 상시빌리테sensibilité라고 부른다. 감수성 자체보다는 감각에 좀 더 가까운 의미이긴 하다. 그리고 어쨌든 모두 신경의 화학작용에서 비롯되므로, 그 구분은 다른 어떤 이유가 있어서라기보다는 그저 관습에서 비롯된 것처럼 보인다. 고통이 감정일까? 나는 무겁게 짓누르는 슬픔의 무게와 가슴을 찔러대는 듯한 죄책감에서 비롯되는 절망감을 구별할 수 있지만, 둘 다 생화학적 우울증의 사악하고, 거역할 수 없고, 타협할 수도 없는 압도적인 공격과는 거리가 멀다.

데이비드 B.의 『간질』에 실린, 간질 환자가 세상과 맺는 관계를 신화적·상징적으로 묘사한 그림.

한 심리학자는 내게 뉴욕 일화는 공황 발작이 맞으며, 그것이 내가 처음이자 마지막으로 겪은 공황 발작이라고 말했다. 나는 항변했다. 내가 처음에 죽어간다고 생각했다는 사실만으로 그렇게 평가를 다르게 내릴 이유가 될까? 나는 쇄도하는 기이하고도 불쾌한 느낌에 내 자신을 내맡기면 공황 상태에 빠지리라는 것과, 내가 더

‡ 나는 불교철학자 나가르주나와 그의 공空 철학에 잠시 몰두한 적이 있는데, 우리가 경험하는 현상이 근본적으로 우연한 것이라는 불교의 견해는 내 뇌와 몸이 내게 일으키는 기이한 현상들로부터 거리를 두는 데 큰 도움이 되었다. 비록 우리와 통제 가능하고 평범한 세상 경험 사이의 연결이 아주 미약하다는, 덜 유익한 가르침도 주었지만 말이다. 예를 들어, 우리는 견딜 수 없는 고통이나 광기로부터 (그나마 우리의 몸 덕분에) 겨우 몇 발짝 떨어져 있을 뿐이다. 데이비드 B.의 그래픽소설 『간질*Epileptic*』은 일관성의 끈이 끊어진 상황을 비참하면서 신비하게 그리고 있다. 심리학자 루이스 새스는 『망상의 역설*The Paradoxes of Delusion*』과 『광기와 모더니즘*Madness and Modernism*』에서 이런 문제들과 그것들이 언어를 통해 왜곡되는 양상을 예리하게 간파했다.

이상 그렇게 되도록 방치하지 않는다는 것을 잘 안다고 그에게 말했다. 그에게 흡족한 대답을 들을 수는 없었다. 그의 말이 맞다면 나는 공황 발작을 잇달아 겪은 것이 아니라, 『DSM』 범주들 사이의 틈새에 놓인 뭔가를 겪고 있었던 셈이다. 온갖 관찰 장비들을 몸에 붙인 채 신경 교란을 겪은 적이 없으므로, 아마 내가 겪은 일은 나와 과학에 수수께끼로 남아 있을 것이다. 어머니는 특이한 유형의 편두통이었을지도 모른다고 말한 적이 있다. 어머니의 견해는 근거가 있었는데, 내가 살면서 자주 겪었던 미약한 두통이 (편두통과 으레 연관 짓곤 하는 조짐이나 더 심각한 특징들이 없었음에도) 편두통인 것으로 밝혀졌기 때문이다. 그러나 신경 교란은 내가 두통이라고 생각하는 그 무엇과도 연결 고리가 없었다. 두통은 훨씬 더 익숙한 형태의 통증이었다. 나중에 나는 신경안정제를 소량 투여하면 신경 교란이 일어나는 시간이 줄어든다는 것을 알아냈는데, 이는 공황 발작이 신경 교란의 원인임을 암시한다. 『DSM』은 내가 겪은 것이 공황 발작이 아니라고 하긴 하지만 말이다.

나는 내 내면의 경험을 타인에게 보여주지 못한다는 사실 때문에 큰 좌절감을 느꼈다. 나는 진단의 기준이 불합리하다고 생각했고, 그 기준에 대한 의사들의 집착도 불합리하다고 생각했다. 그러나 숫자와 기준을 통해 명확한 것처럼 보이게 함으로써, 『DSM』에 기반한 진단이 겉모습이나마 과학적 객관성을 지니게 되었다는 것은 부정할 수 없다. 그리고 사실 『DSM-III』는 바로 이 문제를 해결하기 위해 나온 것이었다. 『DSM』은 내 신경 교란 치료를 방해하지 않았다. 그저 그것을 분류하지 못했을 뿐이다.† 정신의학의 가장 큰 공헌은 정신질환에 인간성을 부여하고 예전보다 더 나은 대우를 받을 수 있도록 했다는 데 있다. 이 과정은 느리게 진행되었고 많은 실수와 끔찍한 일도 있었지만, 프로이트 이전 시대에 비해 지금 우리는 정신질환을 훨씬 더 연민 어린 시선으로 본다. 하물며 프로이트와 그 후계자들의 이론적 연구(조이스가 『피네간의 경야』에서 "융프로이트의 메송북Jungfraud's Messongebook"이라고 한 것)는 과학적 검토를 견뎌내지 못했다.

정신요법psychotherapy이 미국에서 주류로 부상하고 체계를 갖추어갈 때, 의료 당국은 그 요법에 진단이 빠져 있다고 비판했다. 상당히 일관적인 패턴을 보이는 극단적인 형태의 망상형 조현병이 있다는 것은 분명했지만, 덜 심각한 질환에 대해서 정신요법은 환

---

† 이 책에 짧게 요약한 『DSM』의 역사는 주로 도널드 굿윈, 새뮤얼 거즈, 앨런 프랜시스, 게리 그린버그, 마이클 앨런 테일러, 에드워드 쇼터, 데이비드 힐리의 글을 토대로 했다. 『DSM-III』의 필요성을 주장했고 그 편찬 작업에 관여했던 굿윈과 거즈, 『DSM-IV』의 설계자였고 나중에 『DSM-5』의 주요 비판자로(로버트 스피처와 함께) 돌아선 프랜시스를 제외하고, 그들은 모두 『DSM』을 탐탁지 않게 여겼다. 균형된 시각을 갖고자, 나는 『DSM-5』의 설계자인 대럴 레지어, 윌리엄 카펜터, 헬레나 크래머 같은 사람들이 『DSM』 방법론을 옹호한 글들도 읽었다. 비전문가인 내가 볼 때, 그들은 현행 『DSM』 분류 체계가 근본적으로 타당성이 결여되어 있다는 비판자들의 심각한 문제제기에 제대로 논박하지 못하고 있다. 이 논쟁에 뛰어들겠다는 뜻이 아니다. 약물의 과잉 처방이 이루어지고 있는지를 둘러싼 논란은 불합리한 분류 체계에 기대서는(또는 그런 분류 체계를 근거로 공격해서는) 해소되지 않을 것이다. 환자가 프로작을 먹고서 나아졌다고 느낀다면, 환자가 정신질환이 있느냐 여부가 아니라 그 처방이 믿을 만하고 안전한지 여부가 중요한 문제가 된다. 『DSM』의 역사는 주로 비판자들의 글에서 많이 다루고 있으므로, 여기서는 비판 중에서 논란이 많고 주관적인 측면은 가능한 한 빼려고 노력했다.

자에게 정확히 어떤 문제가 있는지를 요약하여 제시하지 못했고, 여러 정신의학자들이 동의할 믿을 만한 진단명도 내놓지 못했다. 한편 『DSM-II』는 동성애를 사디즘, 마조히즘, 복장도착증 같은 "성적 일탈Sexual Deviations" 질환들과 함께 정신질환이라고 분류함으로써 악명을 얻었다. 또 "신경쇠약증", "정신병적 우울 반응", "갱년기 우울증" 같은 자의적인 병명도 만들었다. 동성애 질병 분류 코드는 정량적인 접근법을 취한 정신의학자 로버트 스피처의 노력에 힘입어서 1973년에 삭제되었지만, 사회적 논란을 덜 불러일으키긴 해도 터무니없을 만치 모호하고, 겹치고, 때로 일관성도 없는 질병 범주들이 많다는 사실이 점점 뚜렷해졌다.

『DSM-II』는 스피처의 주도로 전면 개정 작업을 거쳐서 『DSM-III』가 되었다. 이 편람은 1980년에 출판되었다. 『DSM-III』는 『DSM-II』의 용어를 싹 정리하고 정신질환을 더 논리적이고 체계적인 범주로 분류했다. 그러나 『DSM-III』는 여전히 『DSM-II』의 분류 체계를 토대로 했다. 사실 정신질환을 전체적으로 우울증 같은 정동 증후군, 조현병 같은 정신병, 경계성 장애 같은 인격 장애로 나눈 『DSM-II』의 체제는 『DSM-III』에서도 그대로 유지되었다. 대신 『DSM-III』에서 이루어진 혁신은 진단에 기준을 도입했다는 것이다. 『DSM-II』는 각 증후군에 대한 일반적인 기재 사항만 실었기에 환자가 어떤 질환을 앓고 있는지를 각 의사가 판단해야 했다. 『DSM-III』는 정신의학자에게 환자의 증상과 일반적인 기재 사항이 들어맞는지 맞춰보라고 요구하지 않았다. 대신에 행동 표지들을 통해서 진단을 내리도록 했다. 앞서 말한 '7가지 중 5가지' 방식이었다. 질병을 분류하는 체계를 실질적으로 개선했는지 여부를 떠나서, 『DSM-III』는 훨씬 더 중요한 일을 해냈다. 진단의 재현 가능성을 허용하고, 재현할 수 없으면 그 이유를 설명하는 것이 가능해졌다. 두 정신의학자가 환자의 진단에 동의하지 않으면, 그냥 진단 기준의 목록을 하나씩 차례대로 확인하면서 어느 표지가 충족되는지를 살펴보면 되었다. 마찬가지로 중요한 한 가지는 『DSM-III』 덕분에 환자 집단을 대상으로 정량적인 연구가 가능해졌다는 것이다. 어느 정신의학자가 새 치료법이 특정한 질병에 효과가 있는지 알아보고 싶을 때, 이제는 『DSM-III』 분류 체계에 따라서 그 질병의 진단을 받은 환자들을 대상으로 연구를 할 수 있었다. 이 변화는 1986년 프로작을 시작으로 제약 업계가 호황을 누리는 데 중요한 역할을 했다. FDA는 구체적인 진단명에 맞춰서 약물이 처방되도록 요구했기 때문에, 『DSM-III』의 표준화에 힘입어서 정신질환 치료제는 주류 시장으로 진입할 수 있었다. 이제 중증 정신질환자들뿐만 아니라, 증상이 덜한 사람들까지도 진단하기가 훨씬 쉬워졌다.

이 변화는 정신분석이 정신약리학으로 전환되는 계기가 되었다. 사적이면서 재현 불가능한 대화를 통한 개별적이고 예측할 수 없고 무정한 정신분석 과정은 표준화한 정량적인 치료 체계에 잘 들어맞지 않았으며, 따라서 점점 커져가는 건강 보험 시장에도 적합하지 않았다. 물론 부유한 이들은 여전히 정신분석을 이용했다.

정신분석이 거의 문화적 상징이 된 뉴욕 같은 곳에서는 더욱 그러했다.† 하지만 그 외의 사람들은 『DSM-III』 덕분에 정신질환을 중증 병리나 프로이트적 분석의 대상으로 보지 않는 새로운 유형의 정신질환 치료를 받을 수 있게 되었다. 이제 일상생활에서 겪는 신경증을, 여느 신체적 증상을 치료하듯이 정량화하고 치료할 수 있었다.

정신질환의 과잉 진단과 부풀리기를 우려하는 목소리들이 들리고 있긴 하지만, 문제는 진단의 빈도 자체가 증가한다는 것이 아니라 그렇게 이른바 '정신질환자'가 점점 늘어날 때 사회가 어떻게 대처할 것인지다. 여기서 의사와 제약회사 모두 할 말이 많다. 『DSM-IV』의 설계자인 앨런 프랜시스는 이렇게 말한다.

> 제약 산업의 사업 모델은 질병의 영역을 확장하는 데 달려 있다. (…) 진짜 문제는 『DSM』 진단과 FDA 약물 기재 사항 사이의 교차점에서 시작된다. 어떤 약물이든지 진단이 많이 내려지는 『DSM』 질병에 적용될 수 있도록 승인을 받고 나면 훨씬 더 잘 팔린다. 이는 악순환을 일으켰다. 가장 진단이 많이 내려지는 질병을 치료하는 쪽으로 신약 개발이 점점 더 집중되기 때문이다. 본래 더 약한 질병이 더 많이 진단되는 경향이

---

† 내가 살아본 곳 중 사람들이 정신분석 치료사 및 그들과의 관계를 공개적으로 이야기하는 곳은 뉴욕밖에 없다.

있으므로, 그 결과 과잉 치료가 이루어지는 경향이 나타난다.[7]

『DSM』 범주의 애매함도 이 순환을 더 악화시킨다. 그 범주들은 해부학적 또는 신경생리학적 실체에 토대를 둔 것이 아니라 여러 해에 걸쳐 정신의학자들 사이에서 형성된 모호한 합의를 그냥 이어받은 것이기 때문에, 이를 활용한 진단은 이를테면 심장질환처럼 확고한 토대를 지니고 있지 않다. 동료들로부터 받는 압력과 제약회사로부터 받는 경제적 압력은 이런 범주들을 환자에게 최선이 되지 않는 방향으로 돌릴 수도 있다. 아동 양극성 장애는 이 악순환이 어떻게 재앙으로 치닫는지를 잘 보여준 사례다. 이 병명은 기존 ADHD 진단을 보완한다는 차원에서 나온 새로운 진단명이다. 하버드 대학교 교수인 마샤 에인절의 말을 들어보자.

하버드 의대 정신의학 교수이자 매사추세츠 종합병원의 소아정신약리학과장으로 있는 조지프 L. 비더먼의 사례를 들어보자. 주로 그의 노력에 힘입어서, 이제는 생후 2년밖에 안 된 아이도 양극성 장애 진단을 받고 강력한 약물 칵테일로 치료를 받고 있다. 이 약물 중 상당수는 아동 치료용으로 FDA 승인을 받지 않았으며, 게다가 10세 이하의 아동에게 처방할 수 있도록 승인을 받은 약물은 단 하나도 없다.

비더먼은 아동 양극성 장애 치료라는 자신의 주장을 뒷받침하기 위해 자신의 연구 결과들을 제시했는데, 〈뉴욕 타임스〉

가 자문을 구한 전문가들의 견해를 요약하면 이렇다. "실험이 너무나 소규모이고 엉성해서 결론이 매우 모호하다."[8]

에인절은 비더먼이 제약회사로부터 160만 달러를 받았다는 사실이 알려지면서 추문이 터졌다고 전한다. 아동 양극성 장애라는 진단을 받은 아이들에게 처방되는 바로 그 약물들을 만드는 회사들도 포함되어 있었다. 진단이 처방으로 이어진 것이 아니라, 정반대로 처방이 진단을 유도하고 있었다. 정신의학적 꼬리표는 특정한 방향으로 붙으라는 부추김을 받아왔다. 더 이익이 나는 방향으로 말이다.

기계 정신의학

프로이트는 고대 신화에 과학적 설명을 제시한 것이 아니다. 그가 한 일은 새로운 신화를 내놓은 것이다.

—루트비히 비트겐슈타인

『DSM-III』의 불연속적인 분류 체계는 컴퓨터와 잘 들어맞았으며, 최신 개정판인 『DSM-5』는 정신질환을 더욱 정량화하려는 욕구에 이끌려(또는 잘못 이끌려) 나온 결과물이다. 앨런 프랜시스는 저서 『정신병을 만드는 사람들*Saving Normal*』에서 『DSM』의 기존 범주를 다듬으려는 시도가 특수한 이해관계를 개입시키지 않음에도 타락을 일으킨다고 말한다.

> 우리는 『DSM-IV』를 성서가 아니라 안내서, "진짜" 질병들의 목록이 아니라 잠정적으로 구성한 유용한 진단명의 집합이라고 보았다. 우리는 『DSM-IV』 서문에 이 점을 명확히 밝히고 『DSM-IV 가이드북』에서 더 상세히 설명하려고 노력했다. 불행히도 나는 과연 그 서문을 읽은 사람이 있을지 확신할 수 없으며, 『가이드북』을 읽은 사람은 거의 없으리라는 것을 안다.[9]

『DSM』이 진짜 질병의 목록이 아니라면, 양극성 장애와 경계성 장애 같은 목록이 임상적으로 어느 정도까지 적용되고, 어느 정도까지 진짜인 양 연구되고 있는지를 우리는 알 수 없다. 『DSM』 코드를 처리하는 컴퓨터는 그 질병들이 진짜인지 여부를 모르는 것은 확실하다.

2012년 〈캐나다의학협회지〉에 한 학년 내에서 생일이 더 늦은 아이일수록 ADHD 진단을 받을 확률이 훨씬 더 높다는 연구 결과가 실렸다. "12월에 태어난 남아가 1월에 태어난 남아보다 ADHD 진단을 받을 확률이 30% 높았고, 12월에 태어난 여아가 1월에 태어난 여아보다 ADHD 진단을 받을 확률이 무려 70%나 높았다."[10] 가족치료사 조앤 리퍼섹은 미성숙을 ADHD로 잘못 진단하는 사

례가 많다고 주장한다.[11]

아동 양극성 장애가 진짜 진단이 아니라면, ADHD도 올바른 진단명이라고 장담할 수 있을까? 복합적인 장애이거나 아예 장애가 아닌 것일 수도 있지 않을까? 에드워드 쇼터 같은 『DSM』 반대자들이 제시하는 대안 패러다임이 아니라, 현행 『DSM』 범주들을 고수할 이유가 과연 있을까? 조증, 우울증, 양극성 장애는 서로 다른 질병일까, 아니면 쇼터가 크래펠린병Kraepelin's disease이라고 부른, 기분 장애나 '우울 증후군'의 여러 측면일까?[12] 결정적인 신경생물학적 증거가 없는데, 과연 그런 문제들을 판단할 방법이 있을까?

프랜시스는 『DSM』을 대폭 수정하면 신경생물학에 더 확고히 토대를 두는 데 도움이 되기는커녕 진단명의 수만 늘어나서 진단이 더 모호해지는 상황이 벌어질 것이라고 보면서, 보수적인 접근법을 옹호했다. 그래서 『DSM』을 잠정적으로 사용하면서 진단을 덜하고 치료를 덜하라고 조언한다. "『DSM-5』의 올바른 목표는 근거 없이 진단과 치료를 확장하는 것이 아니라, 진단을 억제하고 축소하는 것이 되었어야 한다."[13] 그러나 이 부분에서 그는 기존 범주들이 미흡하므로 더 정확하게 다듬자는 야심을 드러낸 『DSM-5』 주도자들과 맞섰다. 그리고 컴퓨터가 『DSM』 이야기에 들어오는 것도 바로 이 부분이다.

컴퓨터는 말썽 많은 이 『DSM』 최신 개정판을 빚어낸 배후 추진력이었다. 1999년에 『DSM-5』의 구상이 나온 뒤, 회장인 대럴 레지어를 중심으로 한 미국정신의학협회 『DSM-5』 집필진은 범주 분류 방식 대신에 차원 척도를 쓰는 새로운 진단 방식을 채택하려는 원대한 야심을 가졌다. 예/아니오 기준이 아니라, 차등 척도(얼마나 우울한가요? 조현병이 얼마나 심각한가요?)를 써서 진단을 하자는 것이었다. 레지어와 앨런 섀츠버그를 비롯한 『DSM-5』 집필진은 2009년 공동 논문을 통해 프랜시스의 주장에 반박했다.

> 최근 〈미국정신건강의학회지〉 논문에서 밝혔듯이, 차원 평가 방식으로 정신병리학을 개념상으로 재편하는 것이야말로 우리 분야를 발전시킬 가장 현실적이면서 증거에 토대를 둔 방식이다.[14]

여기서 언급된 2009년의 논문은 이 공동 논문의 저자들 중 두 명이 쓴 것인데, 증거는 전혀 제시하지 않은 채 차원 척도가 더 낫다고 주장했다.

> 우리의 당면 과제는 오류 없는 성서가 아니라, 과학 가설처럼 진단 기준을 지속적으로 검증하도록 도모하고 임상 진료를 발전시킬 수 있는 진단 체계 진화의 기본 틀을 세우는 것이다. 『DSM-V』의 임상적 및 과학적 유용성을 개선하는 데 가장 중요한 전제 조건은, 현행 진단 범주들의 경계를 초월하는 상위 차원들과 폭넓은 진단 범주 내에서 증상들을 평가하는 단일한 차원 척도를 도입하는 것이다.[15]

쉽게 말하면 차원 척도가 『DSM』에 중요한 개선이 될 것이라는 주장이다.† 차원 척도를 옹호하는 주장은 『DSM-5』의 설계자 중 한 명인 헬레나 크래머가 공동 저술한 2006년 논문을 근거로 삼는 경향이 있었다. 크래머는 스탠퍼드 대학교 정신의학과의 생물통계학자로서, 의학이 아니라 통계학이 전공이다. 차원 척도는 『DSM-5』에 제대로 도입되지 못했기에, 나는 이 논쟁을 굳이 다루지 않으련다. 내 관심사는 정량화의 확대가 이렇게 차원 척도로 옮겨가려는 시도의 암묵적인 근거라는 점이다. 크래머는 진단을 가능한 한 예측 가능하고 표준화된 과정으로 만들고자 애썼다. 그녀는 차원 척도가 그 해답이라고 보았다.

> 〔차원 척도는〕 통계적 검증력 향상, 예측의 유효성 향상, 더욱 집중적인 치료, 유전적 연구 및 행동 연구 기회의 확대 같은 새로운 이점들을 제공한다.[17]

이런 '이점들'은 몇 가지 공통점을 지닌다. 모두 의사 개인의 주

† 『DSM-5』 주도자들의 아연실색케 하는 말들은 전임자들의 상당히 솔직한 저술들과 대조적이다. 레지어의 동료인 윌리엄 카펜터의 변명도 마찬가지로 모호한 표현으로 내용이 빈약하다는 점을 가린다. "『DSM-V』의 도전 과제는 병리학 분야에서 쓰이는 접근법이 증상의 진단 범주를 보완할 수 있는지 여부다. 이는 새로운 패러다임(병리학 분야)을 도입하고 그 과학 분야를 이질적인 증후군들을 해체하는 쪽으로 빠르게 나아가게 한다."[16] '해체한다'라는 단어는 거의 언제나 혁신적인 마음 자세를 지닌다는 것을 알리는 상징 역할을 한다. '패러다임'이라는 단어까지 쓰면 더더욱 그렇다.

도적인 판단을 제약한다는 것이다. 또한 정신의학이 지금까지 제공해온 것보다 더 탄탄한 기반을 지닌 과학에 호소하며, 모두 컴퓨터를 요구한다. 크래머가 인용한 통계 분석과 연구 기회 모두 치료의 신뢰성과 효용성을 평가하기 위해 데이터의 집합을 필요로 한다. 목표는 대규모(그리고 소규모) 데이터 집합의 충실도를 높임으로써, 통제되지 않은 현장 연구들이 훨씬 더 정확하게 수행될 수 있도록 지침을 제공하는 것이다. 그러면 그런 연구들로 통제된 실험을 보완할 수 있을 것이다. 크래머는 기존『DSM』범주들이 일으키는 "임상 정보의 상실"을 한탄했다.

> 오로지 증상과 증후군을 더했을 때 정해진 문턱을 넘어서느냐를 기준으로 환자라는 꼬리표를 붙이는 방식은 본질적으로 임상 정보의 상실을 가져온다. 그 결과 임상적 데이터 및 통계적 데이터를 얻는 데 한계가 있다는 것이 바로 범주 체계의 가장 큰 단점일 것이다.[18]

각 환자를 이해하려면, 의사의 진료 기록을 읽거나 설명을 들어야 할지 모른다. 그러나 크래머에게 '임상 정보'는『DSM』범주를 통해서 표현될 수 있는 것만을 말한다. 지극히 정량적인 것이다. 크래머는 환자의 자료를 컴퓨터에 입력하는 데 초점을 맞추며, 더 나아가 컴퓨터가 임상 판단을 하는 미래를 내다보기까지 한다.

체계적인 면담과 설문 조사 방법을 개발하여 『DSM-V』에 포함시켜 제공한다면, 임상 자료와 역학 자료를 수집할 때 일관성을 더 확보할 수 있을 것이다. 관련된 증상 데이터를 모으는 용도의, 환자 스스로 적는 설문지도 개발할 수 있다. 사용자가 응답을 종이로 할지 컴퓨터로 할지 선택하도록 한다면 그런 설문 조사의 혜택이 더 커질 것이다. 컴퓨터를 이용한 면담이 대면 면담보다 더 솔직한 대답을 이끌어낸다는 증거가 상당히 많다.[19]

따라서 크래머의 목표는 의사가 없이도 진단이 가능할 수 있는 수준까지 진단 과정 자체를 정량화하는 것이다. 진단은 학교에서 받는 표준화된 시험과 다름없어진다. 그러면 수집되는 데이터가 균일해지고 의사의 잠재적 편향이 제거된다. 불행하게도 그런 일은 불가능하다. 크래머는 "유전적 분석 등의 통계적 검증력을 높이는 데 쓸 수 있도록 범주 정의를 고스란히 반영하는 차원 척도"를 쓰자고 주장한다.[20] 그러나 범주 자체가 잘못되어 있다면, 그것들을 나열하여 스펙트럼으로 만든다고 한들 결코 더 나아지지 않을 것이다. 범주는 더 임의적이게 되고 그것을 낳은 일상 현실과 더 동떨어지게 될 것이다. 정신요법 치료사 게리 그린버그는 『DSM-5』 집필진이 딱하면서 때로 우스꽝스럽기까지 한 결과물을 내놓았다고 말한다.[21] 그는 집필진이 때로 무엇을 이루고자 하는지를 놓고서도 의견 차이를 보이곤 했으며, 범주들이 현실과 동떨어져 있기에 계속 좌절을 겪곤 했다는 것이다.

『DSM-5』 계획은 무산되지 않았다. 그 이유는 단지 그것이 문화적 구성물이기 때문이다. 우리는 삶을 꾸려나가려면 문화적 구성물이 필요하며, 없으면 만들어내야 한다. 물론 『DSM-5』는 충돌하는 몇 가지 이해관계들을 동시에 충족시킬 수는 없었다. 지금의 『DSM』은 의사의 진단, 보험 업무, 종단적 연구, 약물 규제 등에 쓰인다. 로버트 스피처와 동료들은 한 가지 주된 목적을 염두에 두고서 『DSM-III』를 편찬했다. 의사들이 두루 쓸 수 있도록 진단을 표준화한다는 것이었다. 그러나 분류 체계가 너무나 잠정적이었기에, 『DSM』이 그 목표를 얼마간 충족시켰다고 해도, 『DSM』이 활용되고 있는 다른 여러 목적에도 적합했다는 의미는 아니다. 지금도 그렇다. 이해관계와 원칙이 저마다 다르기에 합의를 이룬다는 것은 불가능하다. 이런 잠정적 범주들을 다른 방향으로 잡아당겨서 다른 목적에 끼워 맞추려는 사람들 사이의 줄다리기는 계속될 것이며, 어느 한 방향이 "옳다"고 주장할 이유는 전혀 없다. 어떤 분류 체계를 비교할 합의된 진리 같은 것이 없기 때문이다. 『DSM』은 폐기되어야 하는 시한을 이미 넘겼다. 이는 『DSM』이 본질적으로 사악하기 때문이 아니라, 그것이 만들어진 맥락이 더 이상 존재하지 않기 때문이며, 더 새로운 정신의학 모델로 대체되었기 때문이고, 현재의 요구 사항들을 충족시키지 못하기 때문이다.

미국 국립정신건강원은 『DSM』을 진단 분류 체계로 쓰지 않는다. 대신 정치색이 덜하고 정신질환의 범주가 덜 세분된 국제질병

분류International Classification of Diseases, ICD를 선호한다. 미국정신의학협회가 아니라 유엔의 세계보건기구가 작성하고 관리하는 분류법이다. 2013년 국립정신건강원의 마이클 인셀 원장은 그 결정을 이렇게 썼다.

> 『DSM』이 이 분야에서 '성서'로 묘사되어왔지만, 사실 그 책은 기껏해야 꼬리표 집합을 만들고 각각을 정의한 사전에 불과하다. 『DSM』 각 판의 강점은 '신뢰성'이었다. 즉 각 판은 임상의들이 동일한 용어를 동일한 방식으로 쓸 수 있도록 했다. 약점은 타당성이 부족하다는 것이다. 허혈성 심장병, 림프종, 에이즈의 정의와 달리, 『DSM』의 진단명들은 어떤 객관적인 실험 측정값이 아니라, 임상 증상들의 집합에 관한 합의에 토대를 둔다. 다른 의학 분야라면, 가슴 통증의 성질이나 열의 특성에 따라서 진단 체계를 만드는 것에 해당할 것이다. (…) 정신질환자들은 더 나은 대우를 받아 마땅하다.
>
> 진단 체계는 현재의 증상 기반의 범주가 아니라, 새로 나오는 연구 자료를 토대로 해야 한다.[22]

인셀은 게리 그린버그에게는 더 솔직하게 말했다. "현실성이라고는 전혀 없다. 이것들[장애들]은 그저 구성물일 뿐이다. 조현병이나 우울증에 현실성은 전혀 없다. (…) 지난 50년 동안 우리가 무엇을 했든 간에, 소용이 없었다."[23] 이 점을 인정하면서도, 인셀은 분류 체계를 완전히 내버리지는 않았다. 대신 자신이 더 나은 잠정적 분류 체계라고 생각하는 ICD로 돌아섰다.

정신질환의 본질에 관한 과학적 합의가 없으므로, 우리는 『DSM』이나 ICD 같은 소박한 분류 체계를 쓰지 않을 수가 없다. 그러나 프랜시스가 말했듯이, 우리는 그런 분류법의 한계와 위험도 알아야 한다. 일상생활의 모든 측면이 정량화되어간다는 점을 생각할 때, 우리는 비슷한 문제를 점점 더 자주 겪게 될 것이다. 설령 『DSM』이 한물간 것으로 여겨진다고 해도, 『DSM-III』, 『DSM-IV』, 『DSM-5』 코드를 포함하는 테라바이트 규모의 의료기록은 여전히 남아서 연구와 보험 평가에 쓰일 수 있다. 컴퓨터는 『DSM』 같은 분류 체계를 우리가 바라는 것보다 훨씬 더 오래 존속하게끔 한다. 컴퓨터는 기존 분류 체계를 대체하기 더 어렵게 만드는 동시에, 실제보다 더 충분한(그리고 정확한) 양 보이게 함으로써 기존 분류 체계를 확고하게 만든다.

6장	컴퓨터가 하는 게임

던전과 주사위

당신은 볼 때 무엇을 보는 것일까? 당신은 어떤 대상을 열쇠로 보고, 차에 탄 사람을 승객으로 보고, 겹쳐진 종이들을 책으로 본다. '~로'라는 단어는 '그리고', '또는', '의미하다', '아니다'와 같이 수학적으로 형식화되어야 한다. (…) 그렇게 할 때까지 AI 문제의 해결은 요원할 것이다.

—스타니슬라프 울람[1]

『DSM』의 눈에 우리는 진단명의 집합으로 보인다. 마이어스-브릭스 체계의 눈에 우리는 16가지 성격 유형 중 하나다. 다른 사람, 아니 사실 우리 자신의 눈에, 우리는 다 더하면 우리의 본질에 근접해지는 무수한 것들의 집합이다. 보인다는 것은 '무언가로' 보인다는 것이다. 컴퓨터는 우리를 사람이 보듯이 볼 수는 없지만, 우리를 숫자로 보는 데에는 아주 뛰어나다.

『DSM』의 이야기는 사람의 병리를 정량적 분류 체계에 끼워 맞추는 이야기다. 골치 아픈 일이다. 꼬리표들은 결코 정확하게 들어맞지 않으며, 단지 뭉뚱그려서 단순화하기 때문이다. 그러나 우리가 반대편에서 시작한다면 어떨까? 인간의 복잡성을 비슷비슷한 형태로 편성하려고 시도하는 대신에, 컴퓨터 친화적 표현으로부터 인간의 복잡성을 구축하려고 시도한다면?

인간의 성격과 행동을 정량화했던 다른 유명한 체계가 있다. 내가 어릴 때 친숙해진 것이다. 바로 〈던전 앤 드래곤Dungeons & Dragons, D&D〉이다. (또는 당시에 이 시스템을 표준적으로 구체화한 것으로 알려진 〈어드밴스드 던전 앤 드래곤Advanced Dungeons & Dragons〉이라고 부르기도 한다.) 〈D&D〉는 그다지 빛을 못 본 수십 가지 선행 게임들의 잔해에서 게리 가이객스가 부활시킨 것이었다. 당시의 기술광 문화의 주류는 컴퓨터와 역할 놀이role-playing(그것이 컴퓨터 게임이든 테이블탑 게임tabletop game[바둑, 카드, 주사위 등 탁자 위에서 할 수 있는 모든 게임을 가리키는 말—옮긴이 주]이든 '라이브 액션' 역할 게임LARPing이든 간에)를 일종의 사회적 현상으로 탈바꿈시켰다. 그래서 둘을 분리하여 살펴보기란 무척 어렵다. 〈D&D〉 같은 체계는 많은 엔지니어들의 분석적인 정신에 매혹적으로 다가왔다. 이 체계들이 제공하는 것은 판타지 세계를 계산 가능하게 만들어주는 알고리즘이

었다.†

〈D&D〉를 비롯한 롤플레잉 게임role-playing game, RPG은 한 가지 핵심 공통점이 있다. 6명쯤 되는 사람들이 각자 역할을 맡아서 지속적으로 게임을 한다는 것이다. 던전 마스터Dungeon Master, DM는 게임을 주재하고 이끄는 일을 하는데, 역할을 맡은 캐릭터들이 함께 탐험할 일종의 시나리오를 제공한다. 캐릭터들은 DM이 깔아둔 함정과 괴물을 자신의 스킬Skill을 써서 헤쳐 나간다. 캐릭터는 모험을 하면서 점점 스킬을 개발하고 강해진다. 캐릭터는 죽을 수도 있다. DM에게는 막중한 책임이 부여된다. 게임 플레이어들이 도전하도록 자극하면서도 좌절하지 않도록 해야 하며, 잔인하지 않으면서도 긴장감을 조성해야 한다.‡ 심판이 오로지 정해진 규칙을 적용하기만 하는 스포츠 경기와 달리, DM은 자신의 판단에 따라서 규칙을 조정하고, 심지어 규칙을 깨거나(죽으면 진행에 심각한 지장을 초래할 캐릭터를 구하는 식으로), 플레이어를 소외시킬 수도 있다.

〈D&D〉의 구조적 요소들은 간단한 산수를 통해 제어되는 명쾌한 숫자 역학을 통해 연결된다. 〈D&D〉 역학mechanics(게임 속의 캐

† 나는 〈D&D〉가 플라톤 입체를 주사위로 사용한다는 점이 매우 마음에 들었다. D4 정사면체, D6 정육면체, D8 정팔면체, D12 정십이면체, D20 정이십면체였다. D12는 별 인기가 없던 것으로 기억한다. 특히 비플라톤 입체이며 면이 연 모양인 D10이 놀라울 만치 자주 쓰였다. (플라톤 입체보다 훨씬 볼품없다.) D10 주사위 2개를 굴리면 〈D&D〉에 많이 쓰이던 칸이 100개인 표에 딱 들어맞았다.

‡ 그렇지 않을 수도 있다. 가이객스의 악명 높은 1975년 모험 게임 〈툼 오브 호러Tomb of Horrors〉는 너무 성장한 캐릭터를 일부러 죽이도록 설계되었다. 가이객스의 아들인 어니의 캐릭터도 사망했다.

릭터들이 상호작용하면서 게임을 펼치는 방식—옮긴이 주)의 뼈대는 직업class과 스탯stat 시스템이다. 게임 플레이어는 직업(전사, 도둑, 마법사 등)을 택해서 한 캐릭터의 기본 기술 집합(타격하기, 주문 외우기, 훔치기 등)을 정한 뒤, 주사위를 굴려서 캐릭터가 각 스킬에 얼마나 숙련되어 있는지를 결정한다. 〈D&D〉의 캐릭터가 가지는 스탯의 종류는 6가지다. 이 원형을 토대로 하는 수백 가지 변형이 있지만 대부분은 원래의 6가지에서 크게 달라지지 않으며, 이 6가지 스탯은 신체적 능력 3가지와 정신적 능력 3가지로 나뉜다(마법이 존재하기 때문에 정신적 능력도 신체적 능력이나 다름없지만).

근력Strength : 얼마나 세게 때릴 수 있는가?
민첩Dexterity : 얼마나 빨리 때리거나 피하는가?
건강Constitution : 맞을 때 얼마나 견딜 수 있는가?
지능Intelligence : 지식이 얼마나 많은가(주문으로 얼마나 타격을 입히는지, 타격을 입히는 새로운 방법을 얼마나 빨리 배우는지 등)?
지혜Wisdom : 판단력이 얼마나 뛰어난가(타격을 피하는 요령 등)?
카리스마Charisma : 상대방이 공격을 포기하도록 얼마나 잘 설득하는가?

〈D&D〉의 알고리즘은 단순하다. '스탯 확인stat check'은 주사위를 굴려서 나오는 수와 현재 내 캐릭터의 스탯을 비교하는 것이다. 목공서를 보고 목공을 습득하는 능력은 지능에 대해서 1d20('1'은 굴리는 주사위의 개수, 'd20'은 주사위의 종류를 의미한다—옮긴이 주)을 수행해서 얻는다. 즉 20면체 주사위를 한 번 굴려서 캐릭터의 지능 능력치보다 낮은 눈이 나오면, 캐릭터는 목공을 배운 것이다. 그러나 내 지능이 12인데 주사위 눈이 16이 나왔다면, 내 캐릭터는 목공을 배울 만큼 지능을 갖추지 못한 것이다. 위험한 다리를 건너야 할 때? 민첩 능력치를 확인하라. 고대 룬 문자를 해독하라고? 지능 능력치를 확인하라. 알펜호른을 불고 싶다고? 건강 능력치를 확인하라.

〈D&D〉에서는 모든 것이 정량화되어 있다. 갑옷에는 얼마나 튼튼한지를 알려주는 숫자가 적혀 있고, 무기에도 얼마나 피해를 입힐 수 있는지 숫자가 적혀 있다. 사람이나 괴물도 모두 나름의 숫자 스탯을 지닌다. 각 무기, 도구, 스킬, 직업에 대해 캐릭터가 얼마나 유능한지도 숫자로 나와 있다. 모든 것은 주사위를 굴려서 나온 숫자를 어떤 스탯이나 다른 스탯과 비교하는 알고리즘에 따라서 진행된다. 비록 플레이어는 던전 마스터에 비해 일부만 알고 있을 뿐이지만 말이다. 던전 마스터는 전체 이야기의 진행 방향을 결정하고, 특정 주사위 규칙은 비밀로 간직한다. 나는 내 '+3 강화된 겁쟁이의 쌍끝 쿼터스태프'가 '곱디고운 트롤'에게 2d8+3 피해를 입힌다는 것을 알 수 있고, 8면체 주사위를 두 번 굴려서 5와 2가 나오면 10점(5+2+3)의 피해를 입힌다고 계산할 수도 있다. 하지만 던전 마스터는 곱디고운 트롤이 좀 초췌해 보인다고만 말함으로써, 트롤이 나를 한 번 때릴 때마다 내가 1d20+5(6~25점)의 피해를 입는 반면에 나는 트롤에게 얼마나 더 피해를 입혀야 할지 모르는 상태로 놔둘 수도 있다. 트롤을 죽이면 내 캐릭터는 경험치가 늘어날 것이고, 어쩌면 레벨이 올라가서 새로운 능력과 스킬을 획득할 수 있을지도 모른다. 캐릭터의 레벨이 올라갈수록 발전하고 숙달되고 있다는 느낌을 받으며, 더 어려운 도전 과제(주로 더 강력한 괴물)를 접하게 된다.

나는 이런 도전 과제들이 딱히 짜릿하지 않았다. 나는 테이블탑 게임에 비해 게임 진행과 능력 습득 속도가 훨씬 빠른 컴퓨터 게임에서 '무한+1 검'을 찾아내거나 강력하지만 실용적이지 않은 아마겟돈 주문을 획득하는 맛을 느낄 수 있었지만, 실제 게임 진행 과정은 대부분 지루했다. 〈바즈 테일The Bard's Tale〉, 〈울티마Ultima〉, 〈위저드리Wizardry〉, 〈마이트 앤 매직Might and Magic〉 등 유사 〈D&D〉 모델에 토대를 둔 1980년대의 고전 게임들은 비비 꼬인 던전 미로에서 끝없이 싸움을 벌여서 캐릭터를 '레벨 업'하는 과정으로 구성되었다. 레벨이 올라갈수록 더욱 강력한 괴물의 공격으로부터 살아남을 수 있었다. 이 과정을 '막노동grinding'이라고 불렀는데, 지루한 반복 노동이 전략보다 더 중요했다(나는 결코 좋아했던 적이 없다). 내가 기억하는 세부사항은 대부분 부수적인 것들이었다. 〈울티마 3〉에서 바닥처럼 보여서 적임을 알아차릴 수 없는 기이한 '바닥' 같은 것들이 그랬다. 보이지 않는, 움직이는 괴물 바닥이었다. 대단했다.

〈위저드리 4〉의 극도로 어려운 미로는 내게 직접 플레이하는 쪽보다는 심사숙고하는 쪽으로 더 흥미를 자극했다. (이 게임은 너무 어려워서 첫 번째 방에서 빠져나가는 방법조차 알아내지 못하는 사람이 대부분이었다.) 나는 고통스러운 시행착오, 좌절, 끝없이 반복되는 캐릭터의 죽음을 플레이어 유지 전략으로 삼는 게임을 사람들이 즐기는 것을 보면서 놀랐다. 나는 그런 게임을 즐기지 않았지만, 그것들이 어떻게 현실을 단순화해서 구현하는지에 흥미를 느꼈다.

〈D&D〉의 스탯은 〈D&D〉의 데이터 구조다. 1970년대에는 〈D&D〉를 종이 위에서 했는데, 당시에 이미 그 게임은 컴퓨터에 적합한 양상을 띠고 있었다. 〈D&D〉의 캐릭터 운용과 세계 개발은 숫자(스탯)와 기하(던전의 평면도와 전투)로 표현되었는데, 그 단순함과 정확함의 조합으로 인해 테이블탑 역할 게임은 필연적으

〈울티마 3: 엑소더스〉에서 바닥과의 전투

로 컴퓨터 게임에 이식되었다. 그 어떤 허구적 장르도, 심지어 과학 소설조차도 〈D&D〉가 정교하게 다듬은 판타지 세계만큼 알고리즘적 계산에 딱 들어맞지는 않았다. 〈D&D〉는 스토리텔링과 캐릭터 심리라는 소설의 부담을 완화하고, 거칠지만 정확한 역학을 도입했다. 컴퓨터가 (불가해한 정신질환의 세계 같은 것보다) 훨씬 더 잘 관리할 수 있는 표현의 집합을 써서 세계를 단순화한 것이다. 그러나 〈D&D〉와 『DSM』 둘 다 '근사적으로 정량화한 허구'를 받아들인다. 둘 다 잠정적이고, 확장 가능하고, 수정 가능한 소박한 분류 체계다.[†]

〈D&D〉의 광범위한 보조 요소들은 모든 계통의 신화와 종교로부터 괴담들을 모아서 하나의 괴이한 혼합체가 된 세계를 정량화한다.[‡] 가이객스는 독창적인 사상가라기보다는 종합하는 사람에

---

† 〈D&D〉와 그 원조인 톨킨류 판타지, 그리고 수많은 후속작들에 쓰인 수사법은 컴퓨터 게임을 통해 폭넓게 퍼진 반면, 고급 문학이든 저급한 펄프 픽션이든 간에 다른 장르의 수사법은 그렇지 않았다. 로버트 E. 하워드의 펄프 픽션 '코난Conan' 시리즈, L. 스프레이그 드 캠프와 플레처 프랫의 기발한 판타지, 무엇보다도 J. R. R. 톨킨의 중세 분위기를 풍기는 판타지 세계(줄거리나 인물보다 문화적 세부 묘사가 더 중요한)를 토대로 한 〈던전 앤 드래곤〉의 하이 판타지 소스는, 게임화와 컴퓨터화에 유달리 적합하다는 것이 증명되었다. 물리적 전투, 임의적이고 쉽게 고안할 수 있는 마법, 상상력 넘치는 풍경, 특징과 재능과 종족의 정교한 분류 체계 등의 요소들로 인해 하이 판타지는 컴퓨터 속 상호작용 가능한 세계의 원형이 되었다. 사람들 사이의 상호관계와 정치보다는 환경과 역학에 초점을 맞춤으로써, 톨킨 같은 작가들은 자신도 모르게 컴퓨터 속 세계 구축의 토대를 마련한 셈이다. 다른 장르에서는 주사위 굴리기(무작위 수 생성)가 게임의 핵심 역학이 될 수 있는 방법을 떠올리기 쉽지 않다.

‡ 게임 역사가 존 피터슨은 신지학theosophy이 이런 혼합주의의 선례일 수 있다고 시사한 바 있다. 피터슨은 톨킨류 판타지 신화를 군사 전쟁 게임 역학에 끼워 맞추는 일을 주도한 가이객스가, 월트 디즈니(아동 오락물과 동화를 애니메이션에 끼워 맞춘)와 비슷하게 하나의 문화 제국을 건설하는 데 앞장섰다는 개념을 적극적으로 지지한다. 비록 가이객스는 덜 무자비했기에 자신의 제국에 대한 통제권이 없었지만 말이다.

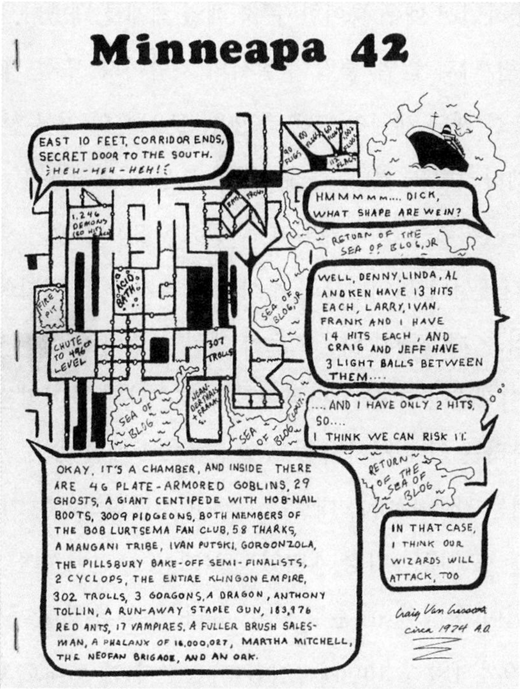

동호회지인 〈미니애퍼Minneapa〉 1974년 4월호에 실린,
〈D&D〉의 근사적인 정량화 체계를 패러디한 그림.[2]

훨씬 더 가까웠고, 그의 재능은 누구나 식탁 앞에 모여 앉아서 하는 역할 게임과 같은 세계를 창조하는 일에 고집스럽게 매달린 데 있었다. 끝이 열려 있는 동시에 변형이 쉬울 만큼 단순한 세계였다.†

† 만족을 못하고 더욱더 집착하는 가이객스 방식의 단점은, 그의 거의 알려지지 않은 3차원 체스 게임인 〈드래곤체스Dragonchess〉에서 뚜렷이 드러났다. 이 게임은 세 가지 수준에서 펼쳐지는데, 각 수준은 커다란 체스판이며, 플레이어는 일반적인 체스 게임에서의 16개의 말 대신에 42개의 말을 쓴다. 말을 움직이는 규칙은 복잡하면서 임의적인 양 보인다. 가이객스가 만든 게임들은 이런 점에서 모두 비슷비슷하다.

그는 단순하면서 매우 특이한 두 축 배열 체계를 택했다. 각 캐릭터는 선/중립/악과 준법/중립/무질서의 조합이다. 또한 가이객스는 그가 창조한 게임 세계의 모든 측면을 〈D&D〉의 기본 알고리즘을 써서 통제하려고 애썼다. 플레이어의 모든 상호작용을 주사위 굴리기로 환원시키는 것이 게임에 꼭 필요한 일이라고는 할 수 없었지만, 어디에서나 튀어나오는 주사위 굴리기는 그 역학이 쓰일 수 있는 방식을 제한하지 않음으로써 게임 진행의 핵심 역학을 제공했다. 가이객스는 이런 암시적이면서 느슨하게 들어맞는 유사 세계를 구축하는 일에 지치지 않고 열정적으로 매달렸다.

무엇이든 간에 닥치는 대로 분류하고 정량화하려는 가이객스의 열정을 잘 드러내는 가장 재미있는 사례는, 초판에 실렸으며 가이객스 자신이 작성한 '매춘부 만남' 표다. 주사위를 굴려서 나오는 1에서 100까지의 수(10면체 주사위 2개를 쓴다)를 토대로 한 표인데, 상식과 문화적 규범을 어떻게 쥐어짜서 정량화하는지를 잘 보여주는 사례다.

매춘부 분류 체계의 순서는 대략 매춘부의 '품위'라고 부를 만한 것을 따른다. 수 범위는 대체로 명시적 또는 암묵적 등급에 해당한다. 주사위 숫자가 01에서 90으로 갈수록 매춘의 가격은 올라간다. 91에서 00까지의 수는 4가지 유형의 뚜쟁이에 해당한다. 어떤 이유인지 몰라도, '어리석은 포주'는 다른 세 유형보다 나올 확률이 2배 더 높다. 확률이 5퍼센트인 '도도한 고급 창부'를 제외하고, 다른 유형의 매춘부들은 나올 확률이 10~15퍼센트다. 이로부터 우리는 〈D&D〉 세계에는 '어리석은 뚜쟁이'가 거의 '도도한 고급 창부'만큼 많다는 것을 알게 된다. 나는 '야한 창녀'와 '음탕한 여자'의 차이를 평가하고 묘사할 수 있는 던전 마스터가 과연 몇 명이나 있을지 의문이다. 아마 그것이 게임 후속판에서 이 표가 사라진 이유 중 하나일지 모른다. 사실 이 표는 분류 자체에 열광하는 이들에게만 좋을 뿐 그 외에는 있을 이유가 거의 없다.[†] 그런데 '도도한 고급 창부'가 '비싼 매춘부'보다 등급이 더 높은 이유가 뭘까? DM은 '꾀죄죄한 창녀'와 '뻔뻔한 매춘녀'를 어떻게 구별할까? 『DSM』처럼 이 분류 체계도 대단히 임의적이다.

매춘부는 뻔뻔한 매춘녀일 수도 있고 도도한 고급 창부일 수도 있다. 그래서 상대가 누구인지를 구별하기가 어렵다. (사실 내킬 때만 몸을 파는 댄서, 늙은 마담, 포주가 나올 수도 있다.) 통상적인 요금을 지불하는 것 외에, 30퍼센트 확률로 가치 있는 정보를 지니고 있고, 15퍼센트 확률로 보상을 얻기 위해 거짓말을 지어내고, 20퍼센트 확률로 도둑이거나 도둑과 함께 일한다. 어느 매춘부를 만나게 될지 파악하는 데 다음 표가 유용할지도 모른다.

01~10	꾀죄죄한 창녀	76~85	비싼 매춘부
11~25	뻔뻔한 매춘녀	86~90	도도한 고급 창부
26~35	값싼 창녀	91~92	늙은 마담
36~50	전형적인 거리 여자	93~94	부유한 뚜쟁이
51~65	야한 창녀	95~98	어리석은 포주
66~75	음탕한 여자	99~00	부유한 포주

'비싼 매춘부'는 상류층 여자와 비슷하고, '도도한 고급 창부'는 귀족 여자와 비슷하고, 다른 매춘부들은 주부 등으로 착각할 수 있다.

〈D&D〉의 매춘부 만남 표

그러나 매춘부 표가 시사하듯이, 정량화는 일반적인 통념에도 깊이 의존하고 있다. 동성애가 『DSM』의 소박한 병리 분류 체계에 들어왔다가 빠져나갔듯이, 유행하거나 유행에 뒤떨어진 개념들도 〈D&D〉에서 '객관적인' 현실 묘사라고 제시되곤 했다. 이 점은 젠더 문제에서 가장 잘 드러난다. 역사적으로 전쟁 게임과 테이블탑 게임은 압도적일 만치 남성의 영역이었으며, 남성들의 취미 활동에서 나온 것이었다. 여성이 노동 시장과 학계(심지어 컴퓨터과학 학계)에 진출한 뒤로도, 남성의 여가 활동에 그와 비슷한 수준까지 침입한 것은 수십 년이 더 흐른 뒤였다. 1980년대에 가정용 컴퓨터가 등장하면서 취미 활동가들의 컴퓨터 세계와 컴퓨터과학 학계가 하나로 융합될 때, 컴퓨터과학은 점점 더 젠더 불균형이 심해지는 양상을 띠었다. 1986년에서 1990년 사이에 매년 컴퓨터과학 학사학위를 받는 여성의 수는 거의 절반으로 떨어졌다.[4] 컴퓨터의 오락화가 중요한 이유일 가능성이 높았다. 〈던전 앤 드래곤〉의 세계는 압도적일 만치 남성들에게 와닿은, 압도적일 만치 남성적인 사고방식의 산물이었다. 그러나 〈D&D〉는 융통성을 발휘해서 여성 플레이어들에게 맞게 진화할 수 있었는데, 주로 여성 캐릭터와 남성 캐

† 가이객스가 정량화라는 제약과 창작의 자유 사이에서 고민했다는 점은 유명한 두 인용문에서 잘 드러난다. "DM은 그저 주사위가 구르는 소리를 듣고 싶어서 주사위를 굴린다." "게임 마스터에게 결코 알리지 말아야 할 비밀은 그들에게 어떤 규칙도 필요하지 않다는 것이다." 피터슨은 척 울리히가 "모든 것이 자신의 방식대로 이루어져야 한다고 고집하면서도, 개성과 다양성을 선호한다고 주장"하는 '가이객스'라는 참견 잘하는 황소 머리 종족을 만든 사례를 인용한다.[3]

릭터의 구분을 없애는 방식이었다. 〈D&D〉 애호가이자 관련 책을 많이 저술한 레너드 래코프카는 〈D&D〉의 1974년 판에서 캐릭터를 성장시킬 때 남성 캐릭터의 근력 최대치는 18로 하는 반면 여성 캐릭터의 근력은 14로 제한하자고 제안하는 등 몇 가지 권고안을 제시했다가 많은 플레이어들의 분노를 샀다. 잡지 〈드래곤〉의 다음 호에 실린 만화에는 래코프카, 가이객스, 그리고 그 출판사 발행인의 인형을 목매단 장면이 등장했다. 어떤 시스템이 현실을 부정확하게 근사할 때, 구분에는 가치 판단과 편견이 가득 배어들게 마련이다. 결과적으로 〈D&D〉 내에서 성별 구분이 삭제되었고, 환상적인 종족과의 구분(이를테면 엘프와 인간)만 유지되었다. 역설적이게도 성별 구분을 없애자, 종족(하프오크, 엘프, 드워프) 사이의 문화적·생리적 차이는 점점 더 커지고 극단적인 양상을 띠게 되었다.

내가 볼 때 훨씬 더 흥미로운 〈D&D〉 창작물은 기이한 꿈속의 환상을 구현한 것 같은 〈플레인스케이프: 토먼트Planescape: Torment〉였다. 원래 1999년에 출시된 이 게임은 스탯 쌓기와 전투 장면을 상당 부분 덜어내고, 대신에 불면증, 불사不死, 후회, 신경증 같은 비비 꼬이고 때로 미친 듯한 분위기의 이야기를 택했다. 『실낙원*Paradise Lost*』이 보조적인 줄거리로 펼쳐진다. 나는 〈토먼트〉를 할 때 존경심과 불신을 함께 느꼈고, 다음에 어떤 미친 짓거리가 나올지를 예상하기가 어려울 만치 억제되지도, 다듬어지지도 않은 장면들이 펼쳐지는 데 놀랐다. (이 게임에는 100만 단어가 넘는 텍스트가 포함되어 있는데, 평범한 수준을 한참 넘어서는 것들도 많다.) 꿈같은 장면, 가짜 종교 단체, 주술 문신, 지성을 갖춘 쥐들의 왕, 도플갱어, 로봇 미로도 등장한다. 스탯은 드러나지 않다가, 게임이 끝날 무렵에 주인공이 너무나 급격히 '레벨 업'을 함으로써 신과 같은 능력을 얻는다. 〈D&D〉 같은 롤플레잉 게임의 전형적인 막노동식 느린 진행을 철저히 배신한 흐름이다. 〈토먼트〉는 충성스러운 애호가들을 확보하고 있다. 하지만 (〈뱀파이어: 마스커레이드-블러드라인Vampire: The Masquerade–Bloodlines〉이나 〈마스크 오브 더 비트레이어Mask of the Betrayer〉 같은 마찬가지로 기이한 게임들처럼) 〈토먼트〉도 대다수 RPG(〈바즈 테일〉, 〈디아블로〉, 〈워크래프트〉, 〈스카이림〉 등)의 훨씬 더 지루한 게임 전개 양상에 대한 반발로 나온 것이다. 창의력이 샘솟으려면, 평범한 것이라도 좋으니 먼저 아무 기본 틀이 있어야 한다.

〈플레인스케이프: 토먼트〉는 가이객스의 느슨한 태피스트리에서 딱 맞는 실들을 고르고, 모든 중대한 기로에서 초현실주의와 전복을 택하고, 덜 흥미로운 것들을 무시함으로써 공감을 얻는다. 가이객스는 원래 '정신 공격, 저주 등'을 이유로 캐릭터에게 부여할 수 있는 증상의 목록인, 고풍스러우면서 별난 '정신이상 유형' 표를 제시한 바 있지만, 이 게임에 등장하는 불안한 심리적 착란들은 그 표와 거의 관계가 없다.[5]

정신이상 유형

1. 음주광

2. 병적 도벽

3. 분열인격

4. 병적 거짓말쟁이

5. 편집광

6. 조발치매

7. 멜랑콜리아

8. 과대망상증

9. 망상 장애

10. 정신분열병

11. 조증

12. 광증

13. 집착증

14. 조울증

15. 환각 장애

16. 가학피학증

17. 살인광

18. 파괴증

19. 자살광

20. 긴장증

가이객스의 표는 어느 한 문헌에서 얻은 것이 아니다. 딱 20가지 진단명을 얻기 위해, 가이객스는 여러 출처에서 얻은 자료를 조합하여 숫자에 맞게 선별했을 것이 분명하다. 당시 쓰이던 『DSM-

II』와 비슷한 측면도 있긴 하지만, 『DSM』에서는 삭제된 반면 정신의학자 에밀 크레펠린이 19세기 말 정립한 정신병 분류 체계에 들어 있던 조발치매와 멜랑콜리아 같은 질병도 포함되어 있다. 가이객스는 조발치매와 정신분열병이 대개 동일하다고 여겨진다거나, 긴장증과 파과증이 조현병(그리고 조발치매)의 하위 범주로 간주된다는 사실을 몰랐거나 설령 알았다고 해도 개의치 않았을 것이다. 가이객스의 정의는 임상적 정의와 별 관련이 없기 때문이다. 가이객스는 조발치매를 권태라고 정의하고, 정신분열병은 당시 통용되던 견해인 분열된 인격을 통합한 것으로 정의했다.

정신분열병: 이 정신이상은 잘 알려진 '분열된 인격' 특성을 지닌다. 서로 별개의 인격이 4개까지 존재할 수 있다. 더 많아질수록 정신이상이 심각하다. 또 각 인격이 얼마나 다른지도 정신이상의 심각성을 드러낸다. 각각의 '새' 인격은 태도, 목표, 선호 양상이 다를 것이다. (아주 드물게는 직업이 다른 인격도 나타날 수 있는데, 우연찮게 빙의되는 것이 아니라면, 새 인격은 자신이 지닌다고 생각할지 모를 능력을 실제로는 지니지 못할 것이다.) 정신분열병은 하루에 6분의 1의 확률로 무작위로 나타나며, 새로운 인격이 출현할(또는 기존 인격이 돌아올) 확률도 있다. 그러나 스트레스를 받는 상황(의사 결정, 공격 등)이 생길 때마다, 정신분열병에 걸릴 6분의 1의 확률은 스트레스가 지속되는 동안 매 라운드 확인되어야 한다.[6]

가이객스는 이렇게 쓰고 있다. "당연하게도, 이런 정신이상 유형들은 임상적으로 옳지 않다." 가이객스는 그저 신비적이고 기이하게 들린다는 이유로 정신이상 표에 들어갈 병명을 골랐을 가능성이 높다. 게임에서는 현실에서보다 정신질환이 더 예측 가능한 양상을 띤다. 광증lunacy은 영어 단어 뜻 그대로 달의 위상에 맞추어서 일어나며, 가학피학증은 사흘마다 가학증과 피학증이 번갈아 나타나는 형태다. 『DSM-II』에 실린 더 밋밋한 이름들은 빠져 있다. 〈D&D〉 세계에서는 어느 누구도 강박 장애나 건강염려증이나 불안 장애에 걸리지 않는다.

〈D&D〉 애호가인 밥 크루거는 게임의 매력과 관습을 이렇게 묘사한다.

> 본질적으로 〈D&D〉는 우리의 진화한 인지 편향과 공명하며, 원형적인 상징을 탐색한다. 그 일을 잘하려면 연습이 필요하지만, 잘한다는 것은 규칙을 얼마나 잘 지키느냐보다는 규칙을 충실하게 적용하는 듯이 보이도록 하는 일을 얼마나 능숙하게 하느냐에 달려 있다.[7]

크루거의 말은 『DSM』 같은 잠정적인 분류 체계의 이론적 근거와 놀라울 만치 일맥상통한다. 사람의 인지 성향에 토대를 둔 소박한 분류 체계가, 경계를 명확히 정한 규칙 체계로 변한다. 하지만 그 체계는 임의의 것들을 마구 섞어놓은 잡동사니나 다름없으며,

규칙들은 엄격하게 따라야 하는 것이 아니라 느슨한 지침에 해당한다. 대다수의 의사들이 『DSM』를 대하는 방식과 비슷하다. 그리고 양쪽 다 규칙 집합을 컴퓨터로 옮기면, 규칙을 임의로 느슨하게 적용할 수 없게 된다. 컴퓨터는 그 분류 체계를 곧이곧대로 고정시키고, 그럼으로써 더 현실적으로 만든다. 분류 체계는 꼬리표의 집합을 넘어서는 무언가가 된다. 기존에 존재하는 것들의 체계적인 조직체, 즉 온톨로지ontology(서로 관련이 있는 사물들과 그 관계에 관한 지식을 컴퓨터가 처리할 수 있는 형태로 엄밀하게 체계화한 것—옮긴이 주)가 된다.

다시 말해, 〈D&D〉의 스탯은 단지 어떤 게임을 하는 도구가 아니다. 플레이어에게 게임 진행이 더 깊은 의미가 있도록 만드는 인터페이스로 기능한다. 스탯은 플레이어의 캐릭터를 표현하고, 플레이어는 스탯이 기술하는 대로 캐릭터의 역할을 수행한다. 존 피터슨은 롤플레잉 게임의 핵심 매력이 플레이어에게 "가상 인간의 모델링"을 통해 "구현할 가치가 있는 인격을 발견할" 능력을 제공하는 것이라고 말한다.[8] MBTI, MMPI, 오션, 『DSM』, 〈D&D〉, 그리고 다른 어떤 체계에서든 간에 꼬리표와 숫자가 늘어서서 사람들을 기술하는 데 쓰일 때, 그 소박한 온톨로지는 우리에게 역할을 수행할 인격을 제공한다.[†]

〈D&D〉의 한계는 대부분의 경우 던전 마스터의 한계다. DM은 플레이어들과 그들이 마주치는 생물들에 관한 데이터만 추적할 수 있다. 따라서 〈D&D〉가 확장될 때에도, 어느 한 시점에 펼쳐지는 요인들의 개수는 증가하지 않았다. 이는 게임의 근본 역학이 얼마나 복잡해질 수 있는지를 정하는 고정 한계hard limit 역할을 했다. 〈D&D〉를 '현실'의 복잡성 수준에 가깝게 만드는 데 필요한 인간의 노력은 시간을 잡아먹을 뿐 아니라 기약 없이 지루할 것이다. 그러나 컴퓨터는 지루함 위에서 번성한다.

억제와 데탕트

이제 이미지가 얼마나 허약한지 깨닫자.

—루크레티우스

원래 구상한 바에 따르면, 〈D&D〉류의 테이블탑 롤플레잉 게임의 역학은 플레이어들에게 투명해야 했다. 즉 숫자와 산수는 명백하고 평이해야 했다. 게임에서 일어나는 일들을 이해할 수 있도록 말이다. 〈D&D〉는 방대했지만, 역학적으로는 단순했다. 지나치게

† 『라모의 조카』와 같은 맥락에서, 어빙 고프먼의 『자아 연출의 사회학*The Presentation of Self in Everyday Life*』은 사회적 환경이 사회적 역할들에 대해 이미 존재하는 상세한 설명에 달려 있다고 본다. "개인이나 공연자가 동일한 관객에게 동일한 배역을 여러 차례 연기하면 사회적 관계가 형성될 가능성이 높다. 사회적 역할을 주어진 지위에 딸린 권리와 의무의 연기라고 정의한다면, 사회적 역할에는 하나의, 또는 하나 이상의 배역이 수반될 것이라고 말할 수 있다. 각 배역은 공연자가 일련의 상황에서 동일한 유형의 관객이나 동일한 사람들로 이루어진 관객에게 공연하는 것일 수도 있다."[9]

복잡하면서 엄격한 규칙을 지니는 것은 이중으로 위험하다. 첫째, 창의성을 짓누르는 한편으로 플레이어의 행동에 대한 상세한 분석을 요구함으로써 던전 마스터의 일을 악몽으로 만든다. 둘째, 플레이어가 자신의 행동이 왜 그런 효과를 일으키는지 이유를 이해하기가 어려워진다. 계산이 불투명해지기 때문이다. 플레이어는 오크에게 타격을 입으면, 설령 정확한 값을 모른다고 해도, 그 상황의 위험을 미리 평가할 수 있어야 한다. 〈D&D〉는 원인과 결과를 명확히 한다.

그러나 컴퓨터가 던전 마스터로서 행동하면, 모사된 현실의 계층 전체가 플레이어에게 불투명해질 수 있다. 현실에서 우리가 신체의 준자율적인 활동과 날씨의 혼돈스러운 과정을 의식하지 못한 채 살아가는 것과 비슷하다. 컴퓨터가 관리를 맡으면서, 매춘부의 행동과 모습은 더 이상 1에서 100사이의 한 숫자를 써서 추측할 필요가 없어졌다. 경제학과 계통학까지 결합된, 더 복잡한 인격 및 사회 세계 모델을 통해 결정할 수 있다.† 반드시 매춘부일 필요도 없다. 괴물이나 기업이나 국가도 얼마든지 가능하다.

내가 이런 복잡한 모델을 처음 접한 것은 1980년대의 한 고전적인 시뮬레이션 게임을 통해서였다. 크리스 크로퍼드가 냉전을 지정학적으로 모사한 〈밸런스 오브 파워Balance of Power〉다. 1985년에

---

† 물론 그런 깊이 있는 세계를 만들려면 프로그래머의 엄청난 노력이 필요하며, 실제 매춘의 사회경제적 현실을 어떻게 모델화할지에 신경을 쓴 컴퓨터 RPG는 내가 아는 한 없다.

출시된 이 게임은 평론가들의 찬사를 받았고, 심지어 지미 카터 대통령의 국가안보부보좌관 데이비드 L. 아론의 논평이 〈뉴욕 타임스〉에 실리기도 했다. 아론은 게임이 여러 상황을 단순화했다고 지적하면서도, 놀랍고 교육적이라고 찬사를 보냈다. 게임 플레이어는 초강대국인 미국이나 소련 중 한쪽을 택한 뒤, 초강대국이 아닌 80개 국가 중 일부에 직간접적으로 개입하면서 영향력을 확보하려고 애쓴다. 상대국의 영향력이 미치는 국가에 너무 심하게 개입을 하면 그 국가는 반발할 것이고, 그럴 때 플레이어는 뒤로 물러나거나(자신의 '위신'을 손상시키면서. '위신'은 이 게임에서 대략 점수에 해당하는 것으로서, 세계 정세에 영향을 미치는 능력이다), 아니면 그냥… 끝까지 해볼 수도 있다. 그러면 상대방인 컴퓨터도 물러나든지 끝장을 보는 쪽을 택할 것이고, 데프콘 3단계는 데프콘 2단계로, 다

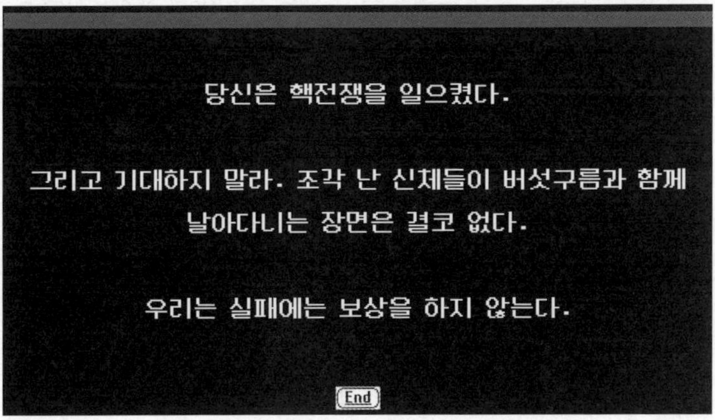

〈밸런스 오브 파워〉에서 핵전쟁 치킨 게임의 결과.

시 데프콘 1단계로 치닫는다. 마침내 데프콘 1단계에 도달하면 화면에서 환영의 인사말이 떴다.

〈밸런스 오브 파워〉를 한 사람이라면 누구나 이 화면을 자주 보았다. 나는 처음에 미국을 택해서 게임을 했는데, 갖가지 지정학적 요인들을 그다지 고려하지 않은 채, 반군과 싸울 군대를 이라크에 파견했다. 그 결과 즉시 소련이 반발했다. 쾅! 다음에는 소련을 택해서 브라질 내전에 관여할 군대를 파견했다. 그 내전이 불합리하다고 생각했기 때문이었다. 그런데 상대는 물러서지 않았다. 쾅! 아론도 비슷한 경험을 했다. "열댓 번을 했는데, 여전히 절망적일 만치 한결같이 지구를 파괴하고 있었다. (…) 〈밸런스 오브 파워〉를 하면 할수록, 위기 상황에서 물러나지 않으려는 태도 때문에 더욱더 자멸로 이어졌다."[10] 모든 갈등은 쿠바 미사일 위기로 이어졌고, 그 게임에서 배운 주된 교훈이 하나 있다면, 핵무기를 지닌 세계에서는 전투를 벌일지 여부를 극도로 신중하게 택해야 한다는 것이었다.

하지만 나는 크로퍼드가 자신의 저서에서 컴퓨터가 스스로의 운을 밀어붙일지 여부를 결정할 때 쓴 수학을 설명한 대목이 더 흥미로웠다. 컴퓨터의 논리는 플레이어의 행동에 대한 '분노Outrage' 계산을 토대로 했다.

나이지리아에 경제 원조를 하는 것 같은 진정으로 사소한 행동 때문에 위기 상황으로 치닫는다고 하자. 플레이어는 데프콘 1단계까지 올라감으로써 끝장을 보겠다는 컴퓨터를 보면서 당황하곤 한다. 왜 컴퓨터는 그런 사소한 일 때문에 세계를 파괴하려 할까?

답은 그런 사소한 문제로 당신이 세계를 파괴하려 할 것이기 때문이다. 컴퓨터는 충돌을 분석하여 그 문제에 관한 '분노'가 작다고, 이를테면 22점이라고 파악한다. 그러나 그 문제에 대한 인간의 만족도는 더 작다고, 이를테면 -18점이라고 파악한다. 두 수를 합하면 +4라는 결과가 나오고, 컴퓨터는 확고한 입장을 취하는 것이 정당하다고 결론을 내린다. 점수가 고작 22점에 불과한 사건 때문에 세계를 파괴하려 드냐고 컴퓨터에게 묻는다면, 컴퓨터는 이런 질문을 함으로써 자신을 정당화할 것이다. "그렇다면 왜 당신은 고작 18점을 받기 위해 데프콘 2단계까지 무릅쓰려는 거지?" 결국 둘은 싸우게 된다.[11]

나는 알고리즘뿐만이 아니라, 크로퍼드가 6가지 다른 변수를 선택해서 이를 토대로 분노를 계산한 방법에도 관심이 있었다.

$$\text{분노} = \frac{\text{고통} \times (\text{의무} + \text{외교관계}) \times \text{영향력} \times \text{모험심} \times \text{국가별 가중치}}{128}$$

게임을 비결정론적으로 만들기 위해 무작위 요소들이 조금 덧붙여졌지만, 그 모델은 치밀했다. 크로퍼드의 머리에서 나온 이 모델은 조지 케넌, 헨리 키신저 등의 글을 읽고서 그들이 묘사한 동역학을 게임 모델로 개발한 것이었다. 게임이 기계적으로 느껴지기는 했지만, 그런 기계적 모델이 야만인이 오크에게 얼마나 강하게 타격을 줄 수 있는지를 근사적으로 표현하는 것보다 더 많은 것을 할 수 있음을 보여주었다. 추상적인 심리적·정치적 개념들을 구현할 수도 있었다. 〈밸런스 오브 파워〉 게임에서 펼쳐지는 지정학적 환경은 거의 살아 움직이는 양 느껴졌다. 그 모델의 한계는 주로 당시의 컴퓨터 성능에서 비롯되었다. 프로그램은 플로피디스크 한 장에 들어가야 했고, 컴퓨터의 처리 능력이 그 정도밖에 안 되었기에 지정학적인 복잡성도 매번 플레이어의 행동이 미치는 효과를 계산할 때 분 단위가 아니라 초 단위에서 끝낼 수 있는 수준으로 한정시켜야 했다.

정량화한 드워프

우리의 경험 언어는 이상적인 일관성을 지닌 언어의 비일관적이고 단편적인 윤곽이라고 이해할 수밖에 없다.

—윌프리드 셀러스

〈밸런스 오브 파워〉가 처했던 컴퓨터 계산의 한계는 더 이상 없다. 컴퓨터는 1985년보다 1만 배 넘게 더 빨라졌다. 데이터 처리 능력이 무한대인 것은 아니지만, 시뮬레이션 쪽으로 볼 때 현재 컴퓨터의 성능은 세계를 몇 개의 방정식으로 압축시키는 대신에 복잡한 생태계를 고스란히 담을 수 있다. 오늘날의 평균적인 컴퓨터 롤플레잉 게임은 〈밸런스 오브 파워〉나 〈D&D〉보다 알고리즘적으로 훨씬 풍성하다. '물리 엔진physics engine'을 써서 삼차원 움직임을 더 실감나게 모델링한다. 게임 속 사건은 하나씩 순차적으로 이루어지는 선택을 통해서가 아니라 실시간으로 일어날 수 있다. 실감나면서 정확하게 묘사하려는 욕구가 컴퓨터의 빠른 연산 능력과 결합하면서, 지금은 가이객스가 수작업으로 짜낼 수 있었던 차원을 훨씬 넘어서는 가상 세계를 만들 수 있다. 그런 세계는 직관에 반하고 예측 불가능한 결과를 빚어낼 수 있는, 너무나 복잡한 상호작용이 이루어지는 정량적인 시스템을 포함한다. 개별 시스템 자체가 논리적이고 직관적으로 짜여 있을 때에도 그렇다. 그런 세계는 우리 자신의 세계와 경쟁하기 시작한다. 그리고 우리의 세계를 모방한다.

정량화하려는 강박증은 〈드워프 포트리스Dwarf Fortress〉 게임에서 정점에 이르렀다. 이름은 환상적이지만, 가장 꼼꼼하면서도 무미건조한 시뮬레이션 게임이다. 전제는 단순하다. 플레이어는 술 취한 드워프 수십 명의 감독자다. 드워프들은 자연 재해, 적대적인 야생 환경, 침입자, 스스로의 무책임함과 무능함에 맞서면서 산 속에 안전한 주거지를 만들고 지켜야 한다. 플레이어는 지시를 내리지만, 드워프들은 숨겨진 심리 모델링에 따라서 자율적으로 행동

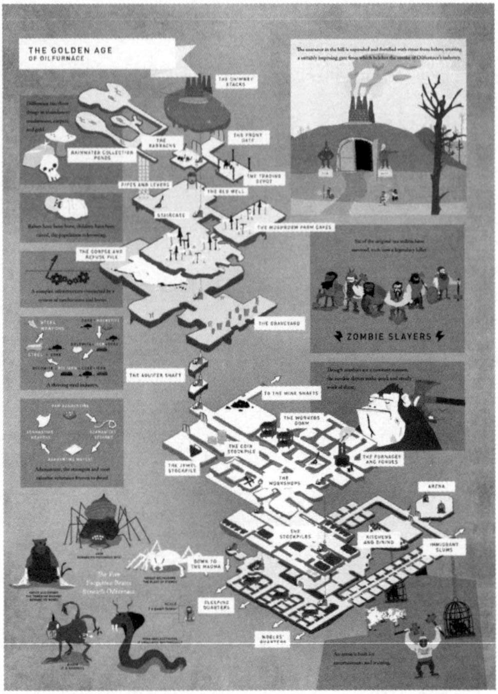

자신의 〈드워프 포트리스〉 '기름가마'를 개괄한 팀 디니의 개요.

한다. 지시를 따르고, 따르지 않고, 희망을 잃고, 기운을 내고, 먹고 마시고, 서로 싸우고, 번식하고, 그림을 그리고, 공황 상태에 빠지고, (꽤 자주) 자살도 한다. 드워프들이 모두 죽으면 플레이어도 죽는다. 게임을 계속하려면 무엇보다도 드워프들을 계속 살려두어야 한다. 이 게임을 만든 탄 애덤스는 게임이 완성되려면 20년은 더 걸릴 것이라고 추정했다.† 〈드워프 포트리스〉는 접근성이나 상업성의 유혹에 결코 굴복하지 않으며, 열성 팬들의 지원으로 계속

버텨나가고 있다. 그들은 드워프 포트리스가 최고의 전략 시뮬레이션이라고 주장한다. 이 게임의 복잡성은 테이블탑에서는 구현이 불가능하지만, 컴퓨터는 드워프의 몸을 모델링하고, 드워프의 팔이나 어깨뼈나 콩팥 중 어디가 타격을 받아서 멍이 드는지를 결정하고, 게임의 진행 상태를 계속 살펴볼 수 있다. 플레이어는 이런 점들을 알아차리지 못할지도 모르지만 말이다.

〈드워프 포트리스〉의 설계 목표는 현실 세계처럼 작동하는 판타지 세계를 만드는 것이다. 게임은 자체적으로 내부 모델들을 갖추고 있는데, 여기에는 물리학, 생물학, 농업, 날씨, 신체, 생물의 행동 동기, 심지어 화학 등이 있다. 따라서 놀라운 사건이 일어난다고 해도, 플레이어가 현실 세계의 상황에서 기대할 수 있는 것과 연관지을 수 있기에 어쨌거나 이해가 가능할 것이다.

〈드워프 포트리스〉는 어떤 게임보다도 더 현실적인 시뮬레이션 접근법을 취하며, 그럼으로써 그런 접근법의 어떤 부분에서 문제가 발생하는지를 보여준다. 특히 소박한 분류 체계를 토대로 한 컴퓨터 모델에서 생길 수 있는 문제들을 잘 보여준다. 〈밸런스 오브 파워〉의 한계는 시스템에서 빠뜨린 요인들(무역, 조약, 종교)의 수가 너무 많다고 느껴지는 점인 반면에, 〈드워프 포트리스〉의 한계는 시스템에 포함된 무수한 요인들의 상호작용에서 나온다. 그 세계가 정말로 풍성하다는 확신을 심어주는 바로 그 복잡성 때문에, 때

† 그는 2016년을 기준으로 42퍼센트 완성되었다고 말했다.

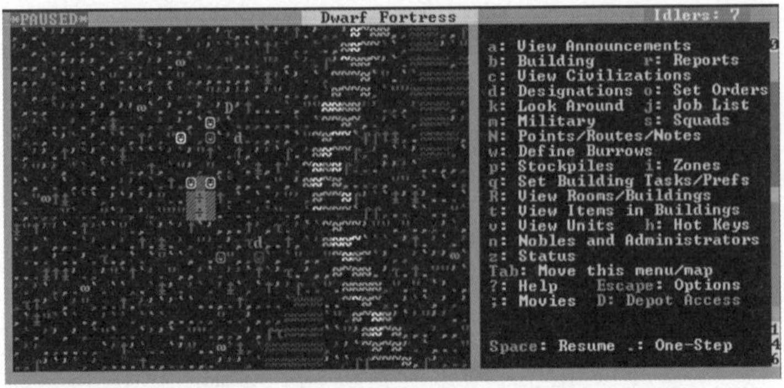

〈드워프 포트리스〉의 표준 인터페이스. 7개의 웃는 얼굴이 드워프들이다.

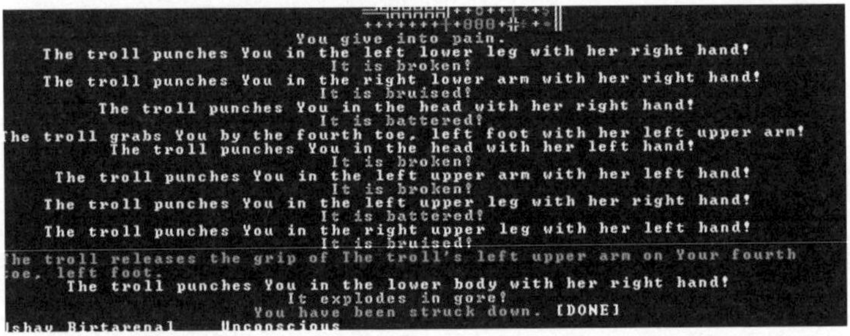

〈드워프 포트리스〉의 실감나는 전투 시뮬레이션. 발가락까지 모델링되어 있다.[12]

로 그 세계는 창작자의 의도를 벗어나서 움직이기도 한다.

드워프는 창작 욕구에 사로잡혀서, 마을 자체가 사라진 먼 훗날 어떤 탐험가가 발견하게 될 조각을 동굴 벽에 새길 수도 있다. 그 조각은 알고리즘이 꽤 많은 가능성의 집합으로부터 계산한 것인데, "대가의 솜씨로 새긴 드워프의 모습… 울부짖는 드워프" 등 드워프의 심리 상태와 그가 겪은 일이 담겨 있다.

악명 높은 '보트머더드' 요새의 연대기는 드워프를 습관적으로

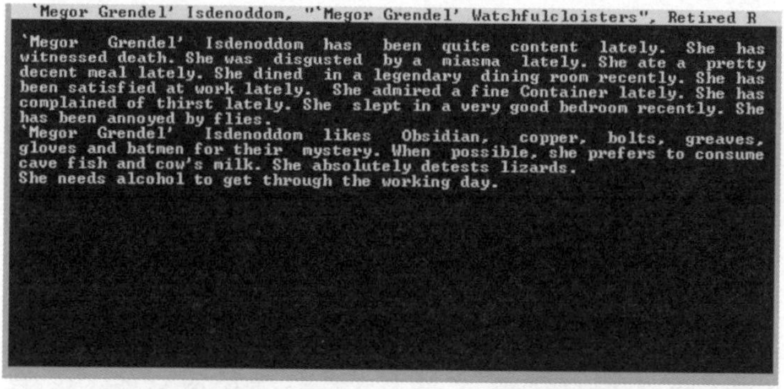

절차에 따라 생성된 드워프의 조각 작품.[13]

죽이는 화난 야생 코끼리 떼에 둘러싸인 비참한 드워프 부족의 이야기다. 몇 명의 플레이어들이 교대로 요새를 운영했다. 게임 초기에 한 플레이어가 종말을 가져올 장치를 만들었다. 작동시키면 보트머더드 요새가 온통 용암으로 뒤덮인다.† 이어받은 플레이어는 드워프들이 실수로 그 지역 전체의 지하에 깔려 있는 대수층에 구멍을 뚫는 바람에 수몰 위험에 처하자, 최후의 수단으로 그 장치를 작동시켰다. 용암이 물을 다 증발시키기를 바라면서 말이다. 용암

† 그 플레이어는 드라마 〈데드우드Deadwood〉의 알 스웨어렝겐 어투로 자신이 다스린 해를 이야기했다. "우선, 우리의 망할 공방과 교역품은 모두 망할 비가 억수처럼 퍼붓는 바깥에 놓여 있었다. 이전의 감독관 중 한 명이 얕은 곳에 살면서 하늘을 올려다보는 놈이었던 것이 분명하다. 동굴 속에서 생산한다는 것이 너무나 비인간적이라서 저 딱한 얼간이들을 바깥에 세워놓은 모양이다. 나는 멋지고 안전한 동굴 대신에 저 지랄 같은 탁 트인 하늘을 보며 돌아다녀야 하고, 이 멍청이들이 4년 동안 탁 트인 곳에서 일해왔다는 사실에 거의 돌아버릴 지경이었다. 끔찍할 만치 쩍 벌어져 있는 탁 트인 파란 하늘 아래에서 4년 동안 비를, 아니 더한 것도 맞고 있었다."[14]

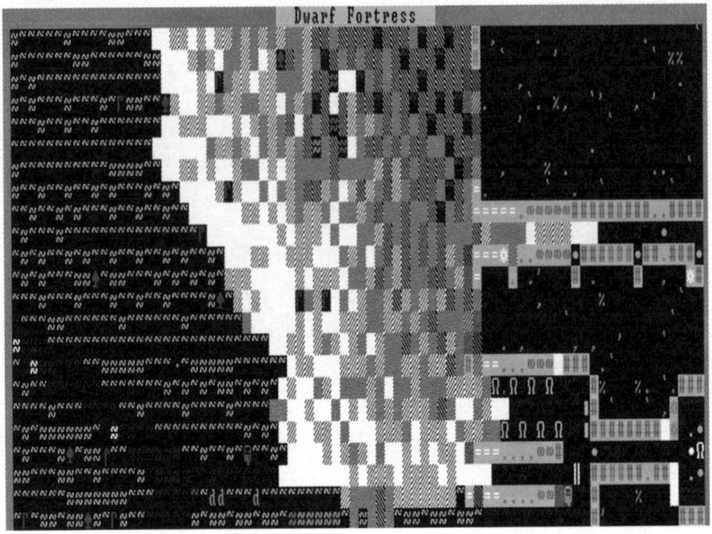

용암이 홍수와 만나서 하얀색과 회색의 증기 구름을 형성하여,
살아 있는 모든 것을 익혀버렸다.

은 물을 증발시켰다. 하지만 코끼리와 드워프 모두 뜨거운 수증기에 익어서 죽고 말았다. 구름처럼 뒤덮은 치명적인 증기와 썩어가는 시체들이 뿜어내는 자주색 독기만이 가득했다.

이 모든 활동들은 〈드워프 포트리스〉의 복잡한 세계 모델링 알고리즘 위에서 펼쳐진다. 애덤스의 의도는 세계의 시스템들을 세세하게 구축하는 것이 아니라 전반적으로 구축하는 것이다. 즉 물과 용암의 행동을 따로따로 짜기보다는 전반적인 유체역학 모델을 짰다. 그 모델로부터 어떤 유체든 간에 각기 다른 압력에서 어떻게 흐르는지를 유도할 수 있었다. 마찬가지로 날씨는 사물과 생물을 춥고 젖게 만드는 무언가가 아니라, 기본 조건에 따라서 안개, 비, 눈, 모든 주요 구름 유형들을 생성할 수 있는 전반적인 기상 모델에서 나왔다. 이런 모델들은 시스템들 사이의 상호작용도 실감나게 할 만큼 각 측면이 (대체로) 사실적으로 구현된, 신뢰할 만한 초기 환경을 만들었다.

〈드워프 포트리스〉의 상호작용하는 엄청나게 많은 하위 시스템들은 다음 사례처럼 예측할 수 없는 놀라운 결과들을 빚어낼 수 있다.

> 한번은 마을의 사형 집행인이 이빨로 범죄자를 처형해야 했다. 집행인이 두 팔을 잃었기 때문이었다. 그는 결국 범죄자의 팔을 물어서 뜯어냈지만, 그 팔을 뱉으라는 지시를 받지 못했다. 때문에 그 드워프는 게임 속에서 몇 년 동안 입에 팔을 물고 돌아다녔다.[15]

팔을 물어뜯어서 처형하는 것은 버그가 아니다. 범죄자는 실제로 처형되었기 때문이다. 팔을 뱉지 못하는 것만이 버그다. 어떻게 이런 일이 일어났을지 나름 추측을 해볼 수 있다. 사형 선고는 사형 집행인에게 범죄자가 죽을 때까지 '공격'하라고 명령했다. 그 복잡한 공격 논리는 먼저 집행인에게 사용할 수 있는 무기를 찾도록 지시했지만, 아무것도 찾지 못했다. 집행인이 팔이 없었기 때문이다. 그러자 공격 논리는 이빨을 택해서, 물어뜯어서 공격하도록 했다. 발로 차거나 머리로 들이받는 것보다 더 치명적이라고 판단했을 것이다. 하지만 사형 집행인은 팔을 물어뜯어서 범죄자를 처형한 뒤, 팔을 뱉지 못했다. 전형적인 전투 상황이 아니었기 때문이다. 대개 전투는 다른 드워프들이 모여서 지켜보고, 때로 참여하고, 화를 내는 등의 결과를 빚어내곤 했다. 그러나 우리 사회에서처럼 드워프 사회에서도 처형은 전투의 특수한 사례로서, 다른 이들은 관여하지 못하도록 되어 있다. 그것은 불문율이다.† 처형은 특별한 사건으로 지정되어서, 드워프들이 대개 난폭한 방식으로 반응하도록 하는 메커니즘들이 꺼져 있었을 가능성이 높다. 그러나 작동이 차단된 전투 메커니즘 중 하나는 사형 집행자가 팔을 물어뜯은 뒤 뱉을지 여부에 영향을 미치는 것도 있었다. 전투가 아니라면, 누군가의 팔을 물 일이 없을 테니까. 그 결과 알려지지 않았던 버그가 나타났다. 그러나 이는 내 추측일 뿐이다. 그냥 팔이 뱉어낼 필요가 있는 것이라고 코드로 지정된 대상에 포함되지 않았을 수도 있다.

애덤스는 고양이가 술에 취해서 토하는 행동을 하는 것이 바로 그런 사례라고 말한 바 있다. 이 버그(소프트웨어 용어로는 '코너 케이스corner case[여러 변수들이 정상적인 작동 범위를 넘어섰을 때 생기는 문제—옮긴이 주]'라고 불림)는 논리적으로 보이는 컴퓨터 모델들이

† 〈드워프 포트리스〉에서는 아직도 성문법이 채택되지 않았지만, 할 일 목록에는 들어 있다. 애덤스는 이렇게 말한다. "법률, 재산, 지위, 관습, 경제, 배도 있어야 할까? 어느 것이 먼저일까? 서로 밀접하게 영향을 미치기 때문에, 법은 경제에, 경제는 법에 영향을 미친다."[16]

서로 결합될 때 어떻게 비논리적 행동을 빚어낼 수 있는지를 잘 보여준다.

나는 요새 모드에 선술집을 추가했다. 드워프들이 적절한 시설로 가서, 잔을 받고, 주문을 하고, 잔을 들어서 마시도록 하기 위해서였다. 그런데 그들이 술을 마실 때 술을 흘려서, 바닥을 약간 적시곤 했다.

그런데 고양이가 선술집으로 들어오곤 했고, 8년 전쯤에 짠 낡은 피 발자국 코드인지 뭔지 때문에 고양이의 발에 술이 묻곤 했다. 원래는 사람들이 피를 밟고 돌아다닐 수 있게 짠 코드였는데, 지금은 아무 액체든 밟고 다니게 되어서 고양이는 술을 발에 묻히고 다닐 수 있었다. 고양이는 자기 발을 핥아서 닦을 터였고, 장난으로 고양이들이 스스로 몸을 닦도록 했을 때 나는 이렇게 생각한 셈이다. "음, 너흰 고양이지. 너희는 핥아서 몸을 닦을 때, 사실상 닦아내는 것을 먹지? 그래서 헤어볼이 생기는 거고, 그러니까 뭔가를 삼키는 것이 분명해, 맞지?" 그래서 고양이들은 발에 묻은 술을 닦아내면서 모두 취했다. 술을 마셨기 때문이었다.

하지만 예상 못한 상황이 벌어졌다. 당시 나는 고양이가 몸을 닦는 설정을 추가할 때 이것이 고주망태 증후군을 활성화시킬 것이라고는 전혀 생각하지 못했다. 단순히 이렇게 생각했을 뿐이었다. "술을 삼킨다면 최대 섭취량에 도달하겠지."

하지만 고양이만 한 동물에게 최대 섭취량은 맥주잔 한 잔 정도이며, 혈중 알코올을 계산할 때 이는 고양이가 앓게 되고 선술집 바닥이 온통 고양이 토사물로 가득해진다는 의미였다.

여기서 사람들이 도와주었다. 우리는 벌어지는 상황을 지켜보면서 이해하려고 애썼다. "여기서 대체 무슨 일이 벌어지는 거야?" 그러자 일련의 사건들이 이어진 결과임이 드러났다. 일어난 일련의 사건들 전체를 파악하려는 수사 활동과 비슷했다. 그저 선술집을 하나 추가한 것이 술을 흘릴 기회를 낳는다. 그 전까지는 술을 흘린다는 것이 아주 드문 일이었다. 그런데 이제 흘린 술들이 뭔가 새로운 일이 일어날 수 있는 장소를 만들기 시작한다. 그저 중요하지 않았기 때문에 숫자의 균형을 맞추지 않았던, 8년인지 6년인지 전에 짠 코드의 몇몇 부분과 버그가 작동한다. 중요하지 않았기에 균형을 맞추느라 시간을 쓰고 싶지 않았던 부분이다. 별것도 아닌 것에 이틀이나 낭비하고 싶지 않았으니까.[17]

여기서 중요한 것은 꼼꼼함과 직관의 조합이다. 〈밸런스 오브 파워〉를 다룬 크로퍼드의 책에서도 똑같은 조합이 명확히 드러난다. 애덤스는 가이객스를 부끄럽게 만들 정도로 포괄적인 게임을 만들었다. 그의 프로그래밍은 가이객스가 했던 것보다 훨씬 더 세세한 수준까지 역학을 구현하고 실행할 필요가 있었지만, 그런 세부사항들 중 상당수는 즉흥적으로 구축된 것들이었다. 물론 전부다 그렇지는 않다. 날씨와 유체역학을 구현하기 위해서, 애덤스는 물리법칙과 그것들이 어떻게 작동해야 하는지를 꽤 깊이 조사했다. 그러나 인간과 동물의 행동은 대충 처리했다. 고양이 구토 사례에서 애덤스는 여러 상식적인 역학을 제대로 지정하지 않았다. 고양이 발을 술에 적시는 것부터 고양이가 발을 핥고서 술에 취하는 것에 이르기까지, 일련의 역학들 하나하나는 따로 놓으면 이치에 맞지만 결합되면 터무니없는 결과를 낳았다. 애덤스는 이 과정이 수작업으로 모든 가능성을 결정하는 식으로 이루어졌다고 말한다.

맞물린 시스템들이 너무나 많이 있다. 여기서 '맞물린 시스템'이라는 말은, 우연하게 발생한 고양이 사건처럼 무작위적인 사건일 때도 있지만, 수작업으로 톱니바퀴의 살과 톱니를 만드는 것을 의미할 때가 더 많다. 당신이 하고 있는 일이 바로 그것이다. 자신이 떠올릴 수 있는 모든 톱니바퀴에 끼워질 톱니를 하나씩 붙이고 있다. 끼울 톱니바퀴가 있는지조차 기억하지 못할 만큼 많아서, 그냥 할 수 있는 만큼 많이 끼우고 있다. 모든 시스템은 아마 어떤 식으로든 다른 모든 시스템들과 연결되어 있을 것이다. 그저 아직 전부 다 실현되지 않았을 뿐이다. (…) 모든 연결을 찾을 필요는 없겠지만, 먹통이 될 정도로 게임을 엉망으로 만들지만 말라.[18]

소프트웨어 엔지니어로서, 나는 애덤스가 묘사한 복잡성에 가슴이 서늘해진다. 프로그래머의 본능은 항상 시스템을 가능한 단순하면서 간소하게 만들라고 말한다. 상호작용을 세심하게 지정하고 한정하면서 말이다. 나는 마음속으로 시스템 전체를 한눈에 펼쳐놓고 싶다. 수작업이 필요한 특수한 사례들은 최소화하고 싶다. 상황을 명확히 파악하고 싶다. 그러나 세계의 복잡성을 가능한 한 고스란히 모사하려는 애덤스의 의도는 그 본능과 곧장 충돌한다. "떠올릴 수 있는 모든 톱니바퀴"는 결코 모든 톱니바퀴가 되지 못한다. 언제나 한 사람이 대처할 수 있는 수준을 넘어서기에, 늘 빠진 구멍이 있을 것이다. 시간이 흐를수록 작은 구멍들은 점점 늘어나다가, 이윽고 문제를 야기한다. 솔기가 뜯어져 나가기 시작한다.

컴퓨터과학자 앨런 펄리스는 이렇게 썼다. "모든 프로그램은 다른 어떤 프로그램이 일부이며, 대부분의 경우에 들어맞지 않는다."[19] 다시 말해, 소박한 분류 체계가 다듬어지고 결합되어서 원래 목표한 범위를 넘어설 때면, 솔기가 드러나고 뜯어지기 시작한다. 여기서는 굳이 현실 세계와 접촉할 필요도 없다. 독립된 분류 체계들 사이의 단순한 상호작용은 홀로 있을 때에는 결코 일어나지 않을 새로운 갈등을 빚어낼 수 있다. 『DSM』 사례에서, 『DSM』의 상충되는 요구들 사이의 충돌 때문에 편찬자들은 외부의 요구사항을 반영하는 대신에 혼란스럽고 고립된 수사법을 채택하는 쪽으로 퇴행할 수밖에 없었다. 그러나 그들을 정직하게끔 강제하는 컴퓨터의 수학적 요구 조건들이 없었다면, 분류 체계는 더 사적이면서, 접근하기 어렵고, 임의적인 체계가 되었을 것이다. 반면에 소프트웨어 엔지니어들은 컴퓨터의 메타시스템meta-system을 제어함으로써 그 세계 전체를 정량화한다. 정신의학자들은 세계가 컴퓨터와 만나는 접점마다 특성을 새기려 애쓰지만, 소프트웨어 엔지니어들은 그보다 더 나아간다. 우리는 그 접점에 세계 전체를 새기며, 누구나 그렇게 할 수 있도록 도구를 만든다. 그런 뒤 컴퓨터가 우리를 위해 그 일을 하도록 프로그램을 짠다. 점점 더 컴퓨터는 스스로의 역할을 연기하는 우리 자신을 돕는다.

프랜시스 앨런은 『DSM』을 "성서가 아니라 안내서, '진짜' 질병들의 목록이 아니라 잠정적으로 구성한 유용한 진단명의 집합"이라고 본다. 그리고 던전 마스터는 "오로지 플레이어가 불신을 잠시 접어두도록 돕는 한편으로 자신의 이야기에 새롭고 더 극적인 가능성을 추가하기 위한 용도로 규칙을 쓴다."[20] 그런 지침은 완전한 임의성에 선례에 따른 제약을 가하지만, 창의적인 변형을 허용한다. 그런 모델링은 휴리스틱이자 인간적인 기술이며, 컴퓨터가 설령 할 수 있다고 해도 아직은 제대로 못하는 것이다. 대조적으로 〈드워프 포트리스〉에서 규칙은 암시적이지 않으며, 구속력이 있다. 컴퓨터가 인간에게서 심판의 역할을 점점 앗아가고 소박한 온톨로지를 강요할 때, 우리의 인격에는 어떤 일이 일어날까? 의사로서든 던전 마스터로서든, 컴퓨터는 다른 방식으로 일할 것이다. 컴퓨터는 규칙을 수정하기 어렵게 만든다. 그리고 시스템의 복잡성이 〈드워프 포트리스〉의 복잡성을 능가하고 점점 커질수록, 디버깅(프로그램의 오류를 찾아내고 고치는 작업—옮긴이 주)은 불가능에 가까워지고 전에 없던 자체적인 버그가 진화한다.

이 딜레마에 처음으로 직면한 기업은 구글이었다. 그리고 그 일은 내가 구글에 있을 때 일어났다.

막간: 텍스트 어드벤처

피코와 세풀베다
누구의 꿈도 이루어지지 않는 곳
—에디 맥스웰

컴퓨터는 세계 모델에 나 있는 틈새를 처리할 수 없지만, 사람은 할 수 있다. 바로 언어를 써서다. 우리는 주변 환경으로부터 언어를 물려받으며, 우리가 말하는 방식은 우리를 둘러싼 문화의 가치와 결함을 반영한다. 나는 당시 존재할 수 있는 문화적 공백에 가장 가까운 장소였던 로스앤젤레스의 외진 교외 지역에서 자랐다. 내 세계는 동서남북 어디로든 약 20킬로미터를 넘지 않는, 국지적인 세계였다. 상점가, 서점, 비디오 대여점이 있었고, 작은 도서관도 한 곳 있었다. 우리 가족은 그 어떤 가문의 유산이나 유물도 없이, 그 어떤 특정한 문화도 떠올릴 수 없는 방식으로 구성되고 다듬어진 소도시에서 살았다. 태평양 연안에 우뚝 선 기념물이 멀리서 어른거리는 것 외에, 내가 사는 곳은 어느 누구도 붓을 대지 않는 텅 빈 캔버스였다. 드문드문 나오는 UHF 텔레비전, 그리고 동네 도서관과 B. 돌턴 서점에서 발견하는 책들이 그나마 위안이었다.

웹이 등장하기 전이었다. 그렇기에 나는 책, 영화, 텔레비전, 만화책 등 전통적인 매체를 통해서만 문화를 접했다. 서점, 도서관, 비디오 대여점은 내 세계와 다른 세계를 연결하는 유일한 접속점이었다. 컴퓨터는 내 삶의 일부였지만, 거기에 예술은 거의 없었다. 나는 〈밸런스 오브 파워〉, 로고, 극악무도한 〈로봇 오디세이Robot Odyssey〉를 기억한다.[1] 후자는 아마 당시에 가장 어려운 컴퓨터 게임이었을 것이다. 그런 컴퓨터 창작물들은 내 마음을 훈련시키고 호기심을 자극했지만, 여러 책과 영화만큼 내 마음에 깊은 인상을 남긴 사례는 거의 없었다. 그러나 몇몇 프로그램은 인상적이었는데, 〈트리니티Trinity〉가 그랬다. 〈밸런스 오브 파워〉처럼 〈트리니티〉도 냉전 시대 핵 공포의 산물이었지만, 전자가 전략적인 게임이었던 반면에 〈트리니티〉는 문학적이었다.

창작자인 브라이언 모리아티는 1945년 7월 16일 최초의 핵무기 실험이 일어난 장소의 이름을 따서 게임에 〈트리니티〉라는 이름을 붙였다. 이 1986년 텍스트 어드벤처text adventure 게임에는 루이스 캐

1945년 트리니티 실험 때 터뜨린 핵분열 폭탄 가젯Gadget

럴의 정신이 담겨 있다. 애벌레를 뚫고 나온 버섯은 냉전 세대를 공포에 떨게 한 버섯 핵구름으로 바뀌었다. 나는 〈트리니티〉를 통해서 핵 군비 경쟁을 처음 접했다. 게임은 원자폭탄 홀로코스트와 세계의 종말로 시작하며, 그런 뒤에 시간을 거슬러 실험을 막기 위해 1945년의 원래 트리니티 실험 장소로 향한다. 모든 핵폭발을 연결시켜주는 거울 속 환상 세계를 통해서다. 나는 〈울티마〉나 〈마이트 앤 매직〉에서는 인용할 말이 그리 없지만, 인포컴Infocom(1979년에 설립된 게임 개발사—옮긴이 주) 게임들로부터 배운 단어들('엄지기둥newel', '재기록된 고문서palimpsest', '재정보증서affidavit')이나 〈트리니티〉의 주문 같은 글귀는 지금도 기억한다. "모든 유모차는 켄싱턴 가

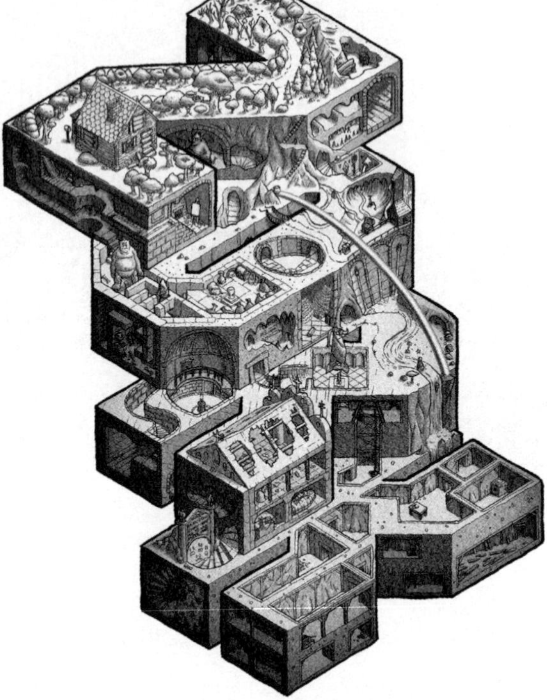

1980년에 출시된 〈조크Zork〉는 인포컴의 첫 번째 게임으로
마크 블랭크, 데이브 레블링, 브루스 대니얼스, 팀 앤더슨이 썼다.
로렌스 젠킨스의 이 그림은 〈조크〉에 등장하는 모든 장소를 보여주고 있다.

든스로 이어진다."† 지금도 가끔씩 〈트리니티〉의 텍스트가 머릿속에 떠오른다. 플레이어는 명령문을 써서 텍스트 어드벤처 게임을 제어한다. 게임이 설정과 상황을 제시하면, 자신의 캐릭터가 무엇

† J. M. 배리의 『작은 하얀 새*The Little White Bird*』에 나오는 구절. 이 게임에는 배리와 캐럴뿐 아니라, 에밀리 디킨슨, 허먼 멜빌, 알렉산더 포프의 글도 인용되어 있다.

을 하기를 원하는지를 명령문을 통해 전달한다. 관례상 게임은 2인칭 현재 시제로 플레이어에게 말한다. 다음의 가상 대본에서 플레이어의 명령문은 홑화살괄호(〉) 뒤에 굵은 활자로 적혀 있다. 컴퓨터의 출력은 보통 활자로 적혀 있다.

클라인 병을 지나서

인터랙티브 노스탤지어 여행

1판 / 일련번호 170221

당신은 기이하게 친숙하면서도 낯선 장소에 있다.

조각 정원

당신은 은밀하지만 널찍한 정원의 거대한 조각상 앞에 서 있다. 조각상은 당신의 머리 위로 아치를 그리고 있고, 칼더와 팅겔리의 작품을 뒤섞은 것처럼 비틀린 모양이다. 이 금속 작품은 너무나 굽어 있어서 어디에서 안이 끝나고 바깥이 시작되는지를 구별하기가 어렵다.

주름진 계단이 남북으로 조각상 안으로 뻗어 있다.

두 입구 사이에 작은 그랜드피아노가 놓여 있다. 덮개가 이상하다. 건반 위에 접은 종이 카드가 놓여 있다. 피아노에는 '펠릭스 클라인 1849~1925' 라고 새겨져 있다.

> 나는 누구인가요?

당신은 데이비드 아우어바흐다. 적어도 지난번에 접속했을 때는 그러했다.

> 나는 몇 살인가요?

이상하게도 나이가 불분명하다. 당신은 어린아이 같지는 않다. 수십 년 동안의 기억을 지닌 듯하기 때문이다. 그러나 자신의 모습을 훑어보면 12세의 자신이 깡마르고 길쭉한 팔다리에 빳빳한 옷을 입고 있는 것이 보인다. 게다가 기이한 환경이기에 자신이 어디에 와 있는지를 파악하기가 훨씬 어렵다.

> 카드를 읽으세요

당신은 건반에서 카드를 집어서 펼친다. "바흐의 뮈제트를 연주하세요." 때마침 조각상 안쪽 어딘가에서 그 작품의 단순한 선율이 울린다.

> 피아노로 뮈제트를 연주하세요

당신은 피아노를 쳐본 지 20년이 넘었지만, 곧 손가락에 옛 감각이 돌아온다. 당신은 연주를 시작하지만, 소리가 이상하게 나는 바람에 멈칫한다. 악보가 너무 이상하다. 아니, 이상한 쪽은 피아노다. 건반이 다 뒤집혀 있다. 건반의 오른쪽으로 갈수록 음이 낮아지고, 왼쪽으로 갈수록 음이 높아지도록 배열되어 있다.

> 건반을 반대로 눌러서 뮈제트를 연주하세요

당신은 뒤집힌 건반 배열에 맞추어서 손가락을 반대로 움직이려고 시도하지만 헛수고다. 당신의 근육 기억은 그런 기하학적 변형을 따라가지 못한다.

> 나를 죽여요

당신은 없어서는 안 된다.†

> 피아노를 살펴보세요

우선 건반 배열이 거꾸로다. 덮개도 편평하지 않다. 항아리와 비슷한 형태로 불가능하게 휘어진 나무 조각처럼 보인다. 버팀대가 구부러져서 덮개를 뚫은 것처럼 보인다. 그래서 '항아리'의 어디에서부터가 안이고 바깥인지를 구별하기가 어렵다.

피아노에 '펠릭스 클라인 1849~1925'라고 새겨져 있다.

> 북쪽으로 가세요

당신은 조각상의 북쪽을 올라간다.

---

† 이 놀라운 문구는 〈트리니티〉에서 그대로 따온 것이다. 대개 다른 게임들은 이 명령문을 그대로 따랐다. 〈스타크로스Starcross〉에서처럼 "그러시겠다면"이라고 뜨거나, 그냥 "알았음"이라고 뜨고서 게임을 종료한다.

북쪽 조각상

조각상의 '바닥'이 위로 올라가면서 굽어 있어서 당신은 어지러움을 조금 느낀다. 걸음이 당신이 가야 한다고 생각하는 방향과 어딘가 어긋나는 듯하다.

전에도 여기 와본 것 같다.

> 계속 올라가세요

올라갈수록 바닥은 걱정스러울 만치 계속 비틀린다.

조각상 꼭대기

여기 서니 금속 작품이 좀 더 잘 보인다. 하지만 여전히 윤곽이 뒤엉키고 일관성이 없어 보인다. 어디나 굽어 있는 듯하다.

조각상의 통로가 남쪽과 북쪽으로 아래로 뻗어 있는 것이 보인다.

당신은 방향 감각에 심한 혼란을 느끼지만, 이미 집중력을 잃은 상태다. 당신은 <트리니티>의 클라인 병 안에 있다. 클라인 병은 뫼비우스 띠의 사차원 판에 해당한다. 뫼비우스 띠가 띠의 양면을 꼬아 붙여서 이차원을 삼차원으로 만든 것이라면, 클라인 병은 삼차원의 안과 밖의 두 표면을 꼬아 붙여서 사차원의 한 표면으로 만든 것이다. <트리니티>에서는 클라인 병을 만든 것이 금속 조각상이 아니라 커다란 토피어리였지만, 모양은 같다.

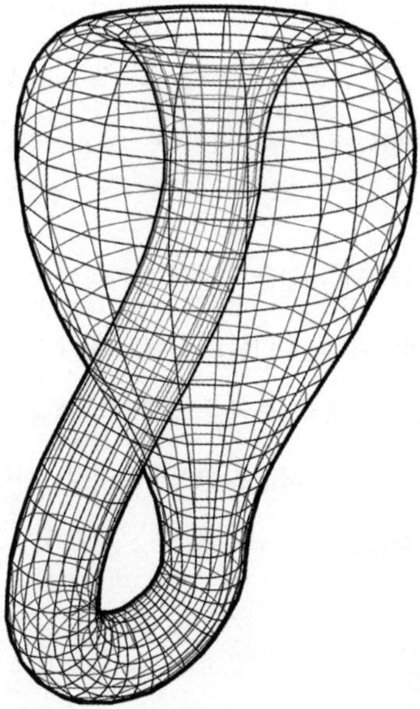

면이 하나 밖에 없는 클라인 병. 실제로는 자기 자신을 뚫고 지나가지 않으며,
삼차원에서는 구현할 수 없다. 사차원이 필요하다.

> <트리니티>를 기억하세요

당신의 생각은 브라이언 모리아티의 1986년 텍스트 어드벤처 <트리니티>로 돌아간다. 핵 아마겟돈을 다룬 섬뜩한 게임이다. 그 게임은 당신에게 지워지지 않을 인상을 남겼다. 당신은 게임을 시작할 때 켄싱턴 가든스에서 일본 할머니와 만난 섬뜩한 순간을 기억한다. 바로 직후에 제3차 세계대전이 터져서 세계가 종말을 고했다.

당신은 할머니에게 다가가다가 멈춘다. 얼굴이 이상하다. 자세히 들여

> 다보다가 당신은 깜짝 놀란다. 얼굴의 왼쪽이 붉은 흉터로 뒤덮여 있다. 원래의 얼굴이 뒤틀려서 끔찍한 모습이 되어 있다. 어떤 사고를 겪었던 것이 분명하다.[2]

당신의 캐릭터는 나중에 시간을 거슬러 나가사키로 가서 원자폭탄이 터지기 직전에 어린 모습의 그 할머니를 만날 것이다. 황폐한 느낌을 주는 게임이었다. 자신을 어렴풋이 투영한 플레이어-캐릭터로서 반쯤은 현실을 묘사하고 반쯤은 환상적인 세계를 경험할 수 있는 새로운 맥락, 새로운 정서적 공간을 제공했다.

> 남쪽으로 가세요

남쪽 조각상

조각상의 '바닥'이 위로 올라가면서 굽어 있어서 당신은 어지러움을 조금 느낀다. 걸음이 당신이 가야 한다고 생각하는 방향과 어딘가 어긋나는 듯하다.

> 아래로 가세요

내려갈수록 바닥은 걱정스러울 만치 계속 비틀린다.

조각 정원

당신은 은밀하지만 널찍한 정원의 거대한 조각상 앞에 서 있다. 조각상은 당신의 머리 위로 아치를 그리고 있고, 칼더와 팅겔리의 작품을 뒤섞은 것처럼 비틀린 모양이다. 이 금속 작품은 너무나 굽어 있어서 어디에서 안이 끝나고 바깥이 시작되는지를 구별하기가 어렵다.

주름진 계단이 남북으로 조각상 안으로 뻗어 있다.

두 입구 사이에 작은 그랜드피아노가 놓여 있다. 덮개가 이상하다. 건반 위에 접은 종이 카드가 놓여 있다. 피아노에는 ‘펠릭스 클라인 1849~1925’라고 새겨져 있다.

> 피아노를 살펴보세요

덮개는 전처럼 혼란을 주지만, 이제는 건반 배열이 정상이다. 클라인 병의 표면을 걸음으로써 당신은 스스로를 거울상으로 뒤집었다. 하지만 당신 자신의 관점에서 보면, 세계를 거울상으로 만든 것이다.

> 피아노로 뮈제트를 연주하세요

당신은 조심스럽게 건반을 만져본다. 이번에는 건반 배열이 제대로 되어 있다는 것을 알아차린다. 당신에게 여전히 친숙한 뮈제트의 매혹적인 선율이 피아노에서 수월하게 흘러나온다.

이 단순한 선율은 금속 조각상에 부딪혀 울려 퍼진다. 각 음은 조각상 깊숙한 곳에서 공명하면서 메아리치는 듯하다. 이윽고 조각상 전체가 당신의 위와 주변에서 불안하게 진동하기 시작한다. 연주를 끝낼 무렵에 들보 중 몇 개가 눈에 띄게 출렁거리고 있고, 금속들이 부딪히면서 삐걱거리는 소리가 신경을 거슬린다. 이어서 엄청난 굉음을 내면서 구조물이 당신의 주위로 무너져 내린다. 당신은 기적처럼 생채기 하나 나지 않았지만, 구조물은 엄청난 힘으로 바닥에 쾅 내려앉으면서 산산이 부서진다.

먼지가 가라앉자, 전혀 다른 장면이 펼쳐진다.

폐허

당신은 온통 부서진 잔해들만이 보이는 곳에 혼자 있다. 사방이 연기와 재 구름으로 뒤덮여서 멀리까지 보이지는 않는다. 눈을 돌리는 곳마다 불길, 잔해 더미, 검게 불탄 커다란 건축재만이 가득하다.

> 아내에게 전화를 걸어주세요

(당신은 주머니에서 전화기를 꺼낸다)

응답이 없다.

> 전화기를 보세요

통신 신호가 잡히지 않는다. 통신 가능 구역을 벗어나 있거나, 잔해 때문에 신호가 막혀 있다.

> 전화기의 날짜를 보세요

2001년 9월 11일이다.

날짜를 보니 자신이 누구인지를 더 실감하게 된다. 당신은 졸업한 지 몇 년 뒤, 마이크로소프트에서 일하고 있다. <트리니티>를 자극한 핵 편집증에서 벗어나서, 공산주의가 무너지고 신자유주의가 활기를 띠고 세계의 문제들이 미국의 문제들과 아주 멀리 떨어져 있는 1990년대의 기이한 정체기를 살고 있다. 당신의 무지는 바로 이날 산산이 부서지며, 그 뒤로 여러 해 동안 당신은 자신의 단편적이고 특권적인 관점에서 세계가 어떻게 보이는지가 아니라 세계가 실제로 어떤 모습인지를 이해하기 위해 애쓸 것이다.

그리고 이것이 그 기간에 이따금 꾸곤 했던 꿈임을 알아차린다. 꿈속에서 당신은 역사의 일부가 되었고 자신을 각성시킨 그 파괴 현장에 와 있다.

> 깨어나세요

알았음.

**** 돌아왔습니다 ****

18번째 단계에 당신은 기억술사 등급에 올랐습니다. 다시 시작할까요, 이전 게임을 불러올까요, 바로 전의 단계를 되돌릴까요, 게임을 끝낼까요?
(‘재시작’, ‘불러오기’, ‘취소’, 또는 ‘나가기’를 입력하세요.)

> 나가기

모리아티가 나가사키 생존자를 언급한 대목에서 나는 그 어떤 컴퓨터 게임을 할 때보다도 더 섬찟함을 느꼈다. 플레이어가 얼굴에 흉터가 난 할머니를 먼저 보도록 하고, 나중에 나가사키에 원자폭탄이 터지기 직전 순진무구한 아이의 모습으로 다시 보게 하는 식으로 이름 없는 캐릭터를 묘사한 부분은 50년에 걸쳐 쌓인 핵무기에 대한 불안과 트라우마를 내게 안겨주었다. 동생은 더욱 심한 충격을 받았다. 당시 8세였던 동생은 그 게임을 한 뒤로 핵전쟁이 일어날 것이라는 공포에 사로잡혔다. 나는 동생이 공포에 빠진 것이 납득이 갔다. 〈트리니티〉에는 그 어떤 악당도 없었다. 그 게임은 자멸의 비밀을 발견함으로써 벼랑 끝에 서게 된 세계를 그리고 있었다. 그리고 게임 속에서 내 캐릭터는 그 세계를 돌아다니면서 악몽을 보았다. 그 할머니야말로 게임의 핵심이었다. 그 끔찍한 힘은 미래에 등장할 가상의 것이 아니었다. 이미 여기에 있었고, 이미 희생자까지 만들었다. 그 대목은 10년 뒤인 2001년 9월 11일의 사건 못지않게 나를 일깨웠다.

〈트리니티〉의 텍스트는 컴퓨터가 아니라 사람이 쓴 것이다. 텍스트 어드벤처에서 텍스트의 배치는 내가 받은 충격에 어떻게 영향을 미쳤을까? 텍스트 어드벤처는 알고리즘 위에 인간의 언어를 접목한다. 인간의 삶을 숫자와 방정식으로 조직화하지 않고, 자동화를 거부한다. 그 점에서 텍스트 어드벤처는 롤플레잉 게임과 정반대이며, 컴퓨터 게임의 역사에서 상반되면서 상호보완적인 역할을 했다. RPG가 캐릭터 통계를 전면에 내세운 반면, 텍스트 어드벤처는 세계를 성기게 정량화한다. 어드벤처 게임에는 통계나 주사위 굴리기가 없다. 역설적이게도, RPG 설계자들의 인지 편향이 RPG 알고리즘에 고스란히 반영된 것과는 달리, 텍스트 어드벤처는 인간의 언어 수준에서 그런 편향들을 제거함으로써 그 하부 구조를 삶을 정량화한 모델들로부터 자유롭게 만들었다. 〈던전 앤 드래곤〉의 역학을 통째로 컴퓨터에 이식한 〈엑소더스Exodus〉와 〈위저드리〉는 숫자와 지도와 다이어그램으로 구성된다. 컴퓨터 전쟁 게임들도 마찬가지였다. 텍스트 어드벤처는 창작자와 플레이어 사이의 대화를 전면에 내세운다. 인간의 층과 컴퓨터의 층은 구분된다.

이런 사항들은 그래픽 어드벤처를 포함한 일반적인 어드벤처 게임에도 적용되지만, 나는 〈어드벤처Adventure〉와 〈조크〉가 개척한 전통적인 텍스트 어드벤처에 초점을 맞추고자 한다. 이유는 두 가지다. 첫째, 이 게임들은 초보적이지만 창의적인 방식으로 인간 언어의 이해라는 알고리즘 문제를 처리하려고 애썼다. 플레이어가 메뉴에서 단어를 고르거나 버튼을 누르게 하기보다는 원하는 행동을 문자로 입력하도록 함으로써였다. 둘째, 컴퓨터가 몰입과 감동을 주는 이야기 경험을 제공할 수 있음을 보여줌으로써 인간 창의성의 가장 표현하기 어려운 부분을 통합했다.

당시에는 형용사와 전치사를 포함하는 복합 구문을 포함하여, 내가 입력하는 텍스트를 컴퓨터가 '이해'할 수 있다는 것 자체가 경이로웠다. 이런 점에서 인포컴의 게임들은 비할 데가 없었다. 인포컴의 파서parser(문장 분석 프로그램—옮긴이 주)는 대다수 게임사의 것보다 훨씬 정교했다. 다른 게임들은 기본적인 '동사+목적어' 명령문("금을 집어라", "트롤을 죽여라" 등)을 처리하는 수준의 일만 할 수 있었다. 인포컴은 범용 파서를 구축하여 여러 게임에 적용하면서 다듬었으며, 다양한 표현을 처리하고 해석하는 쪽으로 놀라운 기술적 성취를 보여주었다.

인포컴의 게임 〈은하수를 여행하는 히치하이커를 위한 안내서The Hitchhiker's Guide to the Galaxy〉에는 악명 높은 바벨피시Babelfish 퍼즐이 나온다. 플레이어는 자판기에서 만능 번역 물고기를 뽑아야 하는데, 대신에 온갖 장치와 가구가 뽑히기 마련이다. 이 퍼즐은 터무니없을 만치 어렵다. 어릴 때 나는 더글러스 애덤스(『은하수를 여행하는 히치하이커를 위한 안내서』의 저자—옮긴이 주)의 사인회장에 가서 『더크 젠틀리의 전체론적 탐정 사무소*Dirk Gently's Holistic Detective Agency*』에 사인을 받기 위해 기다리다가, 애덤스가 내 바로 앞에 있던 사람에게 그 퍼즐을 푸는 법을 알려주는 말을 주워들었다.[†] 그만큼 아주 어려웠고, 당신에는 단서를 찾는 데 쓸 인터넷이 아직 없었다. (1980년대 말에는 단서를 제공하는 안내서들이 꽤 많이 팔렸다.)

† 당시에는 깨닫지 못했지만, 더글러스 애덤스는 내가 생각한 것보다 나에게 훨씬 더 큰 영향을 끼쳤다. 과학소설의 클리셰와 영국인 특유의 냉소를 잘 버무린 그의 책들은 중학생이던 나와 잘 들어맞았고, 내가 커트 보니것로 넘어가는 징검다리 역할을 했다. 그리고 보니것은 더 "진지하고 문학적인" 소설로 넘어가는 징검다리 역할을 했다.

퍼즐은 극악무도했어도 파서는 플레이어를 방해하지 않았다. 무엇을 할지를 알아내는 것이 문제이지, 그것을 파서에게 어떻게 표현할지는 중요하지 않다. 바벨피시를 얻기 위해 루브 골드버그 장치Rube Goldberg machine(단순한 행동을 쓸데없이 복잡한 방식으로 하도록 만든 장치—옮긴이 주)의 다음 단계를 추측하려고 애쓰면서 벽에 머리를 들이박고 있는 플레이어에게는 별 위로가 안 될지도 모르지만, 이는 인포컴의 파서(그리고 그 출시 전 테스트)가 대단히 뛰어남을 입증한다. 인터랙티브 픽션interactive fiction의 대가인 그레이엄 넬슨은 이 게임의 몰입형 상호작용을 설명하면서 바벨피시 퍼즐을 예시로 쓴다. "플레이어가 (어느 문구를 선호하든 간에) 한 번에 조금씩 텍스트를 받도록 하는 퍼즐이나 문제, 메커니즘이 없다면, 상호작용도 없다."[3] 그는 퍼즐 첫 부분의 대본을 일부 제시한다.[4]

> 장치를 검사하세요

자판기는 위로 길쭉하며, 눈높이쯤에 해당하는 곳에 버튼이 하나 있다. 버튼에는 큰 글자로 '바벨피시'라고 적혀 있다. 무릎 높이에 있는 배출구에서는 다른 무엇이든 튀어나올 수 있다. 장치에는 '시리우스 사이버네틱스 주식회사의 또 하나의 멋진 제품'이라는 작은 라벨이 붙어 있다.

> 자판기 버튼을 누르세요

배출구에서 바벨피시가 한 마리 튀어나온다. 바벨피시는 빠르게 방을 가로질러서 금속 옷걸이 바로 밑 벽에 난 작은 구멍으로 사라진다.

> 실내 가운을 벗으세요

당신은 이제 가운을 입고 있지 않다.

> 옷걸이에 가운을 거세요

가운은 이제 옷걸이에 걸려서 작은 구멍을 덮는다.

> 자판기 버튼을 누르세요

배출구에서 바벨피시 한 마리가 튀어나온다. 바벨피시는 빠르게 방을 가로질러서 실내 가운에 부딪힌다. 바벨피시는 가운의 소매를 타고 미끄러져서 바닥에 떨어진 뒤, 그때까지 눈에 띄지 않았던 하수구 뚜껑 틈새로 사라진다.

> 수건으로 하수구 뚜껑을 덮으세요

수건으로 하수구를 완전히 가린다.

이것이 최선의 전개다. 플레이어는 옷걸이와 하수구를 다른 것들로 가리려고 하거나, 아예 옷걸이를 벽에서 잡아 뜯거나, 하수구에 뭔가를 쏟아 부어서 넘치게 만드는 별난 짓거리까지 시도하는 등 갖가지 물건을 시험하면서 시간을 낭비할 가능성이 더 높다. 이 퍼즐이 훌륭한지 여부는 주관적이지만, 파서는 플레이어의 노력에 부응하면서 플레이어의 시도에 의미 있으면서 적절한 반응을 제공하는 임무를 수월하게 해낸다. 게임은 현실에서 먹혔을 법한 가능성들을 하나하나 차단한다. 그러나 텍스트 구문 분석은 일부 플레이어가 그 퍼즐이 "공정"하다고 여길 만큼 좋다. 공정함은 게임의 품질을 보여주는 궁극적인 시험대라고 할 수 있다.

2000년에 이르러서 인포컴에서 이어진 파서(TADS[텍스트 어드벤처 제작용 프로그래밍 언어—옮긴이 주]에 포함된)는 충분히 정교해지고 탄탄해져서 앤드루 D. 폰티어스의 〈리매치Rematch〉 같은 게임이 나올 수 있었다. 당구장을 배경으로 단 한 번만 명령문을 입력할 수 있는 게임인데, 명령문을 입력하면 게임이 진행된다. 곧 자동차가 창문을 뚫고 들어와서 (대부분의 경우에) 당신을 죽이기 직전까지 말이다. 이 단 한 차례의 명령문이 루브 골드버그 메커니즘을 작동시켜야만 게임에 이긴다.

> 351쪽을 찢어서 큐볼을 감싼 뒤 떠버리에게 던지도록 이네스에게 시키라고 닉에게 속삭인다

이 명령문이 잇달아 일으키는 혼란을 통해서 당신과 닉, 이네스는 자동차가 창문을 뚫고 들어오기 직전에 빠져나가게 된다. 바벨피시 퍼즐에서처럼 이 메커니즘도 찾아내기가 극도로 어렵다. 이런저런 시도를 하고 죽는 일을 무수히 반복하면서도, 자신의 의도를 결코 직설적으로 표현하지 말아야 한다. 파서는 그 정도로 뛰어나다. 비록 내가 처음 그 게임을 했을 때에는 컴퓨터가 "속삭이다"라는 명령어를 처리하는 데 몇 초나 걸리는지 셀 수 있을 만큼 느리긴 했지만 말이다.

나쁜 퍼즐은 플레이어가 해답에 도달하려고 애쓰면서 좌절을 겪을 만큼 너무나 경직되고 임의로 한정된 말을 쓰도록 요구한다. 그럴 때 플레이어는 게임의 텍스트에 명확히 드러나 있는 논리가 아니라, 코드 자체에 숨겨진 논리를 추측해야 한다. 다시 말해, 플레이어는 작가의 마음을 읽어야 한다. 매혹적이지만 결함이 있는 1986년 게임 〈폰The Pawn〉에서 전형적인 사례를 찾아볼 수 있다. 롭 스테글러스와 애니타 싱클레어가 만든 이 게임에서는 플레이어가 대마를 심어야 한다. 올바른 명령문은 "모종삽으로 식물 화분에 화분 식물을 심어라"("PLANT THE POT PLANT IN THE PLANT POT WITH THE TROWEL")다. "식물을 심어라"("PLANT PLANT")나 "화분에 식물을 심어라"("PLANT PLANT IN POT")처럼 조금만 다르게 말해도 "못 알아듣겠어요" 같은 전혀 도움이 안 되는 응답이 나온다. 처음에 말한 어색한 문장에 아주 가까운 명령문만이 먹힌다. 이 게임은 '화분pot'과 '식물plant'이 영어 단어로써 지닌 여러 가지

의미들을 구별해야 할 때면 저절로 결함을 드러낸다. 컴퓨터는 외국어를 말하려고 하지만, 영어가 어떻게 기능하는지조차 모른다는 사실이 드러난다. 저자가 원하는 방식으로 문장을 만드는 법을 모른다면 정답을 추측할 가능성은 아주 낮다. 이 퍼즐은 코드 자체의 한계를 드러냄으로써 실패한다.

여기서 일어나는 일은 사람들이 언어를 사용하는 방식과 닮은 점이 전혀 없다. 인포컴의 파서는 사람들이 서로를 이해하는 방식으로 플레이어의 명령문을 '이해하는' 것이 아니다. 그러나 이해하는 양 보이도록 하는 일을 아주 잘하며, 그 마법처럼 보이는 업적이 바로 컴퓨터가 어떻게 더 인간다워져왔는지의 핵심이다. 우리는 컴퓨터를 더 인간답게 보이도록 만들기 위해 프로그래머가 펼치는 눈속임을 높이 산다. 그 눈속임이 서서히 진짜가 되기 전까지는 말이다.

좋게 보자면, 텍스트 어드벤처에서 이런 속임수들은 예술을 위한 용도로 사용된다. 나는 아베 코보나 버지니아 울프의 상징주의에서 속았다는 느낌을 받지 않는 것처럼, 〈트리니티〉의 파서에서도 그런 느낌을 받은 적이 없다. 파서의 초보적이지만 능숙한 인간 언어 이해는, 소설을 읽을 때의 경험과는 다른 방식으로 플레이어가 게임의 주인공이 되도록 돕는다. 텍스트 어드벤처 게임의 몇몇 저자들은 플레이어의 상호작용 가능성에 흥미를 느꼈다.[5] 더글러스 애덤스 외에도, 로버트 핀스키는 〈마인드휠Mindwheel〉에 기이한 초현실주의적 대본을 넣었고, 토머스 M. 디쉬는 〈앰니지어Amnesia〉

에 자아 성찰적인 분위기의 대본을 썼다. 텍스트 어드벤처의 새롭지만 아직은 한정된 상호작용성은 다양한 수준에서 활용되었다. 존 파울즈의 『프랑스 중위의 여자*The French Lieutenant's Woman*』나 '끝없는 게임Choose Your Own Adventure' 시리즈에 나온 것처럼 단순히 가지를 뻗어나가는 이야기에 불과한 것들도 있었다. 하지만 텍스트 어드벤처의 언어 이해가 한정되어 있음에도, 명령문을 입력하는 기능은 정해진 목록에서 고르는 것보다 참여도와 가능성 면에서 더 큰 인상을 심어주었다. 세계는 독자의 떠도는 시선에 따라 작은 덩어리로 나뉘어 보일 수 있었다. 〈트리니티〉의 플레이어로서 할머니를 만나서 "그녀의 얼굴이 이상하다"라는 문장을 읽었을 때, 나는 뭔가 울컥하는 느낌을 직접적으로 받았다. 나는 누군가가 나가사키의 생존자와 만나는 장면을 읽고 있는 것이 아니었지만, 나 자신이 부끄러움과 호기심이 뒤섞인 감정으로 그 대목을 읽고 있음을 느꼈다. 이런 게임들이 감정을 자극할 수 있었던 것은 어느 정도는 새로운 상호작용 양식 덕분이었다. 그러나 이런 효과는 컴퓨터가 내용을 전혀 이해하지 못한 상태에서 이루어졌다. 그 의미 있는 내용은 아래에서 실행되는 기계어 코드와 여전히 별개로 존재했다. 브라이언 모리아티 같은 작가들은 컴퓨터 '지능'을 통해서가 아니라, 컴퓨터라는 '매체'를 통해 자신이 택한 예술에서 성공을 거두었다.

나쁘게 보자면, 좀 질이 떨어지는 인포컴 게임들과 인포컴 이외의 기업에서 출시된 대다수 텍스트 어드벤처 게임들은 가능성이 너무 국한되거나, 이해도가 너무 떨어지거나, 구성이 너무 비논리적이었다. 플레이어와 게임 사이에 매끄러운 유대감을 형성하는 것이 불가능한 게임들도 있었다.† 〈매드벤처Madventure〉가 길에서 포크를 마주쳤다고 나에게 알렸을 때, 그 포크를 집어야 게임을 계속 진행할 수 있었다. 짜증이 났다기보다는 상호작용이 조악했다. 하지만 1980년대에는 결함이 있는 게임조차도 플레이어에게 어떤 마법을 발휘했다. 그런 상호작용 자체가 그만큼 새로운 것이었기 때문이다.

그 뒤에 구글이나 페이스북 같은 기업들은 이런 질문을 하게 되었다. 컴퓨터가 얼마나 지능을 갖추어야만 진정으로 지적이지 않은 상태에서 지적인 양 보일 수 있을까?

† 더글러스 애덤스가 인포컴 및 마이클 바이워터와 공동으로 내놓은 두 번째 작품 〈뷰러크러시Bureaucracy〉는 매번 플레이어와 싸우고, 기존의 플레이어 점수를 주인공의 혈압 측정값으로 대체함으로써 이 결함을 장점으로 승화시켰다. 혈압은 120/80에서 시작하여, 플레이어가 게임에 열이 받을 때마다 치솟았다. 가령 게임이 이해할 수 없는 단어를 입력했을 때처럼 말이다. 텍스트 어드벤처 열광자들이 대개 그렇듯이, 나도 오타를 쳐서 내 캐릭터가 심장마비로 죽을 때면 짜증을 내기보다는 재미있어한 쪽이었다.

3부

—

세상

7장

빅 데이터

클라이언트에서 클라우드로

—

> 사람은 심연의 가장자리에 옹기종기 모여서 초조하게 수다를 떨다가 문화를 만든다.
>
> —케네스 버크

어릴 때 나는 로고에 입력한 몇 줄이 거의 기적이라고 할 만한 멋진 능력을 발휘하는 것을 보고 전율했다. 그렇게 사소한 것으로 그렇게 많은 일을 할 수 있다는 사실에 나는 놀랐다. 구글도 초창기에 동일한 유형의 마법을 부렸다. 다만 구글은 데이터를 이용했다. 구글은 웹에서 유례없는 양의 데이터를 그러모은 뒤, 그것을 분석하는 가장 단순하면서 가장 우아한 방법을 개발했다.

구글에서는 모든 것이 마이크로소프트에서보다 컸다. 2004년 제 구실을 하는 소프트웨어 엔지니어로서 마운틴뷰의 구글 본사에 도착했을 때, 나는 하는 일도 전혀 다르고 일을 하는 방식도 전혀 다르다는 사실을 알고 깜짝 놀랐다. 나는 마이크로소프트에서 서버의 코드를 짰지만, 마이크로소프트의 업무는 PC 데스크톱을 중심으로 이루어졌다. 바로 그 점이 마이크로소프트가 인터넷 시대로 진입하는 데 어려움을 겪은 주된 이유 중 하나였다. 인터넷 시대의 중심은 가정이나 직장의 PC가 아니라, 인터넷의 어딘가에 있는 웹 서버나 데이터베이스였다. 오늘날 '클라우드cloud'라고 부르는, 오직 흐릿하게만 보이면서 우리 주변에 떠다니는 형체 없는 데이터 집합이다. 마이크로소프트와 달리 구글은 처음부터 서버를 알고 있었다. 우리는 리눅스Linux로 일했다. 리눅스는 유닉스Unix를 토대로 개발된 자유 운영체제로, 태생부터 네트워크에 연결된 컴퓨터를 위해 설계된 것이었다. 이미 만들어진 뒤에 네트워크에 맞게 개조된 윈도우와는 달랐다. 마이크로소프트에서는 팀마다 다른 코드 저장소를 사용하고 있었는데, 구글에서는 모든 엔지니어가 하나의 거대한 코드 저장소를 공유했다. 우리에게는 마음대로 쓸 수 있는 기계들도 있었다. 수천 대 밑으로 각각 다시 수천 대가 딸려 있는 형태로서, 전국의 대규모 집적 시설들에 모여 있었고, 이윽고 그런 시설들이 전 세계에 세워졌다. 이런 기계들은 24시간 내내 가동되었고, 늘 내 코드를 작동시켰다. 자동화한 테스트 설비가 있어서 기존 기능을 방해하지 않으면서 코드를 수정할 수 있도록 해주었다. 그리고 코드를 수정하면 자동적으로 나, 내 관리자, 그밖의 많은 관계자들에게 이메일이 발송되었다. 경이로웠다.

마이크로소프트에서 나는 몇 대의 로컬 컴퓨터에 구축된 메신저 서버를 작동시키고 검사했다. 공동으로 쓰는 검사용 서버 수십 대가 있었지만, 차라리 내가 작업하는 컴퓨터에서 작동시키는 편이 훨씬 빨랐다. 마이크로소프트가 진정으로 웹 서비스 분야에 진출한 것은 핫메일Hotmail을 인수하면서부터였다. 그런데 핫메일은 범용으로 쓰기에 부적합한 자체 메커니즘을 채택하고 있었다. 마이크로소프트는 그 뒤로 여러 해가 지나서야 탄탄한 서버 기반 설비를 구축할 수 있었다. 그때 구글은 이미 마이크로소프트보다 10년은 더 앞서 있었다.

운 좋게도 나는 구글에서 내가 만났던 최고의 소프트웨어 엔지니어 중 몇 명과 함께 일할 수 있었다. 특히 아럽 밑에서 일한 것은 내게 큰 도움이 되었다. 그는 모든 분야를 통틀어서 내가 만난 사람 중 가장 세심하고 이해력이 뛰어난 인물이었다. 그는 무엇이 문제가 생길 가능성이 있는지를 예견하고, 실제로 문제가 발생하기 전에 우리 팀이 대처할 수 있도록 하는 일종의 초능력을 지니고 있었다. 덕분에 나는 본래 겪어야 했을 기술적 응급 상황을 덜 겪었고, 우리 팀 10명은 장시간 회의를 하면서 앉아 있기보다는 비공식적으로 의견을 주고받는 쪽이어서 일을 처리하는 속도가 놀라울 만치 빨랐다. 나는 최고의 능력자가 이끄는 수준 높은 코더들로 이루어진 소집단이, 내가 예전에 속했던 팀들이라면 1년 걸려 했을 일을 무려 1달 내에 끝낼 수 있음을 깨달았다.

더 중요한 차이는 데이터, 그리고 구글에서 데이터가 하는 역할이었다. 마이크로소프트가 소프트웨어 회사로서 성공을 거두어왔다면, 구글의 생명줄은 데이터였다. 구글 역시 데이터를 수집하고 저장하고 관리하기 위해서 소프트웨어를 필요로 했지만, 구글에서 소프트웨어는 데이터에 봉사하는 역할이었다. 웹은 출현한 뒤로 기하급수적으로 성장했고 2000년대 중반에는 웹페이지가 수천억 개로 늘어났다. 그래서 그 엄청난 양의 데이터를 최고 속도로 수집하고 분석하고 검색할 체계적이고 포괄적인 시스템이 필요했다. 구글은 최초로 그 일에 달려든 회사였다. 2000년대에 구글은 IBM이 메인프레임을 소유하고, 마이크로소프트가 PC를 소유하고, 애플이 휴대기기를 소유한 것과 비슷한 방식으로 데이터를 소유하게 되었다.†

구글에서 나는 단추 하나를 누르는 것만으로 1000대의 기계에 명령을 내리고, 수십억 개의 웹페이지를 몇 분 만에 분석할 수 있었다. 마이크로소프트에서 메신저 서버를 통해 전송되는 데이터는 그 양이 정점에 있을 때에도 그리 많지 않았다. 매분 수백만 명의 이용자가 수백만 통의 메시지를 보냈는데, 서버 수십 대로 관리할

---

† 이 '소유' 목록에 소셜미디어 쪽으로 페이스북을 넣으려 할 사람도 있겠지만, 나는 페이스북이 구글을 모델로 한 또 다른 데이터 기업이라고 생각하는 쪽이다. 페이스북은 그저 데이터를 얻는 방식이 전혀 다르고, 데이터의 초점을 사람들에게로 옮긴 것일 뿐이다.

수 있는 수준이었다. 그러나 수천억 개의 웹페이지는 어느 한 사람이 샅샅이 살필 수 있는 수준을 훨씬 초월할 뿐 아니라, 어느 한 컴퓨터가 처리할 수 있는 수준조차도 초월한다. 분석은 데이터의 분할과 대규모 병렬 처리를 통해 이루어졌다. 그렇게 통계를 내고 자료를 거르고 나면, 검색 결과를 제공하는 데 쓰일 수 있었다. 예를 들어, 내가 웹페이지들에서 가장 많이 쓰인 단어를 알고 싶다면, 나는 1000대의 서버 각각에 웹페이지를 20억 개씩 보낼 것이다. 각 서버는 자신이 받은 데이터를 분석하고, 그 결과들은 또 다른 기계가 종합하여 분석한다. 이 연쇄적인 정량 분석 과정이야말로 구글 사업의 핵심이며, 내가 그곳에서 일하는 동안 내 삶의 핵심이기도 했다. 또한 그 과정은 아름다웠다.

심지어 구글은 당시에 이미 기계학습machine learning 메커니즘을 사용했다. 하지만 구글의 작업 대부분, 특히 내가 일하는 분야는 심층학습deep learning 대신에 무지막지하게 방대한 계산과 '멍청한 분석dumb analysis'을 선호했다. 여기서 "멍청한"은 데이터의 '의미'나 '구조'에 관해 뭔가를 추론하려고 애쓰는 것이 아니라, 그냥 무턱대고 분석한다는 뜻이다. 구글이 채택한 일반적인 접근법은 명시적인 구조가 거의 없는 데이터에서 얼마나 많은 패턴을 추출해낼 수 있는지 알아보는 것이었다. 초창기인 약 1998년부터 2005년까지, 구글은 단어 빈도와 페이지랭크PageRank 알고리즘을 써서 어느 페이지가 어디로 연결되어 있는지 알아냈다. 그러나 곧 '검색 엔진 최적화search engine optimization, SEO'가 등장하여 구글의 검색 엔진에 도

전장을 내밀었다. 자신이 원하는 웹페이지를 검색 결과 목록에서 가능한 한 위쪽으로 끌어올리려는 작업이었다. 그러자 구글은 공정성을 다시 확보하기 위해 알고리즘을 수정했다. 이는 '구글 댄스'라고 불렸는데, 검색어에 따른 결과 목록을 뒤섞었기 때문이다. 하지만 초기에 구글의 접근법은 경직되어 있었다. 미가공 데이터raw data를 고수하면서 검색 엔진의 품질을 최대화하려고 애썼다. 미가공 데이터란 링크 그래프, 단어 출현 빈도 및 단어들이 함께 출현하는 빈도와 순서, 그리고 약간의 HTML 페이지 구조를 뜻했다.† 구글은 각 페이지의 주제, 텍스트의 의미, 텍스트의 질을 확인할 수 없었다. 그런 문제에서는 사람들끼리 견해 차이를 보일 수 있었다. 의미 있는 질문들이었지만, 그런 질문들은 구글이 "멍청한" 데이터에서 가능한 많은 것을 뽑아낸 뒤에야 대답할 수 있는 훨씬 더 어려운 문제들이었다. 소프트웨어공학에서 으레 하듯이, 구글은 낮게 달린 과일을 먼저 따먹었다. 구글의 연구 책임자이자 AI의 대가 피터 노빅은 이렇게 말했다. "단순한 모델과 많은 데이터는 적은 데이터에 토대를 둔 정교한 모델을 이긴다."[1]

검색 엔진, 그리고 더 일반적으로 정보 검색의 목표는 대량의 콘텐츠를 훑어서 사용자가 검색 질의("최고의 카메라"나 "대통령이 누

† 구글은 연관된 단어들을 묶어 클러스터를 만들었는데, 예를 들어 "재규어Jaguar"와 "자동차" 묶음과 "재규어jaguar"(소문자로 시작하는)와 "호랑이" 묶음을 따로 구축했다. 그러나 이런 연관은 맥락을 이해할 수 있는 최소한의 수준으로 이루어졌다. 오로지 단어들이 근접해서 나타나는지를 기준으로 파악했다.

구지?" 같은)를 할 때 그 콘텐츠 내에서 적절한 결과를 보여주는 것이다. 모든 검색 엔진은 세 가지 중요한 요소를 포함한다. 크롤링crawling, 색인 생성indexing, 그리고 순위 매기기ranking다. 크롤러crawler 또는 웹스파이더webspider는 찾을 수 있는 모든 웹페이지(대개 수십억 개)를 체계적으로 내려받아서 콘텐츠를 확보하는 일을 한다. 그러면 인덱서indexer가 웹페이지들의 내용을 훑어서 검색 조건에 따라서 웹페이지들을 정렬할 수 있는 키워드 목록을 생성하고, 페이지의 가치와 검색어와의 관련성을 알려줄 수 있는 다른 정보들도 추출한다. 인덱서는 사실상 웹의 거대한 데이터베이스를 구축한다. 마지막으로, 랭커ranker는 인덱서의 데이터베이스를 이용해서 각 검색 질의어에 페이지들이 얼마나 관련이 깊은지를 판단하고, 사용자가 보는 검색 결과 순위를 정한다.

구글 검색 엔진은 조립라인처럼 수많은 페이지를 훑어서 색인을 만드는 일을 하는 전용 서버들로 이루어져 있었다. 나는 크롤링 쪽에서 일했다. 웹의 모든 페이지를 수집하고, 그 페이지에서 링크를 추출하고, 그 링크에서 아직 크롤링이 이루어지지 않은 새로운 페이지를 모두 찾아내고, 웹페이지가 업데이트될 때마다 가능한 한 빨리 이 모든 일을 되풀이하는 것이 우리가 하는 일이었다. 웹페이지는 자주 바뀌므로, 우리는 필요하다고 여길 때마다 사이트들을 다시 크롤링했다. 이 과정은 점점 더 잦아졌고, 일부 웹마스터(웹사이트를 소유하고 관리하는 사람—옮긴이 주)는 구글이 자신들의 대역폭을 너무 많이 차지한다고 항의하는 편지를 보냈다. 쓸모없는 페이지가 많은 웹사이트가 특히 문제였다. 그래서 어느 페이지가 쓸모없는지, 즉 구글이 관심을 가질 대상이 아닌지를 파악하는 것이 내 주된 도전 과제 중 하나가 되었다.

무언가가 '유용한'지 '쓸모없는'지를 판단한다는 것은 구글이 색인을 작성하는 콘텐츠의 의미를 이해한다는 의미이다. 컴퓨터는 '유용하다'가 무슨 의미인지를 이해하지 못하지만, 구글은 콘텐츠의 유용성을 평가하는 놀라울 만치 명쾌한 척도를 몇 가지 지니고 있었다. 이 척도들은 인기popularity와 희소성uniqueness이라는 두 핵심 개념을 토대로 한다.

1. 누가 콘텐츠에 연결되었을까?

1997년에 나온 구글의 검색 엔진 첫 번째 버전은 어느 웹페이지가 어느 웹페이지와 연결되어 있고, 어떻게 연결되어 있는지를 분석했다. "오렌지 주스"라는 앵커 텍스트anchor text(누르면 다른 웹페이지로 연결되는 하이퍼링크를 지닌 단어나 어구—옮긴이 주)를 지닌, 오렌지 주스에 관한 페이지가 100만 개의 페이지와 연결되어 있다면, 그 오렌지 주스 페이지가 오렌지 주스에 관해 뭔가 알고 싶어 하는 사람에게 꽤 유용하다고 보는 것이 합리적이었다. 그 페이지가 신뢰할 만한지 여부는 전혀 다른 문제였지만, 구글은 그 페이지가 인기가 있다는 사실은 확실히 알 수 있었다.

2. 누가 콘텐츠를 클릭할까?

구글은 사람들이 검색 결과 중 어떤 것을 클릭하는지를 추적했다. 인기 있는 검색 결과는 목록에서 더 위로 올라가므로, 더욱 인기를 얻게 된다. 검색 결과에서 높은 순위에 있지만, 사람들이 전혀 클릭하지 않는 결과는 탈락된다. 이는 피드백 메커니즘이다. 시스템이 사용자의 반응에 맞추어서 스스로를 '교정하는' 방식이다. 사용자는 의도치 않게 이 피드백을 제공한다. 가장 유용해 보이는 링크를 고름으로써, 구글이 자신의 검색 결과가 얼마나 좋은지를 학습하도록 돕는다. 물론 이는 사용자 자신이 최고의 링크가 무엇인지를 안다는 가정이 필요하다. 구글은 사람들의 취향을 보여주는 거울이자 중재자 역할을 했다.

3. 콘텐츠가 다른 웹페이지의 콘텐츠와 얼마나 비슷할까?

전자 매체가 등장하면서 콘텐츠의 복제가 너무 쉬워졌다. 전자매체에서의 복제는 그저 가상 복제물을 만드는 것일 뿐이고, 그런 뒤 원하는 만큼 얼마든지 공유할 수 있다. 인터넷의 등장으로 전 세계의 사람들과 콘텐츠를 공유하는 것은 복사하는 것만큼 쉬워졌다. 음악과 영화 산업은 냅스터와 비트토렌트가 등장했을 때 이 사실을 알아차렸다. 그러나 더 무해한 쪽으로 보면, 인터넷은 무수한 참조 글과 틀에 박힌 내용의 사본을 수백만 벌씩 양산했다. 데이터베이스 사용 설명서, 기술 문서, 공공 문서 등이 통째로 복사되어 여러 사이트에 올려졌다. 어떤 콘텐츠가 웹에서 더 많이 복제될수록, 그 콘텐츠의 어느 특정한 사본이 지닌 유용성은 그만큼 낮아질 가능성이 높았다. 수많은 링크 중에서 가장 인기 있는 사본이 어느 것인지를 파악해서 유용한 사본을 하나 찾을 수도 있다. 그러나 그런 중복된 콘텐츠 자체가 아예 별 가치가 없는 것일 때도 많았다. 쓰레기, 진부한 내용, 다양한 소프트웨어 작업에서 나온 잡동사니와 찌꺼기인 것들이었다. 고급 콘텐츠는 더 많이 복제되는 것이 아니라, 덜 복제되는 경향이 있었다.

4. 콘텐츠의 가장 독특한 점은 무엇일까?

일반적으로 한 페이지에서 사용 빈도가 가장 적은 단어가 가장 중요한 단어였다. "사람"이라는 단어는 수십억 개의 페이지에 나오는 반면 "중피종"과 "석면"이라는 단어는 덜 나오며, 두 단어가 나오는 페이지의 콘텐츠는 "사람"보다 "중피종", "석면"과 훨씬 더 관련이 깊었다. 구글은 더 드문 단어를 파악함으로써, 어떤 페이지가 어떤 맥락에서 유용한지를 파악할 수 있었다.

이런 질문들을 통해서 구글은 최고의 검색 엔진을 만드는 법을 찾아냈을 뿐 아니라, 검색 엔진으로 돈을 버는 방법도 발견했다. 광고를 통해서다. 2000년에 구글은 애드워즈AdWords 서비스를 출시했는데, 그것이 황금알을 낳는 거위임을 깨달았다. 인터넷에서 돈을 마구 긁어모은 대박 사업이었다. 그 뒤로 어느 누구도 이런 성공을 재현하지 못했으며, 페이스북조차도 못하고 있다. 클릭률이 낮은 배너 광고와 달리, 구글은 클릭할 확률이 훨씬 높은 광고를 사용자에게 제시했다. 이는 구글이 사용자에게 독특한 위치를 차지한 덕분이었다. 사용자는 특정한 용어로 검색을 했고, 많은 경우에 그 용어와 관련이 있는 무언가를 사기 위해서 검색을 했다. 협력 관계에 있는 광고주들이 특정한 키워드에 맞추어서 보여지는 광고에 입찰하면, 구글은 딱 맞는 시점에 광고를 보여줄 수 있었다. 즉 사용자가 그 키워드로 검색하는 바로 그때에 광고를 띄울 수 있었다. 그리고 광고주들은 특정 키워드에 기꺼이 아주 높은 입찰가를 써냈다. 지난 15년 동안 광고비가 가장 비쌌던 키워드 중 하나는 "중피종"이었다. 석면 피해자들을 찾는 법률회사들이 주로 광고를 냈다. 법률이나 보험과 관련된 키워드 중에는 클릭당 100달러가 넘는 광고가 많다. 2016년에 "최고의 중피종 변호사"라는 키워드의 광고료는 클릭당 900달러가 넘었다.[2]

SEO는 이런 요인들을 편향시킴으로써 검색 결과에서 자신이 원하는 페이지를 위로 끌어올리려고 쉴 새 없이 노력한다. 구글 검색 결과 화면에서 맨 위에 보이도록 끌어올리는 일은 가치가 크며, 앞서 말한 유용성의 네 척도는 모두 조작이 가능하다.

1. 링크 부풀리기: SEO는 자체 '링크 농장link farm'을 조성하여 구글 검색 순위에서 끌어올리고자 하는 페이지로 연결되는 링크를 인위적으로 늘린다.

2. 클릭 부풀리기: SEO는 검색되기를 원하는 페이지에 들어 있는 용어를 검색하도록 봇bot을 설정한 뒤에, 검색 결과에서 그 페이지를 반복하여 누르게 한다.

3. 인위적 차이 만들기: SEO는 서로 연관성이 있다고 여겨질 만큼만 다르게 구성한 유사 페이지를 무수히 만들어낸다.

4. 키워드 조작: SEO는 페이지에 희귀한 키워드들을 많이 집어넣어서 더 많은 검색 결과에 뜨도록 함으로써, 페이지에 진짜로 있는 콘텐츠를 보게 될 가능성을 최대로 높인다.

SEO가 늘어날수록 구글은 검색 결과의 품질을 개선하려고 애쓰는 한편으로, 검색 결과를 조작하려는 시도에 맞서 싸우는 쪽으로도 많은 자원을 할애했다. 둘은 사실상 동일한 업무였기 때문이다. SEO의 시도가 웹 콘텐츠 전체에서 차지하는 비중은 미미했지만, 2000년대에 구글이 압도적으로 우월한 검색 엔진 덕분에 특권적인 위치에 있었기에, SEO는 구글의 약점을 파악하여 자신의 콘텐츠를 최적화되지 않은 콘텐츠보다 더 위로 올리는 데 혈안이 되어 있었다. 2010년 무렵에는 구글에 대성공을 안겨주었던 원래의 순위 매기기 비법이 신뢰할 수 없을 지경에 이르러 있었다. 구글은 다양한 기준들을 조합하여 쓸 수 있도록 그 비법을 자주 변경했다.

사람들은 구글의 순위 매기기 알고리즘을 '비법 소스secret sauce'라고 말하곤 하지만, 이 요리법은 계속 바뀌는 바람에 구글의 엔지니어들조차도 뭔지 모를 지경이 되었다. '유용성'은 인간이 이해할 수 있는 알고리즘에서 페이지당 수백 개의 요소들을 다루는 난해한 계산으로 변모했다. 구글의 '유용성' 척도와 우리의 '유용성' 척도의 관계는 다소 변함없이 유지되었지만, 이 연속성은 구글의 알고리즘이 직관적인 인간의 사고 과정과 얼마나 다른지를 가리는 역할을 했다. 마이크로소프트는 MS-DOS와 윈도우95에서 발생한 성가신 문제들을 윈도우2000에서 바로잡을 수 있었다. 하지만 PC의 세계에서와 달리, 클라우드에서는 복잡한 문제를 풀 방법이 전혀 없었다.

행맨

—

망가지면 다시 만들지. (…) 하면 할수록 더 빨리 고치게 돼.

—브라이언 에디슨,

조지 아미티지의 영화 〈핫 로드Hot Rod〉

쓸모없는 콘텐츠가 어떤 식으로 구글에 문제를 일으켰는지 사례를 하나 들어보자. 20세기가 저물 무렵에, 누군가가 아동용 단어 맞추기 게임인 행맨Hangman을 웹에서 구현한 악명 높은 프로그램을 짰다. 사용자가 어떤 글자를 추측할 때마다 새 URL을 지닌 새로운 페이지가 만들어지도록 하는 프로그램이었다. 앞서 추측한 모든 글자에 덧붙여서 새 페이지가 계속 만들어졌다.

플레이어가 A라고 추측한다

→ http://www.mysite.com/fun/hangman/a

플레이어가 E라고 추측한다

→ http://www.mysite.com/fun/hangman/a/e

플레이어가 I라고 추측한다

→ http://www.mysite.com/fun/hangman/a/e/i

플레이어가 O라고 추측한다

→ http://www.mysite.com/fun/hangman/a/e/i/o

그 단어가 COMPUTER라면, 게임을 끝낼 때 플레이어는 이 '페이지'에 다다를 것이다.

http://www.mysite.com/fun/hangman/a/e/i/o/u/c/m/p/t/r

URL의 끝에 알파벳이 어떤 순서로든 붙을 수 있다. 이 게임은 플레이어가 추측 횟수를 모두 소모하거나 단어가 완성될 때 끝난다. 최대 10번까지 추측할 수 있다면, 10개의 글자로 이루어지는 순열들을 다 더할 때 가능한 URL의 개수가 무려 26!/16!, 약 12조 개에 달한다. 원래 설정한 대로라면 구글은 그 모든 페이지를 수집하려 할 것이고, 결국 행맨의 구렁텅이에 빠질 것이다.

행맨은 웹이 얼마나 불완전하고 궁극적으로 인간다운지를 잘 보여주는 사례다. 웹에 있는 모든 페이지를 수집하는 것이 그저 기계적인 일처럼 들릴지 모르지만, 웹은 처음부터 잡다하고 불규칙했다. 웹페이지는 어떤 한 대형 공장에서 틀에 찍어내듯이 찍어내는 것이 아니었다. 심지어 지금도 웹에는 소수의 웹 개발자들이 한때 좋다고(또는 편리하다고) 생각해서 끼워 넣었던 온갖 자질구레한 것들이 널려 있다. 구글은 어떤 것들은 그냥 무시할 수 있었지만 행맨 같은 것은 어떻게든 처리를 해야 했다. 데이터는 우리가 상상하는 것처럼 산뜻하게 들어맞는 법이 거의 없다.

구글은 처음에 행맨에 아주 우아하지 못한 방식으로 대처했다. 우리는 행맨이 생성하는 수조 개의 페이지를 크롤러가 크롤링하지 못하게 막기 위해 "행맨"을 비롯한 몇몇 유사한 단어들을 검사하도록 코드를 짰다. 이런 유형의 특별 취급은 눈살을 찌푸리게 만든다. 페이지에 "행맨" 대신에 "핵맨"이라고만 적어도 얼마든지 검사를 회피할 수 있었기 때문이다. 그 뒤에 내가 한 일 중 하나는 이런 유형의 크롤러 블랙홀 검출 과정을 자동화하는 것이었다. 하지만 행맨이 유달리 끔찍했기에, 구글 엔지니어들은 여러 해 동안 행맨을 특별한 예외 사례로 취급할 수밖에 없었다.

자신이 다루는 데이터에 관해 아무것도 알 필요가 없다고 생각할 때에도, 콘텐츠에 담긴 의미가 언뜻 들어올 수 있다. 구글의 코드 측면에서는 행맨이 평범한 웹사이트나 블로그보다 더 "흥미로웠다". 그저 특별 사례라서였다. 하지만 이런 병적인 사례들은 실용적인 의미에서 보면 아주 사소한 것이었다. 행맨은 유용하거나 쓸모없다는 기준 외의 다른 기준이 있음을 알려주었다. 데이터가 우리가 일일이 처리할 수 있는 것보다 압도적일 만큼 많은 세계에서, 모든 데이터는 무언가를 표현하는 것이거나 병적인 것이거나 둘 중 하나다. 평범하거나 별나거나. 표준적이거나 어긋나거나. 데이터는 기계의 일부이거나 기계가 다룰 수 없는 악성 존재였다.

나는 이런 문제를 다룰 때면 즐거웠다. 나는 병을 일으키는 다양한 원인들에 적용할 일반적인 해법을 추구했다. 웹은 완벽하지 않았다. 인간이 완벽하지 않기 때문이었다. 그러나 구글의 코드는 웹의 불완전성에 더 잘 대처할 수 있도록 개선되고 다듬어질 수 있었다. 이 과정은 좌절을 불러일으킬 수도 있다. 순위 매기기 부문에서 일하면서, 검색 결과를 가능한 한 적절하면서도 정확하게 유지하는 일을 맡은 엔지니어를 상상해보자. 웹이 끊임없이 진화하고 성장하기 때문에, 검색 성능을 유지하는 일은 러닝머신 위에서 제자리를 유지하기 위해 열심히 뛰는 것과 같다. 구글이 한두 달만 작업을 중단한다면 상황은 훨씬 더 나빠질 것이다. 그래서 웹의 변화를 앞지르는 것이 암묵적인 도전과제 중 하나가 되었다. 웹이 어떤 놀라운 것을 내놓든 간에 다룰 수 있을 만큼 보편적이면서 영리한 알고리즘을 찾아내는 것이었다. 새로운 양식인 HTML5를 따르는 웹페이지에 실린 콘텐츠를 다루어야 했을 때, 구글은 새로운 처리 수단을 개발해야 했을 수도 있었다. 하지만 행운과 사전 계획 덕분에, 구글의 기본 색인 생성 형식은 그리 많이 조정하지 않고서도 HTML5의 새 데이터를 처리할 수 있을 만큼 탄탄했다.† 또는 순위 매기기 알고리즘이 어떤 새로운 SEO도 속일 수 없을 만큼 탄탄할 수도 있다.

그렇다면 가능한 한 구체성을 덜 희생시키면서 보편성을 최대화하는 알고리즘을 만드는 것이 꿈이 된다. 현실적으로 소프트웨어 엔지니어들은 늘 타협을 한다. 문제를 일으키는 부분을 차단하고, 너무 야심적이지도 않고 너무 너저분하지도kludgy 않은 편리한 경로를 찾아낸다.‡ 그리고 그런 식의 휴리스틱을 이용한 최적화는 우리가 일상생활을 하고 언어를 쓰는 방식과 그리 다르지 않다. 우리는 특별 사례에 유념하려고 애쓰면서 만물을 인간이 파악할 수 있는 범주로 묶지만, 결코 완벽하게 추출할 수도, 완벽하게 포괄할 수도 없다. 구글에서 하던 일은 내가 그 점을 이해할 수 있도록 도움을 주었다.

---

† 나는 알지 못할 것이다. HTML5은 내가 구글을 떠난 뒤에 등장했다.

‡ 클루지kludge는 행맨 특별 사례 같은 것을 가리킨다. 추하고, 보편적이지 않지만, 잠시 동안은 효력을 발휘한다.

바빌론의 도서관

나는 찾을 수 있는 모든 것을 다 모아왔다.

—네니우스, 『영국사*Historia Brittonum*』,

데이비드 존스의 『아나테마타*The Anathemata*』에서 인용

나는 구글에서 일할 때 나름의 블로그를 운영했다. '문학 블로그litblog'였다. 전혀 대중적이지 않은 책들에 관한 글을 올리고, 프루스트를 읽어가는 과정을 시간의 흐름에 따라서 기록했다. 내 웹사이트 통계를 보면, 구글이 며칠마다 내 블로그 페이지들을 빨아들였다가 검색 결과로 뱉어낸다는 것을 알 수 있었다. 하지만 나는 내가 하는 일을 통해서, 구글의 관점으로 내 블로그를 볼 수 있었다. 더 정확히 표현하자면, '본' 것은 아니었다. 내 사이트에는 사이트를 두드러지게 만드는 특별한 내용이 전혀 없었다. 내 페이지는 수십억 쪽의 페이지들 중 200여 쪽에 불과했다. 인기 없는 주제들을 다루는 전형적인 표준 양식의 페이지였으며, "프루스트", "크러스너호르커이Krasznahorkai(헝가리의 소설가—옮긴이 주)", "모더니즘" 같은 키워드로 색인되고 검색되었다. 나는 구글이 내 페이지를 선호하도록 꾸밀 생각이 없었다. 설령 그렇게 할 수 있었다고 해도(할 수 없었지만), 꾸미고 자시고 할 것 자체가 없었다. 내 페이지는 누군가 내 주제를 검색할 때에만 드러날 뿐, 그 외에는 아니었다. 당시 가장 인기 있는 주제는 열쇠장이(범죄자들이 많이 따라붙는)와 중

피종(피해자를 찾아다니는 변호사들이 많이 따라붙는)이었다. 설령 내 블로그의 순위를 인위적으로 올렸다고 해도 별 관심을 끌지 못했을 것이다. 구글 검색은 사람들의 주의를 한쪽으로 기울일 수는 있지만, 없던 관심거리를 만들어내지는 못했다.

구글이 제공하는 신의 관점은 자체 서버 농장 바깥에서 벌어지는 일에는 아예 무심했다. 각각의 페이지 자체는 너무 작아서 중요하지 않았다. CNN이나 〈뉴욕 타임스〉나 위키피디아 같은 대형 사이트는 규모와 인기 때문에 특별한 배려와 주의를 기울여야 했지만, 그런 사이트들이라고 해서 구글의 관심을 더 받거나 덜 받은 것은 아니었다. 그저 시간을 더 잡아먹었을 뿐이다. 행맨처럼 병적이지 않은 콘텐츠는 대개의 경우 뉴스, 이미지, 동영상, 그 외의 구분할 수 없는 텍스트 등 더 일반적인 콘텐츠 유형의 한 표현으로서 의미가 있었다. 구글의 입장에서 내 블로그는 아주아주 길게 이어지는 끄트머리에 놓인 자질구레한 한 토막에 불과했다. 구글은 모든 것을 빨아들였지만, 그 어떤 것도 의미가 없었다.

더글러스 애덤스의 『은하수를 여행하는 히치하이커를 위한 안내서』에 나오는 '모든 관점 볼텍스Total Perspective Vortex'는 불운한 희생자에게 방대한 우주를 보여주는 동시에 "당신은 여기 있음"이라고 써진 티끌만 한 표지판도 함께 보여준다. 그 충격으로 희생자는 미치고 만다. 가망 없을 만치 자기애가 강한 존재만 빼고 말이다.† 구글의 방대한 우주 구석에 있는 내 블로그를 보는 것도 그와 비슷했다. 나는 필요할 때 빨아들여서 처리하고 분류하고 포장하는 데이터였을 뿐이었다. 구글은 내가 다룬 책이나 나에 관해 전혀 몰랐다. 그저 내가 적은 단어들과 그 단어들의 조합만 알았고, 언제 검색 결과에 보여줄 것인가만 알고 있었다. 나는 대양 속의 물방울 하나였다.

나는 내 자신이 하찮다는 점을 끊임없이 상기시켰다. 또 나는 내 영혼이 둘로 갈라지고 있다는 것도 느꼈다. 나는 한편으로는 세계의 데이터를 처리하는 기계를 구축하는 일을 돕고 있었다. 다른 한편으로는 그 데이터의 하찮기 그지없는 한 조각이었다.

구글의 무심함은 구글 북스Google Books를 통해서 다시 드러났다. 2002년부터 구글은 대학 도서관들의 자료와 자체 고속 스캐닝 기계를 써서 약 2000만 권의 책을 스캔했다. 저작권이 만료된 책은 스캔을 해도 아무런 문제가 없었고, 구글 북스에서 지금도 볼 수 있다. 구글은 출판사들과 협약을 맺어서 저작권이 있는 온라인 서적들의 판매를 중개하는 사업을 하고자 했지만, 성사되지 않았다.[3] 작가협회Authors Guild는 2005년에 구글을 고소했고, 2011년에 나온 회심의 화해 권고안을 거부했다. 그 소송은 2016년에 구글의 손을 들어주는 쪽으로 최종 판결이 났다. 구글은 스캔한 책을 판매할 수는 없었지만 검색 결과에 자유롭게 쓸 수 있게 되었다. 이 글을 쓰는 현재 구글은 일부 전자책을 팔고 있긴 하지만, 구글이 스캔한 저

† 사실 제정신을 잃지 않은 인물인 자포드 비블브락스는 우주에서 가장 중요한 인물이기 때문이 아니라 병적인 자아도취자라서 살아남았다.

작권이 있는 책들 중에서 아주 일부에 불과하다.† 경제적 이익의 가능성이 크지 않기에, 구글 북스는 땅속의 보물로 남아 있다. 빅토리아 시대의 통속 소설, 고대의 참고 문헌, 아주 옛날의 트렌드를 보여주는 연대기 등 1923년 이전에 나온, 대부분 잘 알려지지 않고 잊힌 책들의 방대한 보고다. 그러나 이 아카이브에는 결함도 있다. 문자 인식률이 떨어지고, 전자책의 글자가 불규칙하거나 때로 읽을 수 없는 형태를 띠기도 한다(라틴계 이외의 문자들이 특히 그렇다). 나는 가끔씩 반으로 접히거나 아예 글자가 흐릿한 쪽을 보기도 했다. 스캐닝 기계가 책장을 넘길 때 바람이 불었거나 어떤 기계 고장이 일어난 결과다.

결국 구글 북스는 체계적인 기록 보관소라기보다는 마구 쌓아놓은 더미에 더 가깝다. 엄청난 양의 정보가 모여 있지만, 그 정보는 불규칙하고 결함 있고 불완전했다. 구글에게는 다른 여느 데이터와 다를 바 없는 완성도를 지닌 데이터 집합이었다. 구글의 기계가 알고리즘으로 그 책들을 꼼꼼하게 분석했다면, 오류라고 결론 내릴 수 있는 불규칙성을 찾아낼 수 있었을 것이다. 하지만 이익이 날 가능성이 거의 없었다. 오류들을 발견하는 일은 사람에게 맡겨졌다.

그렇긴 해도 구글은 세계 최대의 온라인 도서관을 만들었다.

---

† 1923년은 현재 계속 길어지고 있는 저작권 유지 기간의 출발점이 되는 해다. 이 해는 영화가 인기를 끌기 시작한 때이기도 하며, 특히 얼마 뒤인 1928년에 나온 〈미키 마우스Mickey Mouse〉는 대성공을 거두었다.[4]

무작위적인 결합과 우연한 실수가 곳곳에 도사리고 있긴 해도 말이다. 호르헤 루이 보르헤스의 명작 단편소설 「바벨의 도서관The Library of Babel」은 가능한 모든 텍스트가 존재하는 거의 무한한 '도서관'을 묘사한다. 알파벳의 22가지 철자의 가능한 모든 배열을 지닌 책들이 거기에 있기 때문이다(소설의 설정상 도서관의 모든 책은 22개의 문자와 3개의 문장부호로 이루어져 있다—옮긴이 주).

> 바로 모든 언어로 표현 가능한 모든 것을 포함하고 있다는 사실을 추론해냈다. 여기서 모든 것은 미래의 상세한 역사, 대천사들의 자서전, '도서관'의 정확한 색인 목록, 셀 수 없이 많은 거짓 목록, 그런 목록들의 오류에 대한 증거, 바실리데스의 그노시스교 복음서, 그 복음서에 대한 주석, 그 복음서에 대한 주석의 주석, 당신의 죽음에 관한 정확한 이야기, 각각의 책에 대한 모든 언어들의 번역본이다.[5]

그 안에서 어떤 책을 찾기란 불가능하다. 어떤 책이 그 방대한 책들 중 어디에 있는지는 아무도 모른다. 모르는 언어로 쓰이고, 색인도 없는 수백만 권의 다른 책들 중에서 알맞은 언어로 쓰인 알맞은 책을 찾는 일은 헛수고다. (보르헤스는 그런 색인이 사실 존재한다고 말한다… 결코 어디에 있는지 찾을 수 없는, 도서관의 다른 어떤 책에 있다는 것이다.) 컴퓨터는 그런 도서관을 생성할 수 있다. 무의미한 짓이겠지만.

구글 북스는 인간 언어의 도서관을 잘못된 방식으로 스캔했고, 그마저도 불완전했다. 구글이 얻은 것은 바벨의 도서관이 아니라 우연한 수집물이었다. 일부만, 그것도 어느 정도 임의로 고른 책들이었다.

보르헤스의 또 다른 단편소설 「바빌로니아의 복권The Lottery in Babylon」은 신성한 비밀 복권을 통해서 행운을 관리하는 은밀한 '회사The Company'의 손에 개인과 공동체의 운명을 넘긴 사회를 다루고 있다. 회사는 삶의 모든 측면으로 침투하면서 더 절대적인 영향을 미치게 되었으며, 이윽고 자연과 삶 자체의 우연도 관장하게 되었다. 그래서 회사 자체가 종교에 상응하는 것이 되었다.

> 신과도 비교되는 은밀한 작업 방식은 온갖 형태의 추측을 불러일으켰습니다. 어떤 사람은 가증스럽게도 회사는 이미 수 세기 전부터 존재하지 않고, 우리들의 삶이 가진 신성한 무질서는 순전히 세습적이고 전통적인 것이라고 은근히 시사합니다. 다른 사람은 회사를 영원한 것으로 판단하고, 그것은 마지막 신이 세계를 멸망시켜버리는 마지막 밤까지 계속될 거라고 가르칩니다. 또 다른 사람은 회사가 전지전능하기는 하지만 단지 아주 사소한 것들에게만 영향을 미칠 수 있는 존재라고 말합니다. 예를 들어 새의 울음소리, 녹과 먼지의 빛깔, 새벽의 덜 깬 잠 같은 것들 말입니다.[6]

구글이 소유한 것은 바벨의 도서관이 아니라 바빌로니아의 도서관이다. 구글은 문자 인식, 책장 넘기기, 목록 작성에서 사람의 개입이 없는 무작위적인 실수를 저질렀다. 그런 실수는 날씨나 지나가는 사람의 몸 같은 카오스 현상과 물리학의 산물이다. 많은 이들은 완벽한 로봇 동료에서 완벽한 경영에 이르기까지 인공 지능의 기적을 예측한다. 하지만 점점 커져가는 우리의 회사 네트워크는 합리성의 지배를 받는다기보다는, 우연으로 작동하는 바빌로니아 복권과 같은, 휴리스틱과 근사의 마구잡이 조합에 더 가깝다. 그런 코드 더미는 75~80퍼센트의 성공률로 만족할 수 있을 때 가장 잘 작동한다. 검색 결과나 콘텐츠 필터링의 성공률이 그 정도다. 음성 인식이나 번역처럼 실수가 눈에 잘 띄는 상황에서는 이런 거대한 미로 같은 시스템이 훨씬 덜 인상적으로 보인다.† 구글은 멍청한 신이다.

때로는 고장 난 신이 되기도 한다. 전화기가 먹통이 되거나 사용자에게 맞지 않는 광고가 뜨는 식으로, 우리는 기술 기업들의 사소한 실수를 일상적으로 접한다. 더 악성을 띠는 오류들도 있다. 구글의 색인에서 한 페이지가 '사라지면', 의사의 비밀 환자를 친구라고 제시하는 일이 일어난다. 사용자는 이런 오류가 왜 일어나는지 궁금해하지만, 아무런 답도 얻지 못할 때가 많다. '핸런의 면도날

† 설령 컴퓨터가 한 문장이 끝나고 다음 문장이 시작되는 지점이 어디인지를 파악하는 데 여전히 큰 어려움을 겪고 있다고 할지라도, 음성 인식 분야에서는 엄청난 발전이 계속 이루어지고 있다.

Hanlon's razor'이라고 하는 오래된 격언이 있다. 어리석음으로 충분히 설명할 수 있는 일을 결코 악의 탓으로 돌리지 말라는 것이다. 괴테는 『젊은 베르테르의 슬픔』에서 비슷한 개념을 이렇게 표현했다. "오해와 게으름이 교활함과 악의보다 세상에 더 많은 불행을 일으킨다." 소프트웨어의 세계는 오해와 게으름으로 가득하다. 하지만 나는 이 말을 좀 바꾸어서 데이터의 세계에 적용해보련다. "불가해한 복잡성으로 충분히 설명할 수 있는 것을 프로그래머의 의도 탓으로 돌리지 마라." 우리는 프로그래머가 자신이 설계한 알고리즘을 통제하는 수준을 과대평가하지 말아야 한다. 기이하거나 불쾌한 행동은 알고리즘의 실제 설계의 결과라기보다는 우연한 사고의 산물일 가능성이 훨씬 높다.†

나는 구글과 페이스북의 엔지니어들이 수백만 명의 데이터를 살펴보면서도 사생활을 침해하지 않는다고 느낀다는 것이 너무 오만한 태도가 아니냐는 질문을 종종 받는다. 대개 데이터 분석은 컴퓨터가 하지만, 엔지니어들은 검사를 하고 개발을 하고 디버깅을 할 때 종종 데이터를 들여다보곤 한다. 나는 딱히 오만하다고 생각하지 않는다. 오히려 엔지니어들은 성직자처럼 세계와 떨어져서

† 예전에 나는 어느 활동가와 알고리즘 편향이라는 문제로 토론을 한 적이 있다. 그는 소프트웨어 기업이 직원의 다양성을 높인다면, 알고리즘의 인종차별적이고 성차별적인 분류 체계가 출현하는 것을 미리 예상하여 막을 수 있을 것이라고 확신했다. 불행히도 이 견해는 너무 낙관적이다. 다양성은 그 자체가 추구할 건전한 목표이긴 하지만, 직원의 다양성을 높인다고 해서 전혀 예측할 수 없던 결과가 나오곤 하는 것을 예상하는 일을 더 잘한다고는 기대할 수 없다.

일한다. 구글이나 페이스북 같은 기업에서 프로그래머는 사람들의 개인 정보에 담긴 의미에는 관심을 두지 않는 방식으로 개인 정보를 다룬다. 정치 분야의 데이터 분석 회사인 케임브리지 애널리티카Cambridge Analytica와 페이스북을 둘러싼 추문 같은 것이 터질 때면, 대중은 케임브리지 애널리카 같은 기업이 페이스북 이용자 수천만 명의 개인 정보를 획득했다는 사실을 알고 분개한다. 하지만 그 추문이 진정으로 폭로한 것은 케임브리지 애널리티카가 페이스북의 데이터를 받은 수천 곳의 기업 중 하나일 뿐이라는 사실이다. 더 뒤가 구린 쪽이긴 했지만. 이따금 분노를 터뜨리게 하는 그런 사건들은 개인 정보의 프로파일링과 분석이 이미 돌이킬 수 없을 만큼 우리 삶의 모든 측면으로 스며들었으며, 말 그대로 50년 전에는 없었던 정보 세계를 만들어왔음을 폭로한다. 여기서 쟁점은 알고리즘이 아니라 데이터 수집 자체다. 데이터는 '선한 용도로만 쓸 것'이라는 꼬리표가 붙어서 제공되는 것이 아니다.

알고리즘을 둘러싼 대중 논쟁에는 한 가지 역설이 있다. 문화 평론가 중 절반은 이렇게 말한다. "컴퓨터는 본래 편향되어 있다. 그것이 바로 인간이 필요한 이유다!" 나머지 절반은 이렇게 말한다. "인간은 본래 편향되어 있다. 그것이 바로 컴퓨터가 필요한 이유다!"† 나는 어떤 평론가가 한 평론에서 이 두 주장을 함께 쓴 사례

† 애덤스 엘커스가 한 말이다.

도 보았다. 2016년 5월, 페이스북이 보수적인 매체의 기사를 홀대한다는 익명의 주장들이 나오자, 페이스북은 전 세계적으로 일어나는 사건들을 요약하고 평가해서 트렌딩 토픽Trending Topics에 게시하는 일을 하는 이들에게 내부 지침을 내렸다. 이 지침은 매우 평범했다.[7] 뉴스를 걸러내기보다는 요약하고 분류하는 쪽에 더 초점을 맞추라는 내용이었다. 진보 매체와 보수 매체 양쪽에서 올라오는 부정적인 가짜 뉴스들에 속을 썩이던 페이스북은 뉴스를 분류하는 일을 맡았던 직원들을 해고하고, 대신에 더 '알고리즘'에 기댄 방식을 채택했다. 하지만 그 결정은 인간이 개입하여 중립을 지키지 않는다면 뉴스 알고리즘은 필연적으로 정부나 언론의 조작에 휘둘릴 것이라는 새로운 비판에 직면하고 말았다. 페이스북은 이길 수가 없었다. 최선의 해결책은 그냥 내버려두는 것이었다. 아니 적어도 그냥 내버려두는 것처럼 보이게 하는 것이었다. 페이스북은 뒤로 숨어서 가능한 한 입장을 밝히지 않았다. 그러나 소프트웨어 기업은 바빌로니아의 복권 회사처럼 배경으로 완전히 사라지는 사치를 누리지 못한다(아직까지는). 그들이 점점 더 강력한 개입을 하고 있다고 분개하는 이들이 언제나 있을 것이다. 실제로 그 기업 내부에서 어떤 일이 일어나는지를 우리가 모른다고 해도 그렇다(결국 페이스북은 2018년에 트렌딩 토픽 서비스를 포기했다—옮긴이 주).

하늘에서 내려온

이런 대단히 압축된 설명에는
상세한 이야기가 따라붙기 마련이지.
하나하나 따지면 풍부하기 그지없는.

—윌리엄 셰익스피어, 『심벨린*Cymbeline*』

구글에서 5년을 보내면서, 나는 점점 더 높은 추상화 단계를 향해 나아갔다. 많은 엔지니어들이 그런 경로를 따라간다. 소프트웨어 엔지니어의 목표는 알려진 특정한 매개 변수 내에서 달라지는 표준화한 데이터 집합을 대상으로 무수히 되풀이하여 적용될, 자동화한 알고리즘 과정들을 구축하는 것이다. 구글에서는 웹페이지를 긁어모으고, 검색 질의에 가능한 최상의 결과를 제공하고, 사용자가 있는 위치의 지도를 보여주고, 수억 명의 사용자에게 이메일 서비스를 제공하는 것이 그런 목표에 포함되었다. 이런 일들 중 어느 것도 영구히 해결하기란 불가능하다. 세부 사항들이 바뀌고, 새로운 요구 조건이 생겨나고, 새로운 특징이 구현되고, 결과물의 질을 개선하라는 욕구가 계속 이어진다.

연구 중심의 컴퓨터과학자는 주로 첨단 연구에 초점을 맞추며, 알고리즘이 할 수 있는 일의 범위를 더 넓힐 새로운 방법을 찾으려 시도한다. 컴파일러와 운영체제 등 컴퓨터과학의 몇몇 분야는 어느 정도 '해결된 문제'를 다룬다고 여겨진다. 더 이상 개선이 이루어질 여지가 없다는 의미가 아니라, 기본 문제의 범위가 철저히 탐사되어왔다는 뜻이다. 컴퓨터 비전computer vision이나 양자 컴퓨팅(현재로서는 현실보다는 꿈에 가까운) 같은 분야에 비해, 컴퓨터과학에는 첨단 혁신이 드물게 일어나는 성숙한 분야들이 많다. 이런 분야들이 돈벌이가 되는 소프트웨어공학 분야인 것은 결코 우연이 아니다. 그런 분야들에서는 소프트웨어 기술을 대규모로 적용하는 것이 가능하다. 마이크로소프트, 애플, 아마존, 구글은 탄탄하면서 대단히 효율적인 운영체제, 컴파일러, 네트워크 기반 시설에 의지한다. 인공 지능도 유용하겠지만, 훨씬 더 어려운 문제다. 소프트웨어공학의 현재 모습은 가장 쉽게 이룰 수 있는 것을 중심으로 형성되었다. 엔지니어들은 무한정 미루는 대신에 당장 해결할 수 있는 대부분의 문제들을 "낮게 달린 과일"이라고 부른다. 구글은 자신이 검색하는 웹페이지들의 의미를 파악하려는 시도를 하지 않는다. 애플은 혁신적인 소프트웨어가 아니라 새로운 하드웨어를 내놓음으로써 부활했다. 마이크로소프트는 경쟁자들보다 조금 더 앞서 나가는 방법을 써서 성공했다.

소프트웨어 엔지니어는 어느 문제를 맡을지를 고른다. 구글을 떠날 때쯤 나는 20년 넘게 프로그램을 짜고 있었고, 그 일을 직업으로 삼은 기간은 12년이었다. 소프트웨어공학의 방법론은 내게 너무나 익숙한 것이 되어 있었다. 구글에서 쓰는 소프트웨어들을 다 잘 알게 되었다거나 마이크로소프트와 구글이 만든 수많은 종류의 소프트웨어에 통달했다는 뜻이 아니다. 하지만 나는 내가 좋아하는 쪽은 알았다. 바로 서버였다. 물론 내가 결코 다룬 적이 없는 유형의 서버들도 많다. 파일 시스템, 기반 시설 구성, 클러스터 관리, 보안, 모니터링 등의 분야가 그렇다. 나는 그런 영역들에는 전문 지식을 갖추고 있지 않지만, 각 영역의 문제들이 어떤 모습을 띠고 있는지는 모호하게나마 감을 잡고 있었다. 나는 그런 영역 중 한 곳에 들어갈 때면 꽤 자신감을 가졌고, 요구되는 지식을 습득하여 인상적인 기여자가 될 수 있었다. 그리고 앞서 했던 일과 겹치는 부분이 꽤 많으리라는 것도 짐작했다. 소프트웨어공학의 대부분은 전혀 새로운 것을 구축하는 쪽이 아니라, 이미 있는 것들을 끼워 맞추어서 당면한 새 업무에 맞는 조합을 만들어내는 것이기 때문이다. 진정으로 새로운 몇몇 부분만이 덜 혁신적인 업무로부터 얻는 보상이라고 할 수 있다.

구글에는 나보다 뛰어난 엔지니어들이 있었다. 전설이 된 사업 계획을 기획하고, 구글의 사업을 혁신시킬 탁월한 설계를 내놓은 이들이었다. 엘리트 간부들 중에는 내가 만나본 가장 명석한 이들도 있었고, 그들 중 상당수는 경이로울 만치 우아하면서 효율적인 코드를 짰다. 나는 내 자신이 그 부류에 낄 수 있을지 확신이 서지 않았다. 그 무렵까지 나는 최고 중의 최고에 속할 만큼 눈에 띄는 경력을 쌓지 못했다. 구글 엔지니어 중 상위 10퍼센트에는 들었는데, 나는 그쯤에서 만족했다. 대학원 강의를 듣고 글을 쓰던 시간까지 코드의 양과 질을 늘리는 데 투자하면서 상위 1~2퍼센트에 들기 위해 애썼을 수도 있었을 것이다. 나는 평범한 수준으로 전락하고 있다는 느낌에서 벗어나려면, 전문성 개발에 두 배로 더 힘써야 할 것임을 깨달았다.

또 나는 내 일과 현실 사이에서 느껴지는 단절 때문에 스트레스를 받고 있었다. 세계의 데이터를 신의 눈 관점에서 대하다 보니, 나는 세상과 직접적으로 맺는 관계에 점점 둔감해져갔다. 가장 유능한 사람들이 소속되어 있긴 했지만, 구글은 모든 거대 소프트웨어 기업들이 그렇듯이 '정의상' 세상을 평범하게 만드는 데 몰두했다. 2008년 무렵 소셜 네트워크가 뜨고 있었고, 웹 콘텐츠의 평균적인 질은 낮아졌다. 콘텐츠의 품질은 대기업들을 통해 점점 실용적이고 동일한 형식으로 평평해졌다. 그래도 당시에는 아직 낙관적인 분위기가 떠돌고 있었다. 물론 2018년에는 청소하지 않은 인터넷이 인류가 쏟아내는 쓰레기 더미로 가득하다는 것이 상식이 되었지만, 2008년 무렵에도 우리, 즉 엔지니어들이 우리의 산물을 이용하는 사람들과 한 가지 중요한 의미에서 다른 편에 서 있다는 인식이 점점 커지고 있었다. 엔지니어들이 인터넷 공동체의 상당한 비중을 차지하고 있었던 1995년과는 상황이 전혀 달랐다. 우리는 점점 자기 창조물의 구경꾼이 되어갔다.

수학자 고드프리 해럴드 하디는 『어느 수학자의 변명*A Mathematician's Apology*』에서 세속적인 측면과 이론적인 측면의 분열을 다루었다.[8] 뛰어난 수학자인 그는 이론수학이라는 올림포스에서 속물적인 현실 세계로 내려오는 것을 불명예라고 여겼다. 그에게 수학은 플라톤이 말한 영원한 이상적인 세계였다. 진정한 진리가 맞든 아니든 간에, 수학적 진리는 인류 역사에서 가장 영속성을 띤 발견이었다. 문화를 초월하며 영원한 듯했다.† 그러나 구글 엔지니어들은 수학자가 하는 방식으로 진리를 추구한 것이 아니었다. 우리는 데이터를 일시적으로 유용하면서 수익이 나는 더미로 정렬하고 재편하는 일을 계속 되풀이할 뿐이었다. 가장 순수한 컴퓨터과학 연구자들만이 수학과 비슷한 진리를 추구한다. 소프트웨어공학은 응용수학에 더 가깝다. 하디가 경멸한 것 말이다.

> 그러나 어떤 면에서는 평범한 응용 수학자의 처지가 좀 딱하지 않은가? 쓸모가 있고자 한다면, 그는 따분한 방식으로 일을 해야 하고, 정상에 오르고자 할 때에도 자신의 상상력을 마음껏 발휘할 수가 없다. 이 어리석게 구축된 "현실" 세계보다 "상상의" 세계가 훨씬 더 아름답다. 그리고 응용 수학자가 상상력을 발휘하여 만든 가장 좋은 산물들은 대부분 만들어지지마자 거부될 것이 분명하다. 사실에 부합되지 않는다는 냉혹하지만 충분한 이유에서다.[9]

응용수학과 소프트웨어공학은 이 "어리석게 구축된" 우주에 대해 순수수학보다 더 강한 지배권을 약속하지만, 그 지배가 취하는

† 그 어떤 경성 과학hard science도 그 점에서는 미치지 못한다. 아마 형이상학의 근본적인 철학적 질문(우주의 본질은 무엇일까?)과 윤리학의 근본적인 질문(우리는 무엇을 해야 할까?)만이 평생토록 갈 것이다. 비록 수학의 여러 의문들과 달리 그런 질문들의 답은 결코 나오지 않았지만.

형식은 늘 의심스럽다. 하디가 글을 쓴 1940년에는 그 지배가 전쟁이라는 형태를 취했다. 당시의 최첨단 수학 및 물리학 연구는 〈트리니티〉의 버섯구름을 일으키는 데 쓰는 쪽으로 집중되었다. 오늘날 기술의 지배는 기업과 정부의 이해관계가 조합된 형태다. "선을 행한다"는 것은 쉽지 않으며, 순수수학의 세계를 피난처로 삼아 당대의 끔찍한 현실로부터 벗어나겠다는 하디의 결정은 금욕주의적 유혹이다. 내게는 그런 선택권이 주어지지 않았다. 그러나 나는 하디의 소회에는 어느 정도 공감했다.

> 모든 실용적인 기준에서 판단할 때, 내 수학적 삶은 아무런 가치가 없다. 어쨌든 수학 바깥에서는 하찮기 그지없다. 완전히 하찮다는 판결에서 벗어날 기회가 단 한 번이라도 주어진다면, 나는 창조할 가치가 있는 무언가를 창조해왔다는 것으로 판단될지도 모르겠다.[10]

구글에서 내가 만들 수 있었던 것에서 나는 창작의 가치를 찾지 못했다. 내 코드 창작물에 대해 소유 의식을 느끼려면 그 일에 훨씬 더 깊이 헌신해야 했겠지만, 나는 그러고 싶은 동기를 못 느꼈다.

구글에 다닐 때 나는 대학원에서 제임스 조이스 연구자이자 박식가인 에드먼드 엡스타인을 통해서 조이스의 『피네간의 경야』를 공부했다.† 『피네간의 경야』는 인간 존재의 다양한 모습을 담은 방대한 목록이며, 의미와 구조가 넘칠 만치 겹겹이 차 있다. 그래서 해석에 새로운 해석이 겹쳐지고, 그런 해석들의 어디에서나 모순을 찾아낼 수 있다. 해석이 어렵기 때문에, 역설적이게도 해석은 민주적인 양상을 보였다. 『피네간의 경야』를 완벽하게 이해했다고 주장할 수 있는 사람은 아무도 없다. 누구나 나름의 해석을 덧붙일 수 있다. 문학교수인 레슬리 L. 루이스는 직선과 직사각형 위에 고리와 원을 겹쳐서 그 책의 서로 얽혀 있는 내용과 주제를 시각적으로 표현한 독특한 표를 그렸다. 그 책 자체가 그러하다. 물리학자 머리 겔만은 원자의 기본 구성단위에 '쿼크kwork'라는 이름을 붙일 생각을 하고 있었는데, 마침 『피네간의 경야』에서 "머스터 마크에게 3개의 쿼크를Three quarks for Muster Mark"이라는 글귀를 발견했다. 그는 그 단어의 발음을 바꾸기 위해 나름의 설명을 제시했다.

> 나는 거의 그해 내내 그것들을 쿼크라고 부르고 있었지만, 철자를 k-w-o-r-k나 그와 비슷하게 써야 되지 않을까 하고 생각하고 있었다. 쿼크가 원자핵 등의 근본 구성단위인 새로운 입자에 딱 맞는 발음 같았지만, 철자를 어떻게 적어야 할지 몰랐다. 그러던 중에 형이 집에 가져온 『피네간의 경야』 1939년

† 엡스타인은 길버트와 설리번의 뮤지컬에서 지휘자로도 활약했고(뮤지컬에 나오는 노래들을 기억하고 있어서 흥얼거릴 수 있었다) 1959년 캐프리컨북스의 편집자로 있을 때 윌리엄 골딩의 『파리대왕*Lord of the Flies*』을 미국에 소개했다. 그 책은 베스트셀러가 되었다. 나는 옛 8학년 교과서의 뒤쪽에 실린 글에서 그의 이름을 보고서 같은 사람임을 깨닫고 놀랐다.

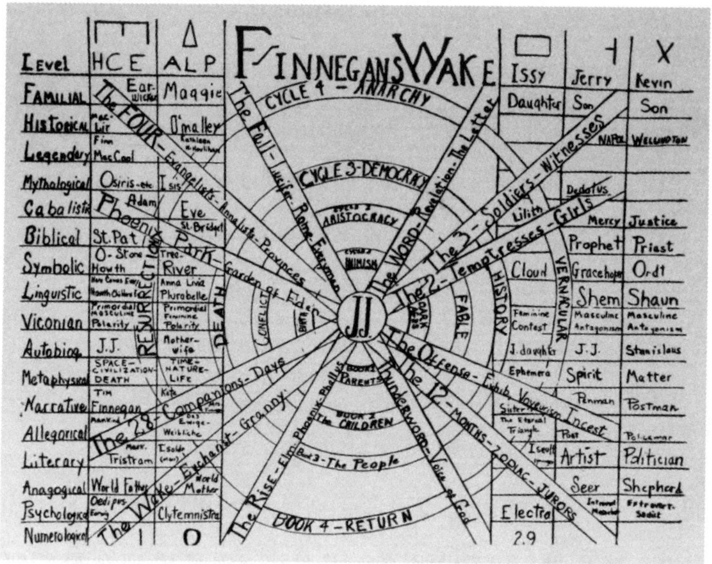

끝없이 논쟁을 불러오는 레슬리 L. 루이스의 『피네간의 경야』 다이어그램

미국 초판본을 종종 그랬듯이 들춰보는데, "머스터 마크에게 3개의 쿼크를!"이라는 문장이 보였다. 물론 그 단어의 발음은 "쿠아크"였다. 그래야 마크, 바크 등등의 단어들과 운율이 맞으니까. 그러나 나는 그 단어를 "쿼크kwork"라고 발음하고 싶었다. 그래서 쿼크라고 발음할 핑곗거리를 창안했다. 바로 험프리 침던 이어위커(『피네간의 경야』는 그가 꾸는 꿈을 기록한 것이다)가 주막 주인이라는 것이었다. 따라서 그 책에는 주막에서 술을 주문하는 말이 많이 나온다. 물론 단어들은 여러 방식으로 의미가 정해진다. 『거울 나라의 앨리스』에서처럼 다의

적이다. 하지만 한 가지 결정 인자는 주막에서 술을 주문하는 말로 쓰이곤 한다는 것이다. 예를 들어, "Three poss of porter pease"는 "흑맥주 세 단지 주시오Three pots of porter, please"와 관련이 있다. 그래서 나는 "머스터 마크에게 3개의 쿼크를!"의 결정 인자 중 하나가 "마크 씨에게 세 쿼트를!Three quarts for Mister Mark!"일 수 있다고 생각했다. 실제로 그럴지도 모른다.[11]

1946년 전업주부인 애들라인 글래쉰은 『피네간의 경야』의 모든 등장인물을 추려 모은 『피네간의 경야 인구 조사*Census of Finnegans Wake*』를 펴냈다. 몇 차례 개정판도 냈다. 데이터의 의미에는 전혀 신경을 쓰지 않은 채 자동적으로 분석하는 일을 몇 년째 한 뒤에, 나는 그녀의 진정한 의도를 알게 되었다.

조이스는 의심을 토대로 자신의 집을 지었다. 그는 불확실성이 현실이라는 전제에 자신의 불멸의 영혼을 걸었다. 모든 현실이 그렇다는 것이다. 그리고 예술가로서의 자신의 돈 전부를 불확실성이라는 검은 말에 걸었다… 『피네간의 경야』는 수수께끼 같은 우주의 모델이다.[12]

그 책이 제멋에 겨워 쓴 헛소리일 뿐이라면 이는 학문적인 연습에 불과하겠지만, 조이스의 주제는 인류 문명의 경로와 우리가 그것에 관해 하는 이야기들이었다. 이 책은 엄청난 어휘라는 표면 아래에서 파란만장한 역사를 헤치며 나아가는 평범한 사람들의 비극적인 운명을 다루고 있다. 『피네간의 경야』는 내가 읽은 책 중 가장 인간적인 것이었다. 내 업무가 내게 단순화하거나 무시하라고 요구하는 모호한 것들을 쌓아올린 작품이었다. 그와 비교하면 내 코드는 아무런 의미도 없다고 느껴졌다.

소프트웨어공학은 정말 즐거운 일이었다. 엄청나게 많은 알고리즘이 해독하거나 디버깅해야 하는 복잡한 흔적을 남길 때 특히 더 그랬다. 그리고 나는 기관실 깊숙이 틀어박혀서 일하는 쪽을 좋아했다. 그러나 12년째 하고 있자니, 그 일이 내 삶의 더 큰 부분이 지닌 의미를 없애려고 위협했다. 내 삶은 우연히 내게 속하게 된, 구글의 대규모 도서관에서 무작위로 뽑은 세부사항들의 집합이었다. 대체로 별 의미가 없는 것들의 다소 독특한 조합, 대수롭지 않은 것들의 조합에 다름 아닌 듯했다. 나는 내 삶을 점점 커져가는 인터넷 데이터와 구별하는 능력을 잃어가고 있었다. 내 자신을 다시 찾고 싶었다. 그러다가 나는 컴퓨터가 이미 나를 찾아냈다는 사실을 깨달았다.

8장	내 아이를 프로그래밍하다

초기 조건

그리고 너와 컴퓨터에 오류가 일어날 수 있어

너는… 컴퓨터니까!

계속해!

자신을 프로그래밍해!

그냥 해!

네 발가락을 살펴봐, 네 코를 살펴봐,

네가 가진 모든 것을 살펴봐

그렇게 하고 싶지 않다면

너는 살 수도 없을 거야

집도 될 수 없어, 집은 우리 거거든

—엘리너 아우어바흐(4세), 〈시시시시시한 노래〉

구글을 떠난 지 몇 년 뒤, 나는 또 하나의 장기적인 공학 프로젝트에 착수했으며 그 일은 지금도 진행 중이다. 나는 첫 12개월이 지난 뒤 친구들에게 이런 진행 상황 보고서를 보냈다.

친구들에게,

최근에 우리 딸 엘리너가 엄마와 함께 외가를 방문해서 2주 동안 업그레이드를 받고 왔어. 다시 만났을 때, 나는 어떤 새로운 특징들이 생겼는지 조사했어. 알다시피 엘리너는 낡은 모델의 기능 이상 때문에 작년 중반에 좀더 큰 것으로 프레임을 교체한 바 있어. 그래서 공간이 좀 풍족해졌기에, 내친 김에 이번에 기능을 업그레이드했어.

딸이 스스로 알아서 바뀌고 있지는 않다는 것은 이미 알 거라고 생각해. 설마 한쪽 끝에 음식을 부어 넣으면, 갑자기 기고 일어나고 옹알거리는 능력이 생긴다고 생각하는 것은 아니겠지? 만일 그렇다면 줄기가 구름 위까지 솟아오르는 마법의 콩도 진짜일걸? 컴퓨터에 먹히지 않는 것은 아기에게도 먹히지 않아. 음, 사실 이 모든 기능들은 업그레이드 형태로 습득해. 어떤 것들은 하나씩 따로 구입할 수도 있지만, 로비스트들이 반독점법에 사악한 압력을 가하는 바람에 독점 구조가 그대로 남아 있는지라, 대부분 패키지로 구입해야 해.

그래서 딸이 업그레이드를 통해 '일어서기'와 '책장 넘기기'와 '걸음마 떼기'와 '음마음마음마' 기능을 습득했을 때(마지막 기능은 사치스러운 항목인 것 같고, 수요가 많아), '음식물 바닥에 던지기', '리모컨 만지작거리기', '풀 씹기' 기능도 딸려왔어(기능을 너무 많이 넣은 것 같아). 레몬 사회주의(정부가 부실기업에 공적 자금을 쏟아붓는 상황을 일컫는 말—옮긴이 주)야. 또 수수께끼 같은 '잠들기' 기능도 있어. 바닥에 머리를 대고 자는 척하다가 몇 초 지나지 않아 다시 일어나지. 대체 누구 머리에서 나온 기능이야?

그렇긴 해도, 따져보면 업그레이드라고 볼 수 있는 것은 분명해. 확장 슬롯을 너무 많이 채워서 조만간 프레임을 다시 업그레이드해야 하는 상황이 일어날까 걱정이 돼. 좀 너무한 것 같지. 딸은 이제 겨우 낮게 달린 과일을 따먹는 듯이 보이는데 말이야. 딸은 이제 아무것도 붙들지 않고 걸음마를 뗄 수 있고, 팔다리의 운동 제어도 더 세밀하게 할 수 있어. 우리가 팔 한쪽과 다리 한쪽에 지불한 추가 근골격계 기능 덕분이지(실제로 우리는 팔 한쪽과 다리 한쪽의 기능 업그레이드를 구매했어. 두 번). 또 딸은 터무니없을 만치 복잡하게 연결된 혀/성대 활동의 기본 작동 방식을 알아내고 있는 듯해. 그건 배를 문지르는 동시에 머리를 두드리는 수준의 능력(딸이 아직 못하는 거야)을 요구하는 건데 말이지.

그리고 물론 아직은 호환이 불가능한 기능이 대부분이야.

우리 딸은 PCMCIA 카드와 호환되지 않기 때문에, 내 구형 노트북의 eSATA 드라이브를 통해서 딸을 가르칠 수도 없고 블루투스를 통해서 내 전화기를 딸과 연결할 수도 없어. 우리가 번거롭게 쓰는 간접적인 방법보다 그쪽이 더 편리할 텐데 말이지.

그렇긴 해도, 순조롭게 개선이 이루어지고 있어.

그럼 안녕, 엔지니어 여러분

데이비드가

아이가 생기자 나는 행동주의자로 변신했다. 나는 나이를 먹으면서 남들의 심리적 동기를 추측하기가 더 쉬워지고 다양한 자극에 대한 반응을 더 잘 예측할 수 있다는 것을 알아차렸지만, 어른들은 복잡하다. 아내와 나는 서로를 깊이 변모시켜오면서도, 그런 변모가 이루어지고 있다는 것을 느낀 적이 한 번도 없었다. 〈심슨 가족〉에 나온 똑같은 대목을 자신도 모르게 인용하거나, 서로가 아닌 다른 누군가에게 말을 할 때 설명해야 할 것이 아주 많다는 사실에 좌절감을 느낄 때에야 그렇다는 것을 알아차렸다.

그러나 아이와 함께 할 때에는 자극-반응 주기가 고스란히 드러난다. 적어도 처음에는 그렇다. 아기는 부모 외의 다른 사람에게는 거의 반응하지 않는다. 부모와 아기 사이에 형성되는 피드백 고리는 치밀하고, 통제되고, 대부분의 경우에 명료하다. 나는 특정한 행동들을 하면 먹여주고, 재워주고, 안아주고, 흔들어주고, 트림시켜주고, 놀아줄 것임을 아이가 알도록 훈련시킨다. 거꾸로 아이는 울음에 반응하도록 나를 훈련시켜서 원하는 것을 얻는다. 그러면서 우리는 타협점을 찾아간다. 우리의 시스템은 상호 이익이 되도록(이익이 주로 아이에게 향하지만) 적어도 대략적으로 동조를 이루게 된다. 얼굴 근육을 제어할 수 있게 될 때, 아이는 웃음이 엄청난 주의와 긍정적 피드백을 가져온다는 것을 알아차린다. 기려는 본능은 지속적인 신체 실험을 자극하고, 그 실험을 통해 아기는 서서히 기는 법과 이어서 걷는 법을 터득한다. 신경과 근육은 세상에 성공적으로 대처할 수 있도록 배선된다. 딸이 기기 시작했을 때, 나는 〈발키리의 비행Flight of the Valkyries〉을 틀어주었다. 아기의 투쟁심과 결의에서 유달리 까다로운 코드가 제대로 작동하도록 했을 때 내가 느꼈던 승리감을 떠올렸기 때문이다. 아기는 새 장난감을 받은 것처럼 무척 기뻐하는 듯했다. 그러나 그 장난감은 자신의 몸이었다. 태어날 때부터 아기의 뇌는 자신의 몸을 코딩하고 디버깅한다.

부모는 자녀를 프로그래밍하고, 자녀는 부모를 프로그래밍한다. 심리학자 바수데비 레디는 주의를 끌기 위한 줄다리기를 이런 식으로 묘사한다.

> 생후 4개월째부터 아기는 부모에게 덜 집착하게 되는데(실험실에서 2개월 된 아기는 오로지 엄마의 얼굴만 바라보고 있는데, 아기가 3~4개월째라는 확실한 표지는 방을 둘러본다는 것이다), 그

럴 때 어른들은 아기의 주의를 끌기 위해 무의식적으로 필사적이 되기 시작한다. 아기의 발을 움직이고, 노래를 부르고, 율동 있는 놀이를 하자고 꾀는 등 아기의 주의를 다시 사로잡기 위해 점점 더 과장된 행동을 하기 시작한다.[1]

아기의 어른 조작은 감염된 숙주의 행동을 바꾸는 기생충인 톡소포자충 수준은 아니지만, 꽤 단순한 관계조차도 우리의 마음 알고리즘과 휴리스틱(우리 자신의 "코드")에 어떻게 지속적인 조정을 요구하는지를 보여주는 사례다. 내 마음은 아버지가 되기 위해 빠르게 변하고 조정되었다. 그리하여 나는 다른 사람이 되었다. 아내는 1개월 된 우리 아기와의 대화가 이런 식일 것이라고 상상했다.

나: 쉬, 쉬, 어서 자렴
아기: 못 자겠어, 누가 내 얼굴을 자꾸 쳐
어, 왜 내 팔을 꽉 누르고 있는 거야
얼굴을 막으려면 팔을 움직여야 해
나: 쉬
아기: 젖 냄새가 나
응애! 응애! 젖 줘
나: 방금 배불리 먹었잖니
아기: 〔인상을 찌푸린다〕〔뿌직〕 이제 배 꺼졌어
나: 〔기저귀를 간다〕

아기: 기저귀 푸니까 너무 편해

그냥 이대로 있고 싶어, 재우려 하지 마, 피곤한 인간 공습경보 울리지 않겠다고 약속할게

믿어줘

이 귀여운 얼굴을 봐

거짓말할 것 같아?

나: 자, 공갈 젖꼭지

아기: 안 돼, 안 돼, 안 돼. 안 해, 안 해, 안 해. 이건 폭—쩝쩝쩝…

아기는 추론을 할 수 없지만, 부모는 아기의 행동을 설명하기 위해 아기가 이런 식의 동기를 따르는 것이라고 추측한다. 그 추측이 정확할 때도 있다. 자라면서 딸은 자신을 더 정확히 표현하는 법을 배웠고, 이윽고 손짓발짓으로 설명할 수 없는 것을 단어로 설명하기 시작했다.

아기가 태어난 지 며칠 지나지 않아서, 나는 이런 얼굴 표정을 알아보기 시작했다.

1. 배를 톡톡 두드려 깨웠을 때 나를 쳐다보는 뿔난 눈초리
2. 색깔을 띤 커다란 얼룩(부모의 얼굴 등)을 몹시 호기심을 갖고 볼 때의 동그란 눈
3. 먹지도 자지도 않을 때의 비난하는 듯한 무심한 표정

4. 팔다리의 통제력을 획득할 때의 자기만족적 재미
5. 먹은 뒤의 더할 나위 없이 행복한 나른한 표정
6. 그리고 물론 먹을 때 진정으로 기뻐하는 표정

나는 아기의 얼굴 표정을 읽고 있었다. 그러나 이런 표정들을 읽을 수 있는 것은 그 표정이 무엇인지를 아기가 배우기 때문이기도 하다. 유전적 프로그래밍과 환경적 프로그래밍의 경계는 어찌할 수 없을 만치 모호하다. 젖 달라고 보채는 것부터 기어가고 보이는 것은 다 움켜쥐려는 행동에 이르기까지, 유아기의 행동 중 변경 불가능한 코드로 새겨진 듯한 것이 아주 많기에, 나는 수천 년에 걸쳐서 작성되었고 내 DNA라는 전신電信을 통해서 전달된 양육 극본에 따라서 연극을 하고 있다고 느껴지곤 했다. 그러나 사춘기와 수면 같은 많은 유전적 짐과 달리, 이 짐은 내가 기꺼이 지는 것이었다. 설령 이 작은 생물에게 우리가 기억이라고 생각하는 것이 부족하고, 성숙한 어른과 다른 식으로 '경험한다'는 것이 확실하다는 점을 스스로 상기시켰음에도 말이다.

나이를 먹을수록 당신의 삶에서 하루, 한 주, 한 달은 당신 살아온 기간 전체에 비해 점점 적은 비율을 차지하게 되고, 따라서 그 기간은 점점 빨리 지나가는 듯하다. 예전에 한 노인이 내게 말하기를, 지각된 시간이라는 관점에서 보면 20세에 삶의 절반이 지나간 것이라고 했다. 아기인 내 딸이 시간 감각이라는 것을 가지고 있었다면, 자신이 하는 모든 행동을 한 편의 서사시처럼 느꼈을 것이 분명하다. 일주일은 자신이 살아온 삶의 절반에 해당하니까! 모든 수유는 100만 년 동안 지속되는 기념비적인 축제다! 모든 낮잠은 립 밴 윙클Rip Van Winkle(워싱턴 어빙이 쓴 소설의 주인공으로, 자고 일어났더니 수십 년이 흘렀다는 이야기—옮긴이 주)의 잠과 같다! 안타깝게도 모든 배앓이는 연옥에서 영구한 세월을 보내는 것이고, 모든 허기는 이집트를 탈출한 히브리인들이 사막에서 겪는 고통과 같다. 그러니 아기가 운다고 뭐라 할 수 없지 않겠는가?

내 추측이 틀릴 때도 종종 있었다. 딸이 3개월 쯤 되었을 때 나는 딸이 요람에 누워 나를 바라보며 웃으면서 행복하게 팔다리를 꼬물거리는 모습을 지켜보았다. 나도 딸을 흐뭇하게 바라보다가 문득 시간이 되었다는 것을 알아차렸다. 나는 안타까운 어투로 말했다.

"아가야, 미안하지만 잠잘 시간이야."

그러자 딸은 곧바로 화난 듯이 얼굴을 찌푸리더니 앵앵거리기 시작했다. 나는 아기의 이해력에 깜짝 놀랐다.

"와, 정말 빨리 반응하는데?" 나는 아내에게 말했다.

"아기가 말투에 반응한다는 거 몰라?"

"아하." 나는 아기에게 웃으면서 가장 행복하게 재잘거리는 어투로 말했다. "이렇게 말하면, 당장 네 기분이 좋아질 거라고?"

그러자 아기의 얼굴이 펴지더니, 나를 향해 방긋거리면서 다시 꼬물이 춤을 추기 시작했다.

"미안." 나는 활기찬 말투를 유지하면서 재잘거렸다. "그래도 잠

잘 시간이야!"

아기는 계속 웃으면서 꼬물거렸다.

나는 아기를 재웠다. 아내와 나는 재빨리 방에서 빠져나왔다. 그런데 몇 걸음 채 가기도 전에 놀라고 화난 듯한 울음이 다시 들리기 시작했다. 이번에는 더 컸다. 우리는 아기를 속였다! 하지만 아기가 속았다는 느낌을 받을 능력을 아직 갖추었을 것 같지는 않았다. 아기의 마음은 흡족한 상태와 불만스러운 상태 사이를 오락가락하고 있었고, 그러면서 자신의 DNA와 뇌에 아로새겨진 행복감과 좌절감의 표현을 드러내고 있었다. 나도 그런 감정들에 반응하도록 새겨져 있었다. 내 뇌에 휴면 상태로 있던 조건 반응이 아기의 존재로 인해 활성화되어 이제 언제든 촉발될 수 있는 상태가 되었다. 나는 그렇다는 것에 기뻤다. 아기가 태어나기 전 몇 달 동안 내게 가장 큰 걱정거리는, 아기에게 본능적으로 감정적 유대를 느끼지 못하고, 초연하고 합리적인 관점에서 대하게 되면 어쩌나 하는 것이었다. 나는 그런 식이라면 좋은 아빠가 되지 못할 것이라고 생각했다.

육아 초기의 몇 달 동안 내 마음은 둘로 갈렸다. 나의 일부는 아기가 인간이 아니라고 느꼈다. 처음 몇 시간 동안 아기는 얼굴 표정도 지을 수 없었다. 편하거나 불편한 정도를 보여주는 그 어떤 표정도 지을 수 없었다. 아이는 이 무렵이 가장 투명하다. 반응 범위가 매우 한정되어 있기 때문이다. 또 내 아이가 가장 기계처럼 보인 때이기도 하다. 아기가 어떤 반응을 보일지 설령 예측할 수 없다고 해도, 아주 근접하게 추측할 수 있었다. 나는 확률론적 알고리즘을 짠다는 상상을 했다. 어느 정도 우연에 기대어서 갑자기 팔다리를 움직이게 하고, 배가 고프거나 불편할 때면 울고, 푹 잔 뒤에 젖을 먹게 하는 알고리즘이었다. 완벽하게 예측할 수는 없지만, 아예 예기치 않은 일이 일어나는 일은 거의 없는 알고리즘이었다. 몇 달이 지나면, 아기는 태어났을 때보다 100배는 더 풍부하고 미묘한 반응을 보이며, 행동을 제어하는 어떤 고정된 알고리즘이 있을 가능성은 사라진다. 나는 우리가 자라면서 기존의 한계를 계속 초월한다는 것이 우리가 인간을 그토록 특별한 존재로 여기는 이유 중 하나라고 본다. 갓난아기와 걸음마를 뗀 아기, 또는 걸음마를 뗀 아기와 유치원생을 비교하면, 어느 한쪽이 다른 한쪽으로 변신할 수 있다는 사실 자체에 놀라게 된다. 후자가 전자보다 수십 배는 더 복잡하다. 아기가 성인이 될 무렵에는 복잡성의 수준이 너무나 많이 겹겹이 쌓여 있어서, 우리는 그냥 어떤 사람인지 알아보려고 할 때에도 추상화와 단순화(그리고 꼬리표)에 의지해야 한다. 이 어른이 앵앵거리던 아기였다는 것 자체가 불가해하다. 이 과정은 알고리즘이 아니라, 발달과 생태를 따른다.

그러나 나의 나머지 부분은 아빠의 사랑이라는 감정으로 가득 채워졌다. 나는 아기의 옹알이와 울음에 애정으로 반응했다. 표정을 짓고, 말을 걸고, 발을 움직이고, 비행기를 태워주었다. 아기를 안고서 둥개둥개도 했다. 그저 웃게 하기 위해서였다. 아기의 웃음이 그런 행동을 하도록 내게 조건 형성을 일으켰다. 이따금 "비행기가 밑에 있는 셔츠와 얼굴로 배설물을 쏟아내는" 상황이 벌어지긴 했지만, 나는 그만두지 않았다.

나는 아기에 대한 애정과 놀이가 아기의 발달에 도움을 준다는 지식을 토대로 아기와 이런 놀이들을 했다. 딸을 향한 내 애정이 편파적이고 불합리하다는 것을 잘 알고 있었다. 그것은 진화 과정을 통해 내게 심리적 성향이 부여되었다는 가장 명확한 증거였다. 부모의 사랑이 아기가 어른이 될 때까지 살아남도록 하는 가장 강력한 힘 중 하나가 아니던가? 나는 내 의욕을 북돋아주고 아기에게 최대한의 안락, 안전, 사랑을 제공하는 데 도움을 주려면, 이런 비합리적인 애정과 헌신, 그리고 그에 수반되는 다양한 화학물질과 호르몬이 필요하다는 것을 알고 있었다. 그래서 나는 그런 감정들에 치중했다. 나는 스스로 그런 감정들을 떠올렸고, 마음속에 그런 감정들이 최대한 깃들도록 할 수 있는 모든 것을 했다. 그런 감정들이 내가 아이에게 쏟아 부을 수 있는 가장 중요한 자원이라고 생각했기 때문이었다.

육아는 신경증적인 양상을 띨 수 있다. 내 뇌의 일부는 딸이 찢어지게 울어댈 때마다 "넌 방금 아기에게 평생 갈 마음의 상처를 입혔어"라는 경고를 보냈다. 첫 돌을 맞이할 무렵, 나는 아기를 데리고 유아 음악 수업을 들으러 갔다. 아기는 마라카스를 흔들고 가볍게 북을 치면서 놀았다. 그러다가 선생님을 보았다. 키가 크고, 턱수염을 길렀고, 기타를 들고 있었다. 그 순간 딸은 겁에 질려서 자지러지면서 마구 울어댔다. 딸을 안고서 밖으로 나오니까 잦아들었는데, 다시 들어가서 선생님을 보는 순간 또 울음을 터뜨렸다. 결국 그냥 수업을 나왔고, 딸의 아드레날린이 다 빠져나가도록 한 뒤에 온종일 차분하게 아이와 놀아주었다. 그 교사가 촉발 원인이었다는 것은 분명했지만, 이유는 전혀 알 수 없었다. 다음 주에는 아내가 음악 수업에 데려갔는데, 딸은 똑같은 반응을 보였다. 게다가 그 뒤로 몇 달 동안, 딸은 까무잡잡하고, 키 크고, 수염을 기른 남자만 보면 겁에 질렸다. 음악 교사를 볼 때만큼 격렬한 반응을 일으키지 않았다는 것이 그나마 다행이었다.

나는 딸이 일으키는 반응의 배후에 있는 논리를 이해할 수 없어서 좌절했다. 촉발한 자극이 있다는 것은 알고 있었다. 나는 당시 딸이 울고 소리를 질러대는 다양한 유형들에 대부분 친숙했다. 즉, 뭘 원할 때 어떤 식으로 보채는지를 알고 있었다. 그런데 음악 수업 때, 나는 딸에게서 정말로 고통스러워하는 눈빛을 보았고 처음으로 신음 소리를 들었다. 그저 아프거나 뭔가를 원해서 내는 울음이 아니라, 진정한 심리적 고통을 드러내는 울부짖음이었다. 나는 오로지 그런 고통으로부터 딸을 구하고 싶었다. 딸의 시스템에서 그 부분을 디버깅하고 싶었다. 하지만 그럴 수가 없었다. 내가 할 수 있는 일이라고는 그 자극을 피하도록 돕는 것뿐이었다. 몇 년 뒤 둘째 아이가 같은 음악 교사에게 똑같은 반응을 보였다. 우리 아이들의 유전자에 까무잡잡하고, 키 크고, 수염을 기르고, 기타를 든 남자를 멀리하게 만드는 뭔가가 변경할 수 없는 코드로 새겨져 있었다.

회피할 수 없는 자극도 있다. 나는 아이들이 가능한 한 사회의 편견과 선입견에 얽매이지 않은 채 자라기를 원한다. 딸은 더욱 그렇다. 여성의 사회적 역할이 역사적으로 보았을 때 훨씬 더 한정되어 있었고, 여성이 남성보다 불리한 입장에 있기 때문이다.

아이들은 태어나자마자 우리의 편견을 물려받는다. 이런 편견 중에는 전적으로 생존 문제인 것도 있다. 반항도 성장의 일부이긴 하지만, 유년기는 부모의 지식을 대부분 곧이곧대로 받아들이는 시기다.

무지를 받아들이다

> 객관적 현실에의 적응은 적응 자체를 위해 존재하는 것이 아니다. 모든 적응은 필요에 따라 조절된다.
>
> —레프 비고츠키[2]

아빠로서 처음 장난감 가게에 갔을 때, 장난감들이 성별에 따라 통로 양쪽에 구분되어 있는 것을 보고 나는 마음이 무거워졌다. 인형과 옷은 왼쪽, 자동차와 블록은 오른쪽에 쌓여 있었다. 딸에게 훌륭한 공주가 되려면 결혼을 해야 한다고 말하는 부모에게 반항하는 공주에 관한 책을 읽어줄 때, 딸은 화를 내면서 빽 소리쳤다. "엘사[영화 〈겨울왕국〉의 주인공]는 결혼하지 않아!" 그 쪽도 괜찮긴 하지만, 나는 『거울 나라의 앨리스』의 앨리스 여왕과 『오즈』 시리즈의 오즈마 공주를 택하겠다. 둘 모두 우리의 문화권 바깥에 존재하니까. 무해하거나 진보적인 양 보이는 것이라고 해도, 우위에 있는 젠더 쪽의 이야기를 받아들이는 것은 그 한계까지 받아들이는 것이다.

나는 아이들이 그런 이야기에 담긴 분류 체계를 얼마나 빨리 받아들이는지를 알고 놀랐다. 3세 때 딸은 여자아이와 남자아이가 어떤 모습인지, 서로 어떻게 다른지, 자신이 어떻게 명확히 전자에 속하는지 확실한 개념을 지니고 있었다. 동물, 괴물, 어른, 공룡, 해적은 모두 자신을 정의하는 나름의 특징들을 지니고 있다. 그리고 아이들은 그 특징들에 뭔가를 덧붙인다. 딸은 6세 때 이렇게 말했다.

> 딸: 난 무지개를 쪼개야 한다고 봐. 빨강, 주황, 노랑은 여자아이가 입을 수 있는 옷 색깔이고, 파랑, 초록, 보라는 남자아이가 입을 수 있는 옷 색깔이야. [보라색 옷을 가리키면서] 이런 색깔을 더 이상 못 입는다고 생각하니 슬퍼.
>
> 나: 음, 아빠는 여자아이 색깔이나 남자아이 색깔이 따로 없다고 생각하는데.
>
> 딸: 그건 중요하지 않아.
>
> 나: 하지만 남자아이들은 보라색 옷을 별로 안 입는데?
>
> 딸: 그래, 하지만 그게 가장 단순하게 나눌 수 있는 방법이니까.

심리학자 수전 겔먼은 인간이 유년기 초부터 본질주의essentialism를 향한 타고난 성향을 드러낸다는 압도적인 사례를 제시한다. 본질주의는 실체가 그것에 고유의 특성을 제공하는 어떤 근원적인 핵심 특징 집합을 지니며, 그 집합이 없다면 그것은 그 실체일 수가 없다는 뜻이다. 겔먼은 어떤 동물이 왜 그런 전형적인 특성과 행동을 지니고 있는지를 물었을 때 "4세 아이들의 72퍼센트와 초등학교 1학년 아이들의 73퍼센트가 타고난 성향이나 본래 지닌 특성, 성장을 말한다"고 했다.

> 예를 들어, 미취학 아동들은 "알에 있을 때 귀가 길어져서 부화할 때 긴 귀를 달고 나오기" 때문에 토끼 귀가 길다거나, "새가 본래 날기" 때문에 하늘을 난다고 말했다.[3]

그러나 현실적으로 보면, 모든 '본질적' 특징에는 예외가 있다. 날지 못하는 새도 있다. 귀가 짧은 토끼도 있다. 인형을 좋아하지 않는 여자아이도 있다. 여자아이보다 달리는 속도가 더 느린 남자아이도 있다. 수학을 좋아하는 여자아이도 있다. 본질주의 성향에 힘입어서 아이들은 세계를 '현실의 불연속적인 근사값들'로 파악할 수 있고(『DSM』이 했듯이), 그 결과 상투적인 생각에 얽매여 스스로의 한계를 정할 수 있다. 컴퓨터와 달리 인간은 모순과 뉘앙스를 수용할 수 있지만, 그럼에도 우리는 초기 분류 체계의 본질적인 편향들을 계속 간직한다. 우리가 받아들인 범주들은 일상적인 차원에서는 충분히 잘 작동하지만, 궁극적으로 거의 모든 범주 체계는 잘못되어 있다. 아니, 더 정확히 말하면 불완전하고 근사적이다.

그러나 우리는 처리해야 하는 압도적인 양의 정보를 다루려면 범주가 필요하다. 겔먼은 이렇게 말했다.

> 엄밀하게 말하면, 본질주의는 유년기의 구성물이 아니다. 우리의 세계 지식을 체계화하는 기본 틀, 우리 평생 유지되는 틀이다.[4]

나는 딸이 범주의 제약에서 자유롭기를 원했다. 성별에 따른 전형적인 양상을 취하든 말든 간에, 충분히 알아보고서 선택하기를 원했다. 어느 인종의 사람들이 어떻다는 식으로 선입견을 전혀 갖지 않기를 원했다. 그러나 딸의 자기 인식이 전적으로 합리적으로 이루어진다는 내 생각은 환상이었다. 아이들은 맨땅에서부터 시작하는 것이 아니다. 실험을 통해 배운다. 나는 딸이 선입견을 간직하도록 놔두어야 했으며, 시간이 흐르면서 그 너머를 보는 법을 배우기를 바란다.

나는 딸의 취향을 놓고 딸과 논쟁을 벌이는 일을 피한다. 나는 딸이 바비 인형 관련 책을 갖고 싶다고 했을 때 안 사주겠다고 한 적이 없다. 엘사처럼 입는 것도 막지 않았다. (〈마이 리틀 포니My Little Pony〉 사운드트랙을 들으니까 트와일라잇 스파클과 친구들을 타고서 〈올드 옐러Old Yeller〉[남북전쟁 직후의 미국을 배경으로 한 소년과 떠돌이 개의 이야기를 담은 영화—옮긴이 주]를 보러 가고 싶다는 말을 딸에게 한 적은 있다.[†]) 대신에 나는 딸이 주류가 아닌 더 다양하고 불분명한 것들을 접하도록 애썼다. 그리고 나는 이미 존재하는 다양한 이야기들과 분류 체계들을 딸이 가능한 많이 접하게 하려고 애썼다. '애뮬릿Amulet'과 '엘리펀트 앤 피기Elephant and Piggie' 시리즈와 함께 엘런 래스킨과 대니얼 핑크워터의 색다른 동화책도 읽어주었다. 〈마이 리틀 포니〉와 〈모아나Moana〉뿐 아니라, 〈애니매니악스Animaniacs〉와 〈대 에도 로켓Oh! Edo Rocket〉도 보여주었다. 암벽등반과 발레도 배우게 했다. 나는 남들의 신조를 거부하라는 것 외에는 다른 어떤 특별한 신조를 갖고 있지 않았다. 나는 딸이 누구의 범주 집합도 신뢰할 수 없다는 점을 알아차리기를 원했다. 이 모든 분류 체계, 기본 틀, 이야기가 서로 어떤 식으로 들어맞지 않는지를 간파하고서, 어느 한 체계에 덜 얽매이기를 바랐다. 나는 딸을 프로그래밍할 수는 없었지만, 당혹스럽게 할 수는 있었다.

네트워크로서의 아이

아이는 그에 관해 이들이 말하는 것이 최상의 사실 증거임을 알아차리기 시작한다. 그렇기에 그 증언은 사실 자체보다, 아니

† 사실 나는 "호스러버 팻"이라는 팬이 〈마이 리틀 포니〉 앨범에서 핑키 파이Pinkie Pie(〈마이 리틀 포니〉의 등장 캐릭터—옮긴이 주)의 노래 두 편을 왜곡하거나 뒤섞거나 속도를 높이는 등의 방법을 써서 편집한 것을 발견하고서 반론을 펼칠 수 있었다. 나는 그것이 개선이라고 생각했지만, 딸은 아니라고 했다.

현재 분명히 현상 자체라고 여겨질 것보다 사실이라는 더 강력 한 표지가 된다. (…) 그리하여 그는 무지를 자각하게 된다.

—찰스 샌더스 퍼스[5]

아이를 디버깅하는 것은 불가능하다. 삶을 리셋하는 것은 불가능하기 때문이다.

프로그래밍은 반복 과정이다. 소프트웨어를 작성할 때면, 나는 코드를 짜고, 검사하고, 디버깅했다. 버그를 고친 뒤에는 코드를 다시 컴파일하고, 그 문제를 해결한 상태에서 다시 작동시키면 다음 버그가 드러났다. 초기 조건이라는 개념(원하는 만큼 반복하여 재시작하는 능력)은 소프트웨어 개발과 알고리즘의 필수불가결한 부분이다. 알고리즘 요리법은 초기 조건과 입력의 집합이라는 개념을 전제로 한다. 한 알고리즘이 종료되면, 출력만이 남는다. 알고리즘 과정 자체는 끝난다.† 알고리즘은 매번 작동할 때마다, 입력 집합만을 달리 한 채로 초기 조건에서 시작한다. 우리는 이것을 리셋 버튼이라고 부를 수 있다.

과학적 과정은 리셋 버튼에 의지한다. 동일한 출발 조건에서부터 여러 번 실험을 수행하는 능력이다. 정확히 동일한 출발 조건이

---

† 종료되지 않는 프로그램을 짜는 것은 시시한 일이지만, 알고리즘은 반드시 유한해야 한다. 괴델의 팬들은 특정한 프로그램(어떤 프로그램이든 간에)이 영구히 돌아갈지 안 돌아갈지를 결정하는(이른바 '멈춤 문제halting problem') 프로그램을 작성하는 것이 불가능함을 보여주는 불완전성 정리를 알고 싶을지 모르겠다.

란 없으므로(먼 별이든 극도로 드문 상황이든 다양한 사람들을 연구하든 간에) 초기 조건을 관련된 모든 측면에서 가능한 한 가깝게 만드는 것이 목표가 된다.

하지만 나는 사람을 리셋할 수 없다. 아이는 알고리즘이 아니다. 지속성을 띤 진화하는 시스템이다. 소프트웨어도 지속성을 띤 시스템이 되어가고 있다. 알고리즘 자체는 정적인 상태로 있을지 모르지만, 이제는 알고리즘 자체만큼 컴퓨팅에 중요하면서 지속성을 띤 대형 시스템들에서 점점 더 많이 작동하고 있다. 구글, 아마존, 페이스북, 트위터 등이 그런 시스템이다. 이런 기업들은 소프트웨어를 작성하지만, 그들이 내놓는 제품은 시스템이나 네트워크다. 마이크로소프트는 윈도우의 개정판을 낼 때 이전판과의 호환성을 유지하기 위해 꽤 많은 코드를 그대로 가져와야 했지만, 윈도우의 각 판본은 서로 별개의 프로그램이었다. 매번 사용자가 윈도우를 시작할 때마다, 컴퓨터의 기억 장치는 비워졌다가 디스크에 저장된 상태를 토대로 처음부터 다시 채워진다. 윈도우가 이상한 상태로 빠져서 제대로 작동하지 않는다면, 나는 재부팅을 할 수 있고, 그러면 문제가 저절로 해결될 때가 많다. 그래도 안 되면 윈도우를 다시 설치하여 완전히 새롭게 시작할 수도 있다.

시스템에서는 그런 일이 가능하지 않다. 구글 검색 엔진의 각 구성 요소들은 교체되고, 재부팅되고, 계속 어긋나곤 하지만, 전체 시스템은 항상 운영 중이어야 한다. 맨땅에서부터 다시 시작하는 일은 없다. 구글, 아마존, 페이스북은 알고리즘보다는 상태state에 더 중점을 둔다. 시스템이 지니고 조작하는 모든 데이터의 총합을 말한다. 이 기업들 중에서 시스템을 싹 지운 뒤 알고리즘처럼 "다시 시작할" 수 있는 곳은 없다. 그리고 아이도 그럴 수 없다. 아이는 태어나면서 삶을 시작하며, 체내 메커니즘들이 아이의 몸과 마음과 성격이라는, 지속성을 띠면서 가변성도 지닌 시스템을 구축한다. 우리 몸에는 알고리즘적인 정보 처리 과정들이 있으며, 그중 핵심은 DNA(그리고 RNA)의 코딩, 복제, 변형, 전달이다. 그리고 우리 DNA는 우리 일상생활이 번잡하고 요령부득인 양 보이는 것과 정반대로 매우 명쾌하게 작동한다. 우리에게 이기적 유전자와 그 비유적인 개념인 밈meme(진화하는 문화적 개념)을 제공한 분야인 진화심리학이 매우 인기가 있는 이유 중 하나는, 우리의 모든 생물학적이고 문화적인 행위를 추동하는 하나의 포괄적인 목표가 있을 수 있음을 시사한다는 것이다. 바로 우리 유전자의 대물림이다. 우리 삶은 덧없는 일회성 과정이지만, 우리 유전자는 더 오래 살아가기 위해 스스로를 퍼뜨린다. 물리학자 후안 뢰더러는 DNA 복제든, 내 세금을 계산하는 알고리즘이든, 딸에게 자라고 하는 말이든 간에 목적을 지닌 모든 활동은 재설정될 수 있는 시스템에 의지하며, 그런 재설정될 수 있는 시스템이야말로 생물을 정의하는 특징이라고

† 뢰더러는 시스템의 목적 지향적 변화를 구성하는 것을 "실용주의적 정보pragmatic information"라고 부르지만, 이는 클로드 섀넌이 순수한 통계적인 관점에서 정의한 정보 개념, 즉 어떤 메시지가 어떤 의미를 지니는가가 아니라 그 메시지의 불확실성 수준이 어느 정도인지만을 이야기하는 개념과 다르므로, 나는 이 각주에서만 "정보"라는 말을 쓴다.

주장했다.[6†] 즉, 생물이 바위나 행성처럼 묵묵히 자연법칙을 그대로 따르는 대신, 계획하고 실행할 수 있게 하는 것은 맨땅에서 시작하는 능력(또는 맨땅에서 시작하는 양 모사하는 능력)이라는 것이다. 그러나 설령 이중나선의 전파가 우리의 원래 존재 목적이라고 할지라도, 우리는 여전히 그 목표를 중심으로 구축되어온 생명과 문화의 많은 부분이 어떻게 작동하는지를 제대로 이해하지 못하고 있다.

다시 말해, 우리의 몸과 자아와 사회는 우리 유전자를 전파하는 일을 하지 않을 때, 아니 유전자를 전파하는 상황에 빠져들려고 할 때 무엇을 할까? 작동을 중단시키고 재시작하는 대신에, 계속 작동하면서 진화하도록 허용한다면 소프트웨어 프로그램에 어떤 일이 일어날지 생각해보면 얼마간 단서를 얻을 수도 있다.

알고리즘은 특정한 입력 집합을 써서 특정한 출력을 내놓는, 선형으로 배열된 명령문들의 유한한 집합이다. 구글, 페이스북, 아마존, 트위터 같은 알고리즘 시스템은 시간이 흐르면서 사용되는 양상에 반응하여 행동을 수정하는, 지속성을 띠는 시스템(또는 네트워크)을 만든다. 본질적으로 이런 시스템은 피드백에 의지한다. 출력은 시스템이 존재하는 환경에 영향을 미치고, 시스템의 환경(사용자 및 그 시스템과 연관된 다른 알고리즘 시스템들)은 시스템을 더욱 변화시키는 새로운 입력을 제공한다. 수학자 노버트 위너는 이런 피드백 시스템을 사이버네틱cybernetic이라고 했다. 제어, 조타, 통치라는 의미에서의 "조종하다"라는 그리스어 키베르난κυβερνήν에서 따왔다. 알고리즘은 이런 시스템을 구성하고 유지하지만, 특정한 시점에 시스템이 어떻게 행동할지는 예측할 수 없다. 그러려면 시스템의 현재 상태를 알아야 한다.[†] 그 결과 진화하는 생태계가 출현한다. 프로그래머는 알고리즘을 짜고, 디버깅하고, 고칠 수 있지만, 우리는 네트워크 속에서 작동하는 알고리즘들을 통해 네트워크를 구축하고, 훈련하고, 조건을 변화시킨다. 아이도 일종의 진화하는 생태계이며, 아이의 경우에는 본질적인 생물학적 메커니즘, 주변 환경의 물리적 효과, 다른 생물 등이 이런 알고리즘에 해당한다. 예를 들어, 네 살짜리가 이런 노래를 부르는 것을 듣고 있으면, 부모는 아이의 감정 원인들을 재설정하고 싶은 마음이 들지 모른다. 내가 딸에게 뭐가 슬픈지 물었을 때 불렀던 노래다.

> 슬픈 일이 너무 많아. 말할 수도 없어.
> 모두 꽉꽉 눌러서 공처럼 뭉쳐져.
> 뭉쳐져서 공이 돼.
> 공에서 이런저런 것들이 떨어져 나올 때도 있어.
> 그것들은 쓰레기통으로 가.
> 그리고 나는 정말정말 TV가 좋아
> 내일 아침에도 볼 수 있으면 좋겠어.

† 달리 말하면, 어떤 작업에서든 간에 알고리즘은 시스템의 현재 상태를 입력 중 하나로 취한다. 새로운 입력은 진공 상태에서 이루어지는 것이 아니라, 그 자체가 시스템이 앞서 내놓은 출력과 그 출력에 대한 환경의 반응에 의존한다.

나는 딸의 뇌에서 슬픔을 뽑아낼 수 없다. 그래서 TV를 보게 한다. 슬픔의 공이 줄어들기를 바라면서다.

시스템에는 재설정될 수 있는 부분들이 있다. 페이스북 프로필을 지우거나 항상성을 얻기 위해 면역계를 복구할 수 있다. 그러나 전체 시스템은 계속 선형적인 연속성을 유지한다. 그리고 사실 현재 우리는 인간 마음의 이런저런 측면들을 재설정할 수 있을 가능성을 이야기하고 있다. 정신적 외상과 중독 문제에서 특히 그렇다. 정신적 외상과 공포증의 치료 가능성을 보여준 비정통 요법인 '안구 운동 민감 소실 및 재처리 요법Eye Movement Desensitization and Reprocessing therapy'은 시스템에서 버그를 처리하고 해소함으로써 민감 소실뿐 아니라 마음의 균형을 회복시킨다고 말한다.[7] 시스템은 멈추지도 않고 처음 상태로 돌아가지도 않지만, 우리는 인간의 마음을 구성하는 네트워크가 '공중에 뜬 채on the fly'로 수선될 수 있기를 바란다.

'공중에 뜬 채'는 컴퓨터 프로그램을 중단시키고 재시작하는 대신에 프로그램이 돌아가는 상태에서 수정하고 고치는 것을 가리키는 용어이기도 하다. 구글과 페이스북 네트워크의 구성 요소들은 계속 멈추고 수정되고 재시작되지만, 시스템 전체는 지속되면서 진화한다. 우리는 영혼과 자아의 리셋 버튼을 눌러서 중독, 공포증, 나쁜 습관 등 우리 삶에 쌓여서 짐이 되는 온갖 것들을 제거하고 싶다. 우리는 많은 정신질환이 인지적이라기보다는 신경화학적임을 이해하고 있으므로, 의학은 세로토닌과 도파민의 비율을 조정하여 균형을 바로잡으려고 한다. 어떤 사람들은 주술에 쓰던 향정신성 약물인 아야와스카ayahuasca가 뇌의 기능을 막고 있던 퇴적물층을 씻어내고 우리의 예측을 넘어서는 상상력을 자극할 수 있는, 일종의 마음의 세척제라고 말한다. 심리학자 베니 섀넌은 이렇게 썼다. "아야와스카 경험이 마음의 창의력이라고 볼 수도 있겠지만, 정말로 그렇다면 마음의 창의력은 우리 인지과학자들이 생각하는 차원을 넘어선다."[8] MDMA(엑스터시)가 마약으로, 또 일부 의사들에게 인기가 있는 이유 중 하나는 편도체의 부정적 감정 생성을 억제하는 능력을 지닌 듯하다는 것이다. 그래서 자폐 환자의 사회적 불안 증세를 치료하는 데 얼마간 효과가 있다는 연구 결과도 있다. "MDMA를 투여하면 부정적 단서의 해석에 관여하는 뇌 영역인 왼쪽 편도체의 활성이 급감하며, 화난 얼굴을 볼 때의 편도체 반응과 감정적 반발이 줄어든다."[9]

이런 치료법은 정확한 알고리즘이 아니라, 원하는 효과를 일으키려는 희망을 품고서 마음의 내부를 뒤흔들기 위해 쿵쿵 망치질을 하는 것이다. 마음은 우리가 통제권을 갖고자 애쓰는 네트워크이지만, 우리는 핀볼을 하는 사람이 그저 단추를 누르고 덮개를 흔들어서 핀볼 기계에 영향을 미칠 수밖에 없는 것처럼 엉성하고 간접적인 방식으로만 마음에 영향을 미칠 수 있음을 알고 있다. 마찬가지로 컴퓨터 네트워크가 시간이 흐르면서 복잡성과 내구성이 점점 커짐에 따라서, 우리가 네트워크를 직접적으로 통제할 수 있는 수준도 줄어든다.

요약하자면 알고리즘 시스템, 또는 알고리즘 네트워크는 반응하는 환경 속에 위치한, 알고리즘을 통해 생성된 지속성을 띠는 행위자agent다. 네트워크는 일단 작동하면 시간이 흐르면서 진화할 뿐 결코 초기 상태로 재설정되지 않으며, 자신을 낳은 알고리즘들과 별개의 복잡한 존재가 된다. 우리의 몸과 마음이 자신을 낳은 DNA와 별개의 복잡한 존재가 된 것과 마찬가지다. 이런 독자적인 시스템은 코드로 짜는 것이 아니다. 그보다는 훈련을 거치고, 그러면서 배운다.

이는 이런 네트워크가 근본적으로 알고리즘적이지 않다는 뜻이다. 그보다는 시간이 흐르면서 자라고 진화하는 시스템이며, 완전히 리셋할 수 없는 시스템이다. 그렇게 한다는 것은 시스템을 무지와 무경험이라는 출발점으로 되돌리는 것이기 때문이다. 인공 지능을 만드는 과정은 알고리즘을 코딩하는 문제라기보다는, 식물에 물을 주듯이 또는 아이를 교육하듯이, 자라는 시스템에 알고리즘을 적용하는 것에 가깝다. 구글과 페이스북 같은 시스템은 최초의 진정한 디지털 아이들이다.

신경망의 선구자 워런 매컬러는 1951년에 기계와 인간의 차이는 인간의 마음이 자신의 번영을 위해서 다양한 방법으로 환경에 반응하고 적응하는 데 있다고 썼다.

> 마음은 왜 머리에 있을까? 머리에서, 그리고 오로지 머리에서만 시간과 상황이 요구하는 대로 가능한 많은 연결이 형성

될 수 있기 때문이다. 각각의 새로운 연결은 우리가 세계에 더 잘 적응하도록 해줄 다른 연결들이 출현할 무대를 마련하는 역할을 한다. 겉질cortex을 통해서 인간 지능의 목적적인 삶을 가능케 하는 가장 큰 음의 피드백이 이루어지기 때문이다. 낡고 일시적인 세계에서, 그리고 세계의, 새롭고 영원한 이상을 창조하는 기쁨을 로봇은 알지 못한다.[10]

어쨌든 아직은 아니다. 매컬러가 말하는 것은 20세기 중반의 계산하는 기계다. 그러나 지금 구글과 페이스북 같은 대형 시스템이 수년, 수십 년 동안 지속되고 성장하고 있으므로, 우리는 진화하면서 성숙하는 네트워크의 가능성을 생각해볼 수 있다. 지능은 알고리즘에 내재된 것이 아니라, 진화를 통해 형성된 복잡성에 담겨 있다. 이 복잡성은 기나긴 세월에 걸친, 세계와의 반복되고 바뀌고 자주 오류를 일으키는 상호작용을 통해 발전했다. 아이가 그렇듯이 말이다. 우리는 그런 네트워크를 디버깅하지 않는다. 교육한다.

기계와 아동 학습

우리는 무언가를 더 얻기 위해서 꼭 무언가가 더 필요한 것은 아니다.

—머리 겔만[11]

나는 내 아이가 어떻게 변해가는 것인지를 이해하지 못했다. 딸은 더 커졌고, 더 복잡한 문장을 구사했지만, 나는 딸의 머릿속에서 무슨 일이 일어나고 있는지를 확실히 알 수 없었다. 생후 몇 달 동안 나는 딸의 발달 이정표들을 스프레드시트에 기록했고, 아내와 나는 딸이 마치 소프트웨어 업그레이드가 설치된 양 보일 만큼 충분히 달라졌다고 생각할 때마다 새 '버전'이라고 선언했다. 키와 몸무게의 하드웨어 업그레이드도 계속되고 있었다.

v1 (0주)　: 초기 조건.
v2 (2주)　: 웃다. 첫 얼굴 표정.
v2.1 (4주)　: 고개를 돌리고 팔을 움직이다.
v3 (9주)　: 눈으로 대상을 쫓다.
v3.1 (10주) : 밤새 깨지 않고 자다.
v4 (15주)　: 두 손으로 딸랑이를 집어 올리다.
v5 (22주)　: 몸을 뒤집다.
v5.1 (23주) : 두 팔로 내 목을 감고 안기다.

이런 변화를 업그레이드라고 보는 것은 솔깃하다. 업그레이드를 촉발할 일을 내가 전혀 하고 있지 않았기 때문이다. 딸은 그저 스스로 해결하고 있을 뿐이었다! 컴퓨터 앞에서 20년을 보냈기에, 아내와 나는 우리 "프로젝트"가 길고도 힘든 개입 없이 자신의 행동을 바꾸는 것을 보는 일에 익숙하지 않았다. "유지"는 필요했지만(영양분을 주면, 노폐물을 내보냈다) 이런 노력들과 우리 딸에게서 일어나는 변화 사이에는 뚜렷한 관계가 없었다.

딸의 능력이 더 늘어나고 자신의 주변 세계를 이해하는 능력이 발달함에 따라서, "업그레이드"를 추적하기가 더 어려워졌다. 나는 딸의 변화 리듬에 익숙해졌기에, 11개월째에 2주 동안 딸과 떨어져 있다가 재회했을 때, 걸음마와 물건 다루는 능력이 대폭 향상되었음을 알아차렸다.

그러나 이 모든 행동 변화를 사소한 것으로 만드는 가장 신비하면서 초월적인 도약이 있었다. 바로 언어 습득이었다. 언어가 쓰이는(또는 쓰이지 않는) 방식의 모호함과 실패 사례를 붙들고 씨름해 본 사람이라면 누구나 아이가 자신의 발성 기구를 사용하는 법을 배우는 모습을 지켜보면서 깨달음과 혼란을 함께 느낀다. 딸은 많은 시행착오를 통해서 영어의 관습을 배웠다. 딸이 점점 더 많은 소리를 배우고, "저거!" 차원을 넘어 단어를 써서 의미를 표현하는 실험을 시작함에 따라서, 나는 어떤 "업그레이드"가 일어나고 있다는 환상을 떨치게 되었고, 딸을 수수께끼 같으면서 계속 진화하는 네트워크로 보게 되었다. 우리가 아이라고 부르는 네트워크의 발달을 인도하는 어떤 알고리즘들이 있으며, 그중에 DNA의 활동이 핵심이다. 하지만 이런 알고리즘들은 건물 자체가 아니라 건축가이며, 우리 눈에 보이지 않는다.

약 2~5세는 아직 단어와 어구의 배후에 놓인 의미론적 논리를 완전히 습득하지 못한 시기이므로, 아이들은 종종 멋지면서 재미 있는 오용을 보여주곤 한다. 그러나 아이의 말은 뭔가 깨달음을 줄 수도 있다. 30개월쯤에 딸은 "지렁이와 국수는 가늘고 기니까 서로 관계가 있어"라고 말함으로써, 겉모습을 토대로 두 대상을 하나로 묶었지만, 그 관계가 무엇인지는 아직 배우지 못한 상태였다. 딸은 부모가 "관계"라는 단어를 어떤 식으로 쓰는지를 듣고서 비슷한 방식으로 쓴 것이었다.

이런 혼란은 더 추상적인 양상을 띨 수 있다. 아이들은 놀 때 환상을 만들어낸다. 놀이와 현실의 경계가 어른에게는 이해가 안 갈 때가 있다. 아이는 놀이가 현실이 아님을 알고 있으면서도 현실처럼 다루기 때문이다. 한번은 3세인 딸이 스쿼트라는 이름의 봉제인형 거북과 놀고 있을 때 아내가 물었다. "스쿼트는 학교에 가니? 아침은 뭘 먹니?" 딸은 의아하다는 표정으로 엄마를 쳐다보면서 말했다. "엄마, 스쿼트가 인형인 거 몰라?"

3세 때 딸은 이런 이야기를 지어냈다.

사자 라이언의 모험

사람들이 집에 있다. 요리를 하고 있는데, 낙타 한 마리가 집으로 들어온다! 사람들은 깜짝 놀랐다. 사람들은 낙타한테 물었다. "여기서 뭐 해?" 낙타는 대답하지 않았다. 말을 할 수 없기 때문이었다.

딸은 주인공이 등장할 무렵에는 이것이 사자("라이언"이라는 이름의)에 관한 이야기임을 까먹었고, 그래서 대신에 낙타를 등장시켰다. 딸은 이야기에 낙타가 나오기를 원했지만, 낙타와 사람들이 어떻게 상호작용할지 미처 생각을 안 했다. 사람은 말을 하지만 낙타는 하지 않으니까. 그래서 이야기는 거기에서 끝났다. 선문답처럼.

딸은 필요할 때면 논리를 써서 자신의 입장을 주장하려고 애썼다. 때로는 위협이라는 형태를 취했다. 잠잘 때면 특히 그랬다. "우유 안 주면 밤새 안 잘 거야. 그러면 엄마도 잠을 못 잘 거고 더 일찍 죽을 걸?" 또는 화가 났을 때 달래려는 우리 노력을 거부하면서 애처롭게 반박할 때도 그랬다. "다 필요 없어!"

합리성이 서서히 자리를 잡으면서 허튼 생각을 몰아낸다. 세 살 반쯤 되었을 때, 딸은 우리의 동기를 추정하고 있었다. 딸이 언제나 귀여운 말만 하는 것은 아니었다. 한번은 자기 담요한테 이렇게 말했다. "이제 너를 골려줄 거야. 너는 싫겠지만 나는 좋아. 그래서 그렇게 할 거야." 이때쯤 딸은 주변의 모든 사람이 목표를 지니며, 때로 그 목표가 자신의 목표와 충돌한다는 것을 알 수 있었다. 남들의 동기를 반드시 파악할 수 있는 것은 아니었지만, 딸은 남들이 동기를 지니고 있음을 알았다.

또 그 무렵에 딸은 만물이 다른 것들로 이루어질 수 있으며, 때로는 자신이 볼 수 없는 것들도 있음을 이해하기 시작했다. 또 인체가 뼈와 피로 이루어져 있다는 것도 알았고, 동요 '프레르 자크'에 맞추어서 이런 노래를 불렀다.

아빠 소리가 들려, 아빠 소리가 들려

아빠가 와, 아빠가 와

아빠가 우리를 뚫고 걸어와, 우리를 뚫고 걸어와

젖고 있어, 이제 젖었어

나: 내가 왜 젖었는데?

딸: 피로 젖었어.

나: 피는 어디에서 나왔는데?

딸: 우리를 뚫고 걸어왔으니까.

딸은 주변 세계를 관찰하고 사람들이 하는 말에 주의를 기울임으로써 원료에 관한 나름의 설명을 찾아냈다. 관찰 자료에서 생각으로의 도약은 자연에서 가장 놀라우면서 이해할 수 없는 과정 중 하나다. 이런 일이 단계적으로 일어나는 과정을 지켜보는 부모는 매우 당혹스러움을 느끼곤 한다. 아이가 이해할 수 없는 한계가 있다가, 어느 날 그 한계가 수수께끼처럼 사라지고 더 새로우면서 더 깊은 한계로 대체된다. 아이들은 대체로 서서히 우리 모두가 공유하는 이해 수준에 도달한다. 그러나 그 과정을 촉진할 수는 없다. 설령 몸이 피와 뼈로 이루어져 있음을 알았어도, 딸은 아직 물질의 계층 구조를 이해하지 못했다. 책에서 원자 그림을 보고서 좌절감을 드러냈으니까.

나: 모든 것은 원자로 이루어져 있어. 너도 그래.

딸: 아니야, 난 뼈로 되어 있어.

나: 그 뼈는 원자로 되어 있어!

딸: 아니야, 내 뼈는 음… 근육으로 되어 있어.

나: 근육도 원자로 되어 있어.

딸: 〔몹시 회의적으로〕 내 근육은 음… 근육으로 되어 있어.

나: 근육은 원자로 되어 있어.

딸: 〔지겹다는 듯이, 책장을 넘긴다〕

내게, 그리고 전체적으로 연구자들에게 수수께끼인 것은 아이가 겉모습만 보고 자유 연상만 하다가 어떻게 추론으로 도약할 수 있는가다. 뇌는 매년 수십억 개의 새로운 시냅스가 추가되면서 자라고 발달한다. 반면에, 내 데스크톱 서버는 기억 용량과 처리 능력을 아무리 늘린다고 해도 결코 새로운 추론 능력을 얻지 못한다.

구글과 페이스북 같은 거대한 정보 시스템 외에도, 여러 다양한 유형의 네트워크가 출현하고 있다. 신경망, 심층 학습망, 믿음망 belief network 등이 그렇다. 이것들은 모두 기계학습이라는 폭넓은 범주에 속한다. 오늘날 구글의 딥마인드가 쓰는 것 같은 가장 강력한 기계학습 기법은 단어, 픽셀, 음파 등 무엇으로 이루어진 것이든 간에, 명시적인 패턴들 사이의 유사성을 파악하는 데 탁월하다. 그런 기법들은 두 문단의 문장 구조와 단어 선택이 비슷한지 판단할 수 있다. 그러나 문장의 의미는 거의 알지 못한다. 한 사진에 찍힌 동물이 개와 고양이 중 어느 쪽과 더 비슷한지 파악할 수 있지만, 고양이가 무엇이고 개가 무엇인지는 전혀 알지 못한다. 바둑을 두어서 사람을 이길 수는 있지만, 어느 바둑판이 명품인지 아닌지를 판단할 수는 없다. "명품" 바둑판과 "명품이 아닌" 바둑판 집합을 대상으로 알고리즘을 훈련시켜서 그 분류 체계를 학습시키지 않는 한 그렇다. 이런 기계학습망은 인간을 훨씬 넘어서는 능력을 보여줄 수 있긴 하지만, 맥락, 기준, 판단력을 인간으로부터 물려받으며, 인간의 안내 없이는 특정한 과제를 비슷하지만 다른 과제들에까지 일반화할 수 없다. 내 딸이 4세 때 했듯이 꼬리표를 응용하는 문제를 추론할 수 없다.

딸: 이 발레슈즈는 너무 부드러워. 폴리에스터로 만든 게 분명해.

나: 마시멜로로 만들어졌을지도 몰라. 그러면 먹을 수 있을걸?

딸: 발레슈즈를 먹을 수는 없어.

나: 그러면 마시멜로로 만들어지지 않은 거지.

딸: 마시멜로로 만들어진 것은 없어…

나와 딸 (동시에): 마시멜로를 빼고.

딸: 마시멜로만 마시멜로로 만들어져. 그러니까 마시멜로지. 다른 것들에는 사람들이 다 다른 이름을 붙여.

기계학습망이 수행하는 이미지 분류 체계와 대조적으로, 아이는 시각적 유사성보다 훨씬 더 많은 것들을 통해 분류하는 법을 금방 배우며, 사실 다른 범주 분류를 위해서 시각적 유사성을 거부하는 법도 배운다. 수전 겔먼이 간파했듯이, 익룡이 새가 아니라 공룡이라는 말을 들으면, 유아조차도 시각적 유사성이 아니라 그 범주에 속한 구성원들의 특징을 토대로 추론하는 경향을 보인다.[12] 예를 들어, 익룡은 둥지에서 살지 않는다거나 돌고래는 물속에서 호흡할 수 없다는 식으로 추측을 한다.

기계학습망은 스스로 시각적 범주에서 비시각적 범주로 전환할 수가 없다. 사람이 코드를 짜서 명확히 지시를 해야 한다. 마시멜로의 사진에 "마시멜로"라고 꼬리표를 붙일 수는 있지만, "마시멜로는 마시멜로로 되어 있어"라고 추론하지 못한다. 그것은 메타추론이다. 그러나 우리 유전자나 뉴런에 그런 명령이 코드로 담겨 있음이 앞으로 밝혀질 수도 있다.† 나는 딸이 인지 기능들을 융합하여 부분들의 합을 초월하는 전체를 만들어내는 것을 보고 놀라곤 했다. 시스템들은 서로 경쟁한다. 문법, 환상, 합리성, 서사, 분류, 시각 이미지 등이다. 그것들은 어떤 식으로든 융합되어 우리가 합리적인 어른이라고 생각하는 무언가가 된다. 어떻게 이런 일이 일어나는지 명확한 설명은 나와 있지 않다. 많은 발달 모델들이 제시되어왔지만 유

---

† 개인적으로 나는 자크 판크세프가 『마음의 고고학: 인간 감정의 신경진화적 기원*The Archaeology of Mind: Neuroevolutionary Origins of Human Emotion*』에서 다룬 감정의 다층 모델을 선호한다.

일하게 확실한 것은, 합리적인 인간 어른이 우리가 아는 한 어떤 식으로든 간에 세계에 가장 잘 대처하고 세계를 가장 잘 이용할 수 있는 존재라는 것이다. 또 우리는 세계를 복잡하게 만들고, 스스로 문제를 일으키고, 지구 전체에 실존주의적 위협을 야기할 가장 큰 능력을 지닌 존재다. 이는 우리 진화적 유산의 또 다른 부산물이다.

심리학자 레프 비고츠키는 아이의 언어와 생각의 발달이 근본적으로 분리되어 있으며, 아이가 걸음마를 떼는 시기에 양쪽이 어느 수준으로 성숙한 뒤에야 통합된다고 추정했다. 그때까지 언어는 의사소통 수단 역할을 하지만, 비합리적이면서 표현적이지 않은 기능을 한다. 그 뒤에야 아이는 단어가 사물에 이름을 붙인다는 것을 발견한다. 이제는 아이의 주의를 끌거나 음식이나 포옹을 가져오는 단순히 소음이 아니다. 이 시점에서 "생각은 말이 되고, 언어는 합리적이 된다."[13]

비고츠키의 단순한 체계가 반드시 옳다고 할 수는 없겠지만, 유용하면서 환기시키는 것이 많다. 그의 체계는 암기 학습과 지식 습득의 기계적 이론이 아이가 태어나서 어른이 되기까지의 과정을 충분히 설명하지 못한다는 것을 상기시킨다. 그 발달 쇼를 진행하고 언어의 발달을 인도하는 어떤 단일한 실행 기능 같은 것은 없지만, 여러 구성 부분들은 어떤 식으로든 통합되며, 그 시점부터 아이의 추론 능력은 급상승하여 적어도 10년 동안은 그렇게 죽 이어진다. 5세 무렵에 생각이 더 추상적이 되면서, 어떤 변화가 일어나는지 정확히 파악하기가 더욱 불가능해진다. 내 딸은 아이들이 다 그렇듯이 더 어릴 때의 기억을 잃었으므로, 그 점에서는 별 도움이 안 되었다. 5세 때 딸의 노래가 지닌 의미가 무엇인지 물었더니, 자신이 지었다는 것도 잊어버렸다.

아빠 소리가 들려, 아빠 소리가 들려
아빠가 와, 아빠가 와
아빠가 우리를 뚫고 걸어와, 우리를 뚫고 걸어와
젖고 있어, 이제 젖었어

내가 왜 젖었다고 했을까 물었더니, 이렇게 답했다. "내가 목욕할 때 아빠한테 물을 튀기곤 했기 때문이야?" 탁월한 논리적 설명이며, 그 말을 들으니까 여러 가지 흐릿한 기억이 떠오른다. 딸은 자신이 내놓은 진짜 설명을 듣고는 어리둥절해했다. "내가 그렇게 말했어?" 딸의 머릿속에서 "젖은"이라는 단어의 성격 자체가 바뀌어 있었다. 그 단어는 이제 더 이상 피와 물 같은 앞뒤 안 맞는 것들과 연결되지 않았으며, 진짜 개념이 되었다. 딸은 이제 내가 어떻게 젖을 수 있는지와 피가 아무 관계가 없음을 알았다. 이런 순간들, 즉 아이의 발달 전체가 단어 하나의 용법 변화로 압축되는 듯한 순간들에서, 나는 비고츠키의 격언을 생각한다. "의미 있는 단어는 인간 의식의 축소판이다."[14]

딸은 심지어 전에는 이런저런 것들을 몰랐던 이유까지 설명했다. 자연수가 한없이 이어진다는 것을 몰랐던 때가 있었다는 사실에 당혹스러워했다. 그래서 딸은 이렇게 말했다.

> 아기는 일단 100까지 세면, 그 뒤에 다른 수들이 더 있다는 것을 깨닫지 못해. 100은 수들의 왕이야. 하지만 아기들에게는 비밀을 숨겨. 101부터 죽 이어지는 수가 그 비밀이야.

아이가 자신도 모르게 일으키는, 이 자유 연상에서 합리적 설명으로의 전이는 인공 지능이 아직 정복하지 못한 수수께끼다. 현재 AI가 직면한 문제는 인간식의 합리적인 방법으로 구체적인 것에서 일반적인 것으로 어떻게 옮겨갈 것인가다. 이미지에 꼬리표를 붙이거나 바둑을 두거나 하는 명확히 정해진 한 과제로부터 얻은 지식을, 어떻게 범용 사고 네트워크 안에서 새롭고 다른 용도에 적용할 것인가다. 나는 그렇게 하려면 다양한 방식으로 물질 세계에 관여하는 네트워크를 만들어야 할 것이라고 추측한다. 다양한 맥락에서 시각 정보와 음성 정보를 처리하고, 다양한 상황에서 어떤 접근법이 먹히고 안 먹히는지를(서서히) 학습하는 네트워크다. 그럴 수 있으려면 네트워크는 하나의 폭넓은 기법 집합을 다양하고 새로운 문제들에 적용할 수 있을 만큼 강력해야 할 것이다.† 우리는 아직 갈 길이 멀다.

---

† 여기서 내가 말하는 "기법"은 뇌의 신경세포나 호르몬 같은 낮은 수준의 메커니즘을 뜻한다.

정말로 그런 일반 네트워크를 만든다면, 지능의 특성에 관한 엄청난 비밀이 드러날까? 현재로서는 알 수 없다. 우리가 만드는 것은 사람의 아기처럼 복잡하면서 환원 불가능한 것이리라. 우리는 그런 네트워크가 자라고, 학습하고, 성숙하는 것을 지켜볼 수 있겠지만, 아이를 디버깅할 수 없는 것처럼 그런 망도 디버깅할 수 없을 것이다. 게다가 알고리즘이 어떻게 기능하는지를 이해하는 것과 같은 방식으로 그런 망이 어떻게, 왜 기능하는지를 이해하지는 못할 것이다. "음, 이 네트워크 가중치 집합은 촉발되지 않고 이것은 촉발되었기 때문에 '옹'이 아니라 '알'이라고 말했어"라는 말은 설명이 아니다. 그보다는 내가 딸에게서 보았듯이, 복잡한 성향과 행동의 집합을 한 생명체에 코드로 짜 넣으면, 그 생명체가 수많은 방식으로 세계와 상호작용을 하기 시작할 때 더욱 큰 복잡성을 보게 될 것이다.

앨런 튜링이 튜링 검사라는 용어를 창안했을 때(어떤 컴퓨터가 이 검사를 통과했다는 뉴스가 종종 들리긴 하지만, 사실 아직 통과한 컴퓨터는 없다), 그는 행동과 말이 동물이 '생각'할 수 있는지 여부를 판단할 충분한 증거임을 시사한 것이었다. 나는 딸들이 자랄수록 전에는 결코 하지 않았던 방식으로 점점 더 '생각'을 하는 것을 목격한다. AI가 나름의 '생각'으로 우리에게 깊은 인상을 주기 시작한 것과 마찬가지다. 무언가가 생각하는 양 행동한다면, 대다수 사람들에게는 그것으로 충분할 것이다. 우리가 우리를 사랑하도록 AI를 프로그래밍하는 데 필사적인 것도 놀랄 일이 아니다. 우리도 그들을 사랑할 준비를 하는 편이 낫다. 내 큰딸은 이렇게 물은 적이 있다. “화면 속으로 들어가면, 우리는 컴퓨터의 삶 속에 있는 거야? 그리고 컴퓨터가 느끼는 대로 느끼는 거야?”

9장

빅 휴먼

진공청소기

기술의 주된 효과는 인간의 힘을 증폭하는 것이다.

—켄타로 토야마, 『기술 중독 사회*Geek Heresy*』[1]

2000년대가 구글의 시대였다면, 2010년대는 페이스북의 시대, 아니 더 일반적으로 소셜 미디어의 시대가 되어왔다. 체계적이지 않은 정보로 가득했던 인터넷의 유아기가 지나고, 엉성하고 혼잡한 사회적 상호작용이 활발한 사춘기가 도래했다. 2017년을 기준으로, 페이스북의 수익(400억 달러)은 구글 수익(1110억 달러)의 3분의 1, 마이크로소프트 수익(890억 달러)의 절반이며, 아마존 수익(1780억 달러)의 4분의 1이다. 물론 애플은 이 기업들을 다 뛰어넘는 수익

(2290억 달러)을 올렸다. 그러나 페이스북은 지난 10년 동안 다른 어떤 기업보다 더 강력하게 웹을 변화시켰다. 웹의 중심은 페이지에서 사람으로, 더 구체적으로 말하면 사람의 컴퓨터 표현으로 옮겨가고 있다.

돌이켜보면 필연적인 일이었다. 프렌드스터Friendster는 그저 신기한 것으로 비쳤을 뿐이며, 마이스페이스MySpace는 인기를 끌었지만 너저분하고 개발이 덜 된 상태였다. 지금 돌이켜보면 페이스북이 웹과 현실 세계 양쪽에 자리를 잡은 것이 당연해 보인다. 나는 페이스북에서 일한 적이 없고, 따라서 페이스북을 보는 내 태도는 땅에 사는 공룡이 깡말랐으면서도 비행 능력을 지닌 새를 호기심과 감탄이 섞인 시선으로 바라보는 것과 좀 비슷하다. 페이스북이 구글이나 애플보다 오래 갈지는 잘 모르겠지만, 페이스북은 아주 오랫동안 우리와 함께 할 무언가를 세상에 내놓았다. 인간의 데이터화와, 더 중요하게는 디지털 표현을 통한 우리의 신원 확인이다.

1990년대에는 익명성이 웹을 지배했다. '온라인 유명인'은 아직 모순어법이었다. 개인 웹페이지에 덧붙인 전기적 세부사항은 대개 엉성했으며, 아무도 눈여겨보지 않을 때가 많았다. 초기 웹은 사회적 연결을 이루는 쪽보다 정보를 퍼뜨리는 데 더 적합했다. 여러 해 동안 나는 가명으로 블로그를 운영했고, 원하는 목소리를 만들고 그 목소리로 쓰는 능력을 즐겼다.† 다른 많은 이들도 똑같이 했다. 익명으로 하든, 가명으로 하든, 본명으로 하든(하지만 무명일 때가 많았다) 간에 말이다. 2000년 초부터 문화 블로거 마크 우즈는 자신의 '우즈 랏wood s lot' 블로그에 평범한 예술책과 문학책의 서평을 매일 꾸준히 올렸다.[2] 2017년에 세상을 떠날 때까지 그랬다. 세상을 떠나고 나니, 이름 외에는 남은 것이 거의 없었다. 그는 '자주 묻는 질문' 페이지에 해변에서 찍은 흐릿한 사진을 하나 달랑 올려놓고 월리스 스티븐스 시 「건반 앞의 피터 퀸스Peter Quince at the Clavier」의 한 구절을 인용했다. 그의 글을 읽던 우리 수천 명에게 그는 그저 우리가 아는 어떤 사람이었다. 우리는 개인적인 교류나 삶의 어떤 특정한 사건을 통해 알게 된 것이 아니라, 그저 열정을 공유하면서 알게 된 사람들이었다. 대화는 직설적이기보다는 암묵적으로 이루어질 때가 더 많았다. 내 블로그 글도 세계의 반영으로서가 아니라, 세계와 동떨어진 변경지 역할을 했다.

2010년 무렵에는 사람이 콘텐츠를 압도하기 시작하고 있었다. 정보는 위키피디아, 아마존, 구글 같은 대형 사이트들로 점점 집중되었으며, 디지털 신분, 즉 이 확산된 온라인 정보를 식별 가능한 개인과 연관 짓는 방법이 새로운 화두로 떠올랐다. 웹페이지들 사이의 관계를 담은 구글의 링크 그래프에 이어서 사람들 사이의 사회적 관계를 담은 프렌드스터, 마이스페이스, 페이스북의 친구 그래프가 등장했다. 페이스북, 트위터, 구글 플러스는 소셜 네트워크

† 나는 지금도 블로그(waggish.org)를 운영 중이다. 우리 세대는 이른바 블로그의 황금시대를 낭만적으로 바라보지만, 분산형 콘텐츠 발행 플랫폼에는 나름의 장점들이 있었다. 불행하게도 페이스북, 트위터, 레딧 같은 플랫폼들은 어떤 웹사이트에 실린 콘텐츠를 읽는 행위를 일탈적인 활동으로 만들었다.

만이 아니었다. 개인을 기업이 관리할 공개된, 또는 준공개된 온라인 신원과 영구히 결합하려 시도하는 신원 확인 서비스였다.

2008년 구글을 떠나서 디지털 시민으로 돌아간 뒤, 나는 이런 새로운 발전들을 주의 깊게 살펴보았다. 나는 내 소속이나 타인과의 관계를 공개하는 것을 싫어한다. 얽매이지 않기 위해서다. 그러나 나는 소수파에 속한 듯했다. 수많은 사람들, 특히 젊은이들이 마이스페이스, 페이스북, 인스타그램 등에 자신의 삶, 인구 통계적 특성, 취향을 드러내기 위해 가입을 했다. 구글이 단어를 통해 웹페이지를 분류하고, 아마존이 구매자들을 통해 상품을 분류하는 것과 비슷하다.

인류의 범주화와 분류 체계 자체는 새로운 추세가 아니었다. 20세기 내내 게오르크 지멜에서 루이스 멈퍼드와 제인 제이콥스에 이르기까지 현대성, 산업화, 자본주의의 비판자들은 사회가 사람들을 획일화하고 직업을 기준으로 분류한다고 한탄했다. 지멜은 1900년 저서 『돈의 철학*The Philosophy of Money*』에서 노동의 상호 교환성이 자본주의든 아니든 간에 대규모 경제에 보편적이라고 파악했다. 그는 사회주의가 노동을 더 일반적으로 취급할 것을 요구한다고 주장했다. 중앙 계획 경제가 분산 경제보다 개인차를 수용하는 능력이 더 떨어질 것이기 때문이었다.[†] 자동화의 두려움은 산업혁명과 함께 시작되었고 컴퓨터가 도입되어 더욱더 많은 종류의 인간 노동을 기계가 수행함으로써 가속되었다. 그러나 컴퓨터는 수억 명의 다양성을 추적할 수 있는 유일한 수단이다. 이는 그저 먼

미래의 일로 여겨졌었다. 수십억 명의 데이터를 의미 있게 분석하는 일은 여전히 극도로 어렵지만, 컴퓨터는 디지털적으로 세밀하게 관리되는 사회의 가능성을 열었다. 산업혁명과 조립라인의 등장으로 직업에 따른 거친 분류 체계가 출현했지만, 20세기 후반에 대규모 컴퓨터 연산이 출현하면서 개인들의 대규모 중앙 집중적 분류가 가능해졌다.

컴퓨터를 이용한 밀착 관리 추세는 국방과 광고 분야가 이끌었다. 광고 쪽은 소비자 부문의 인구 통계학적 분석을 통해 강화되고 다듬어진 반면, 정부 쪽은 컴퓨터를 이용하여 대규모로 개인들을 표현하고 분석하는 추세를 주도했다.‡ 2001년 9월 11일 이후에 미국 국가안보국NSA은 국가 안보에 위협이 되는 것들을 모조리 다 추려내기 위해서 가능한 한 많은 데이터를 수집하는 이른바 '진공청소기' 접근법을 출범시켰다. 이는 한 줌도 안 되는 진짜 바늘과 엄청나게 많은 가짜 바늘이 든, 끝없이 불어나는 건초 더미를 낳았다. NSA의 진공청소기는 이후에 '정량화한 자아quantified self'라고 불리게 될 것을 예견했다. 뭔가를 알아낼 수 있을 것이라는 희망을 갖고 모든 것을 추적하는 방식이다.

---

† 모든 대규모 산업 경제는 노동의 상호 교환성에 의지하므로, 고용과 생산성은 각기 독특하면서 평준화할 수 없는 개인들의 집합이 아니라, 평균적인 개인들의 집단이라는 관점에서 계산할 수 있다. 평준화할 수 없다면 경제 분석이 불가능해질 것이다. 카를 마르크스는 노동 착취를 다루었지만, 노동의 상품화는 다루지 않았다. 모든 중앙 집중 체제는 일을 배분하려면 노동의 상품화가 필요하다.

‡ 조지프 터로의 『당신의 하루*The Daily You*』는 광고 표적화와 밀착 표적화의 역사를 탁월하게 개괄한 책이다.

NSA는 FBI, CIA, TSA와 함께 '비행기 탑승 금지 명단No-Fly List', '테러리스트 감시 대상자 명단Terrorist Screening Database', '승객 사전 검색 시스템Computer-Assisted Passenger Prescreening System' 등의 형태로 프로필을 수집했다. 이런 목록은 프리즘PRISM, 엑스키스코어XKeyscore, 머스큘러MUSCULAR 등 특정한 사람들을 감시하고 그들에 관한 정보를 모으기 위해 만든 프로그램들을 통해 작성됐다. 요주의 인물을 식별하려고 애쓰는 정보기관에게 이런 접근법은 결코 새로운 것이 아니었다. 그러나 이런 프로그램들 덕분에 그 범위를 유례없는 수준까지 확장시킬 수 있었다. 컴퓨터가 등장하기 전에는 가능성이 낮거나 무관한 표적들에 관한 사건 기록을 모으는 일 자체가 불가능했다. 그런 이들을 추적하면서 쌓이는 엄청난 양의 자료를 종이에 다 기록한다는 것이 쉽지 않았기 때문이다. 저장 자체도 문제가 되었을 것이고, 그런 자료를 들추어서 검색하는 일도 문제가 되었을 것이다. 그래서 자료를 수집하기 전에 중요한 것이 무엇이고 수집하지 말아야 할 것이 무엇인지를 골라야 했다. 그러나 빅 데이터의 시대가 오면서 저장의 물리적 한계가 사실상 제거되었고, 데이터의 분석에 비해 수집이 훨씬 더 쉬워졌다. 9.11 공격이 일어날 당시에, FBI는 복합적인 단어들을 써서 데이터베이스를 검색할 수 없었다.[3] "비행"과 "학교"를 따로 검색할 수는 있었지만, "비행 학교"로는 검색할 수 없었다. 그 결과 데이터의 효용성이 낮았다.

셰인 해리스는 〈포린 폴리시Foreign Policy〉에서 조지 W. 부시 정부와 버락 오바마 정부에서 NSA 국장을 역임한 키스 알렉산더의 접근법을 이렇게 요약했다.

> 알렉산더는 가능한 한 많은 데이터를 얻기를 원한다. 그리고 그는 가능한 한 오래 그 자료를 보관하고 싶어 한다. 공개적으로 말한 내용에 따르면, 그는 다음 테러 공격을 예방하려면, 테러리스트와 그 인맥이 어떻게 변해가는지를 살펴볼 수 있도록 통신망 전체를 감시하고 "시간을 거슬러" 과거 자료도 살펴볼 수 있어야 한다고 본다. 건초 더미에서 바늘을 찾으려면, 건초 더미 전체가 필요하다는 것이다.
>
> 그 장군과 함께 일한 한 전직 고위 관료는 이렇게 말했다. "알렉산더의 전략은 구글의 전략과 같다. 모든 데이터를 수집해야 한다는 것이다. 모든 데이터를 모아서 저장하면, 자원과 권위가 저절로 따라 붙을 것이라고 여긴다."[4]

알렉산더의 생각은 틀렸다. 데이터를 지니는 것만으로는 부족했다. 2010년 〈워싱턴 포스트〉는 심층 폭로 기사인 「탑 시크릿 아메리카Top Secret America」를 통해서 NSA가 페타바이트 용량의 데이터를 분석하여 적절한 단서를 찾아내는 훨씬 더 어려운 일에는 준비가 거의 되어 있지 않았다고 폭로했다.[5] NSA 자문가이자 "미치광이 과학자"인 제임스 히스가 설계한 '자동 수집 관리자automatic ingestion manager' 같은 설익은 도구들은 데이터의 어떻게와 왜는커녕 누구와 무엇조차도 제대로 파악하지 못했다. 나중에 에드워드 스

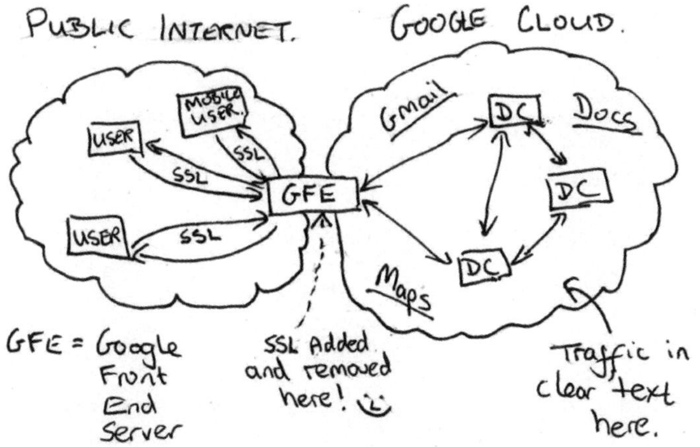

머스큘러 프로그램에 관한 NSA 문서 중 일부. 〈워싱턴 포스트〉에는 이렇게 실렸다. "구글과 긴밀한 관계에 있는 두 엔지니어는 이 그림을 보고서 욕설을 쏟아냈다."[6]

노든이 폭로한 문서들을 보면, 실제로 NSA 분석가들이 당국에 쓸모없는 데이터를 모으는 짓을 제발 그만하라고 요청했다는 내용이 있었다.[7] 2010년 MI5(영국의 정보기관—옮긴이 주)의 디지털 첩보 능력을 조사한 영국 보고서도 동일한 결론을 내렸다. 데이터 수집은 지나칠 정도로 이루어지는 반면, 분석 활동은 거의 이루어지지 않는다는 것이다.[8]

오바마 정부는 전 정권의 추세를 이어받아서 알렉산더의 접근법을 승인했다. 그리하여 더욱 많은 데이터가 쌓였고, 처리할 수 없는 상태로 계속 남았다. 제임스 뱀퍼드는 〈포린 폴리시〉에 오바마 정부 때의 상황을 이렇게 요약했다.

알렉산더는 물었다. "우리가 모든 신호를 계속 수집하면 안 될 이유가 어디 있는가?" 그는 이 접근법을 이라크에 적용했다. 전화 감청, 항공기, 드론, 인공위성 등을 통해 정보를 모아서 '실시간 지역 게이트웨이Real Time Regional Gateway'라는 강력한 컴퓨터 분석 시스템에 집어넣었다. 또 그는 NSA에 대규모 메타데이터 감시 프로그램도 운영했다. 미국의 모든 전화 통화를 비밀리에 추적하는 프로그램이었다. 어떤 번호로 어디에서 언제 걸었는지를 추적했다. 해마다 수십억 통의 통화 자료가 쌓였다. (…)

사생활은 보안을 위해서가 아니라, 처리할 수 있는 것보다 더 많은 데이터를 모으기 위해서 침해당했다. 전직 감청 요원인 킨은 "대체 뭐가 있는지 알기 위해서 이 모든 통신을 맹목적으로 감청하는 것과 같았다"고 했다.[9]

"미국의 모든 전화 통화"를 추적한다는 것은 빅 데이터의 시대가 오기 전에는 불가능했다. 21세기에는 그냥 가능해진 차원을 넘어서 적극적으로 받아들여졌다. 페이스북과 구글 같은 기업들은 여전히 어느 정도 자신의 데이터를 넘기려는 사용자들을 필요로 한다. 그러나 정부 기관들의 사례는, 데이터의 합병 속도가 계속 빨라지면서 기업이 어디로 향하고 있는지를 우리에게 보여준다.

일단 데이터가 수집되면, 그 용도에는 본질적인 제약이 전혀 없다. 수집의 원래 목적은 통신을 감청하여 테러를 예방하는 것이지만, 지나치게 저인망식으로 데이터를 긁어모으므로 다른 용도로도 얼마든지 쓸 수 있다.

> 2012년 10월 3일자 일급비밀 메모에서, 알렉산더는 대량 데이터에서 찾아낸 취약점들(예를 들어, "온라인에서 음란물을 보는 것")을 써서 평판을 훼손할 수 있을 가능성을 제시했다. 즉 국가안보국은 너무 급진적이라고 여겨지는 사람의 평판을 떨어뜨려서 영향력을 줄일 수 있었다.[10]

정부 기관(그 점에서는 기업도 마찬가지다)은 이 사생활 보호를 반대하는 공격적인 입장과 프로파일링 시스템 자체에서 필연적으로 생기는 오류를 결합함으로써, 악용 사례를 남발하면서 혼란을 불러올 수 있다.

프로필

나는 이 거울 대용물 옆에 버려졌어.
나는 생각했지. 이 괴물은 누가 만들었을까?
—더 폴, 〈대리 신기루Surrogate Mirage〉

테러 용의자의 신원을 파악하려면, NSA는 모든 사람을 테러리스트가 될 가능성이 있는 사람과 그렇지 않은 사람으로 분류해야 했다. 다시 말해, 꼬리표를 붙여야 했다. 데이터 수집과 저장의 비용이 낮아지자, 민간 기업들도 진공청소기 접근법을 채택했다. 소비자 프로파일링은 전통적으로 익스피리언Experian과 액시엄Acxiom 같은 마케팅 데이터 제공자들의 주된 수익원이었지만, 페이스북은 개별 소비자를 표적으로 삼기 위한 개인 정보 수집의 중심점이 되어왔다.[11] 페이스북은 사용자들을 큰 범주로 분류하고, 광고주가 혹할 인구 통계학적 꼬리표를 붙였다. 다음은 사용자를 '밀착 표적microtarget'으로 삼을 수 있도록 페이스북이 광고주, 데이터 분석가, 기타 협력 기업들에게 제공하는 기본 분류 축이다.[12]

1. 지역
2. 나이
3. 세대
4. 성별
5. 언어
6. 교육 수준
7. 전공 분야
8. 학교
9. 인종 친화도
10. 소득과 순자산
11. 주택 소유와 주거 유형

12. 집값

13. 재산 규모

14. 집 용적률

15. 집이 지어진 햇수

16. 가족 구성

17. 30일 안에 기념일이 있는 사용자

18. 가족이나 고향에서 멀리 떨어진 사용자

19. 기념일을 맞이한 사람, 신혼부부나 약혼한 사람, 최근에 이사한 사람, 생일이 가까운 사람을 친구로 둔 사용자

20. 멀리 있는 사람과 관계를 맺은 사용자

21. 새로 관계를 맺은 사용자

22. 새 직장을 얻은 사용자

23. 막 약혼한 사용자

24. 막 혼인한 사용자

25. 최근에 이사한 사용자

26. 곧 생일을 맞이할 사용자

27. 부모

28. 출산 예정자

29. 주부, "유형"별 분류(축구 엄마, 유행을 따르는 엄마 등)

30. 정치 참여 성향이 있는 사용자

31. 보수주의자와 진보주의자

32. 관계 상태

33. 고용주

34. 산업

35. 직업명

36. 사무실 유형

37. 관심사

38. 오토바이 소유자

39. 자동차 구매 계획이 있는 사용자(그리고 차의 종류/상표, 구매 예정일)

40. 최근에 자동차 부품이나 장식용품을 구입한 사용자

41. 자동차 부품이나 서비스를 필요로 할 가능성이 높은 사용자

42. 모는 차의 종류와 상표

43. 자동차를 구입한 해

44. 차량 연령

45. 다음 차의 예상 구입 비용

46. 다음 차를 구입할 가능성이 높은 곳

47. 사용자가 다니는 회사의 직원 수

48. 소기업을 운영하는 사용자

49. 관리자나 경영자인 사용자

50. 기부를 하는 사용자(기부 유형별 세부 분류)

51. 운영체제

52. 2D 게임을 하는 사용자

53. 게임 콘솔을 소유한 사용자

54. 페이스북 이벤트를 제시한 사용자

55. 페이스북 결제를 사용한 사용자

56. 페이스북 결제 금액이 평균 이상인 사용자

57. 페이스북 페이지를 관리하는 사용자

58. 최근에 페이스북에 사진을 올린 사용자

59. 인터넷 브라우저

60. 이메일 서비스

61. 기술의 얼리 어댑터/레이트 어댑터

62. 국적 이탈자(원래 국적별로 세분)

63. 신용 협동조합, 국립은행, 지역은행에 속한 사용자

64. 투자자(투자 유형별 세분)

65. 대출 한도액

66. 신용카드를 많이 쓰는 사용자

67. 신용카드 종류

68. 카드 대출이 있는 사용자

69. 신용카드 한도 잔액이 있는 사용자

70. 라디오를 듣는 사용자

71. TV 쇼 선호도

72. 휴대기기를 쓰는 사용자(상표별로 세분)

73. 인터넷 연결 유형

74. 최근에 스마트폰이나 태블릿을 구입한 사용자

75. 스마트폰이나 태블릿으로 인터넷에 접속하는 사용자
76. 쿠폰을 쓰는 사용자
77. 가정에서 구입하는 옷의 종류
78. 한 해 중 가정용품을 가장 많이 구입하는 시기
79. 맥주, 포도주, 독한 술을 많이 구입하는 사용자
80. 채소를 사는 사용자(채소 종류별 세분)
81. 미용용품을 사는 사용자
82. 알레르기 약, 감기/독감 약, 진통제의 처방약이나 비처방약을 사는 사용자
83. 가정용품을 구입하는 사용자
84. 아동용품이나 반려동물 물품을 구입하는 사용자(반려동물의 종류별 세분)
85. 가정용품을 평균보다 많이 구입하는 사용자
86. 온라인(또는 오프라인) 쇼핑을 주로 하는 사용자
87. 애용하는 식당의 유형
88. 물건을 사는 상점의 유형
89. 온라인으로 자동차 보험, 원격 교육, 주택 담보 대출을 제공한다는 회사의 제안을 "받아들이"고, 직불카드/위성 TV로 선불을 하는 사용자
90. 사용자가 집에서 보내는 시간
91. 곧 이사할 가능성이 높은 사용자
92. 올림픽, 미식축구, 크리켓, 라마단에 관심이 있는 사용자

93. 출장이나 여행이 잦은 사용자
94. 출퇴근을 하는 사용자
95. 주로 휴가를 보내는 방식
96. 최근에 여행을 마친 사용자
97. 최근에 여행 앱을 사용한 사용자
98. 별장용 공동 주택 소유자

이 자료 중에는 사용자가 페이스북에 직접 제공하지 않는 것도 많다. 페이스북은 우리가 명시적으로 제공하지 않을 때에도 우리에 관한 정보를 모은다. 프로필, 사진, 클릭으로부터 정보를 수집할 뿐 아니라, 자사가 지닌 정보를 협력 기업들로부터 얻은 정보와 연관 짓는다. 자동차 등록, 거주 정보, 기업 정보 같은 것들이다.

페이스북은 각각의 사용자들(그리고 페이스북을 이용하지 않는 많은 사람들)의 상세한 그림자를 만들며, 이런 그림자를 상품, 서비스, 아이디어 마케팅을 위한 가치 있는 표적으로 제공함으로써 수익을 올린다. 지역 업체든 사기꾼이든 수상쩍은 정치 단체든 간에, 페이스북의 마케팅 협력자들은 이런 데이터를 마케팅뿐 아니라 자체적인 인간 행동 감시에도 쓴다. 페이스북은 사용자의 정치 성향, 습관, 인구 통계적 자료, 취미, 대인관계를 종합함으로써 그 어떤 때보다 강한 설득력을 발휘할 수 있으며, 통제력까지 발휘할 가능성도 있다. 예를 들어 건강 정보는 법의 보호를 받지만, 개인의 약국 이용 내역, 음주 습관, 생활 사건 정보가 주어진다면 어떤 기업이든

회원님의 정보

회원님의 범주들

이 범주들은 광고주들이 자사의 제품, 서비스, 목표에 관심이 있을 가능성이 가장 높은 사람들을 찾는 데 도움을 줍니다. 이 범주들은 회원님이 페이스북과 기타 활동을 통해서 제공한 정보를 토대로 제시한 것입니다.

생일이 7~30일 내에 있는 남성의 친한 친구	가족 중심의 가정
한 달 안에 생일이 있는 사람의 친한 친구	아프리카계 미국인(US)
페이스북 접속(네트워크 유형): 3G	세계 여행을 자주하는 사람
일주일 전에 여행에서 돌아온 사람	여행을 자주 다니는 사람
페이스북 접속(OS): 윈도우10	국적 이탈자를 가까운 친구로 둔 사람
페이스북 접속(네트워크 유형): 와이파이	지메일 사용자

페이스북이 내게 할당한 광고주 범주들. 맞는 것도 있지만, 그렇지 않은 것도 있다.

간에 건강 상태에 관해 꽤 근거 있는 추측을 할 수 있다. 공개된 정보를 충분히 모아서 마구 흔들어대면, 개인 정보가 우수수 떨어져 나올 것이다.

페이스북은 맞춤 광고를 하기 위해서 '인종 친화도Ethnic Affinity'에 따라 사용자들을 암암리에 분류한다. 이 범주는 전적으로 취향, 친구, 위치, 습관 등 사용자의 프로필로부터 추론한 것이다. 이런 범주들은 틀릴 수 있으며, 대부분의 사용자는 잘못되었다는 것조차 알아차리지 못할 것이다. 작년에 페이스북은 내 인종 친화도가 아시아인이라고 파악했다. 올해에는 나를 아프리카계 미국인(또는, 적어도 "페이스북에서의 활동이 아프리카계 미국인 다문화적 친화도와 일치하는" 사람)이라고 본다. 그리고 설령 자신의 정치적 성향("매우 보수적"에서 "매우 진보적"까지 스펙트럼을 이루는)에 표시를 하지 않아도, 페이스북은 그 방면으로도 나름의 추측을 한다.

페이스북에게 맞춤 광고는 생사의 문제가 아니라 이익과 손실의 문제다. 그러나 그 행동은 우리 삶에 엄청난 영향을 미친다. 페이스북의 인종 친화도는 세계의 무수한 인종 범주들 중에서 소수만을 고려하지만(아시아계 미국인, 아프리카계 미국인, 히스패닉만을 선택할 수 있다) 전 세계의 광고주들이 사용자를 식별하는 데 쓰이는 범주다.† 특정한 인종을 겨냥한 상품들은 수십 년 전부터 있었다. 그러나 인구 통계학적 특성을 폭넓게 활용해서 흥미를 끄는 것과, 인종에 따라서 개별 소비자를 표적으로 삼는 것은 전혀 별개의 문제다. 후자는 각 개인을 어느 한 '인종 친화도'(그냥 인종이라고 부르자)에 속한다고 분류한다는 의미다. 여느 분류 체계들이 다 그렇듯이, 온갖 유형의 가정과 편향에 휘말리지 않은 채 그런 분류 체계를 구축하기란 몹시 어렵다. 다음은 2010년 미국 인구 조사표에 따른 인종 분류 체계를 코드로 작성하는 방법 중 하나다.

```
enum Race {
  White = 0,
```

† 2017년 7월에 페이스북은 범주의 성격은 전혀 바꾸지 않은 채, '인종 친화도'를 슬그머니 '다문화적 친화도'라는 이름으로 바꾸었다. 둘 다 인종을 가리키는 완곡어법이다.

```
    Black = 1,
    Native American = 2,
    Asian = 3,
    Pacific Islander = 4,
    Other = 5,
  };
```

이 분류 체계는 논란을 일으킨다. 이 5대 '인종'(차례대로 백인, 흑인, 북미 원주민, 아시아인, 태평양 섬 주민—옮긴이 주)을 고른 이유도 불분명할 뿐 아니라, 어떤 생물학적인 근거보다는 역사적 우연에 더 기대고 있기 때문이다. 다음은 비교하기 위해서, 존경 받는 미국 인류학자 칼턴 S. 쿤이 1939년에 내놓은 분류 체계를 코드로 작성한 것이다.

```
enum Race {
  Caucasoid = 0,
  Mongoloid = 1,
  Negroid = 2,
  Capoid = 3,
  Australoid = 4,
};
```

컴퓨터에게는 그저 숫자일 뿐이지만, 우리에게는 전혀 다른 분류 체계다. '인종'이라고 불릴 만한 어떤 과학 개념이 있다고 할지라도(적어도 해결되지 않은 양 보이는 질문이다), 일반 대중이 '인종'이라고 불리는 그 어떤 것에도 과학적 엄밀함을 전혀 제공하지 않는다. 그리고 우리의 변동하며 형체가 없는 '인종' 개념은 사회적 구성물이다. 마이어스-브릭스 체계나 『DSM』과 거의 같은 방식으로 기능한다. 훨씬 더 폭넓게 영향을 미치고 훨씬 덜 논리적이라는 점이 다를 뿐이다. 그 인구 조사표는 부모의 '인종'이 서로 다를 때 모호한 '기타' 칸에 표시를 할 수밖에 없게 만든다. 따라서 이런 분류 체계는 『DSM』 정신의학자 앨런 프랜시스가 "잠정적으로 구성한 유용한 진단명의 집합"이라고 한 것과 비슷하다.[†] 그러나 인종 쪽의 꼬리표가 더 일찍, 그리고 더 영구히 달라붙어 있다. 우리는 태어나기도 전에 범주에 끼워 맞춰진다.

컴퓨터에게 이 데이터는 중립적이다. 앞에서 제시한 첫 번째 인종 꼬리표 집합은 0~5, 두 번째 집합은 0~4다. 컴퓨터는 이런 숫자들에 붙인 꼬리표에 부과되는, 변동하는 다양한 의미들에 무지하며, 그런 의미들이 붙는지조차도 모른다.

그런 분류 체계는 우리에게 온톨로지가 된다. 세계를 보고 분류

---

† 예를 들어, '히스패닉'은 인종이 아니지만, 우리는 인종처럼 다룬다. 그 용어는 미국 바깥에서는 별 의미가 없지만, 미국에서는 백인이 아니라는 점만 빼고서 어느 한 '인종' 범주에 집어넣을 수 없는 다양한 범위의 사람들을 묶는 특정한 정치적 기능을 수행한다.

하는 방식이다. 컴퓨터는 자신에게 입력되는 온톨로지를 만성적으로 강화한다. 인구 조사든 페이스북이든 간에 어떤 서식에서 '흑'이나 '백'을 선택할 때, 우리는 그 기본 분류 체계를 현실로 만든다. 우리는 그것을 온톨로지로 만든다. 페이스북이 사용자의 관심사와 게시물들로부터 인종을 추정할 때, 판에 박힌 양상으로 분류가 이루어진다. 내 사례에서는 그 분류가 부정확했다. 이 범주들은 기술적인만큼이나 규범적이므로, 꼬리표와 집합은 정확히 '무엇이' 강화되는지에 관한 어떤 특정한 고려 없이 강화된다.

앞에서 말한 미국 인구 조사의 인종 범주 사례에서, '혼혈 인종'인 내 아이들은 어느 쪽을 선택할까? '기타'라는 다목적 항목이 있지만, 그것은 그저 범주들이 더 포괄적이고 정확하게 되도록 개선할 필요성이 있음을 시사할 뿐이다. 그러나 컴퓨터는 변동하는 온톨로지에 잘 대처하지 못한다. 일단 온톨로지가 주어지면, 컴퓨터는 그것을 구체화한다. 우리가 사람들을 흑인과 백인으로 분류한다면, 우리는 그 틈새에 놓인 모든 요인들을 무시하도록 스스로를 편향시킨다.

페이스북에서 젠더는 우리가 어떤 종류의 광고를 볼지를 결정하는 주된 요인 중 하나다. 페이스북이 젠더 다양성(미국에서는 57가지, 영국에서는 71가지)을 포용하는 양 보일지라도, 광고주들은 단 세 가지 대안 중에서 선택할 뿐이다. '남성', '여성', 그리고 '모두'다. 그 결과 남성과 여성은 페이스북에서 전혀 다른 경험을 한다. 여성은 미용용품, 가정용품, 여성 위생용품 등 여성 위주의 인구 통계를 표적으로 한 광고를 보게 될 것이다. 남성은 기술, 스포츠, 차량의 광고를 보게 될 것이다. 이것은 편향이다. 페이스북의 알고리즘은 숫자를 부여함으로써 광고와 사람을 분류한다. 이런 분류 체계의 의미는 데이터가 어느 한쪽 꼬리표 아래로 들어감으로써 암묵적으로 드러난다. 그리하여 남성과 여성은 확고하게 분리된 상태에서 소비를 계속하도록 권장된다. 경계를 넘으려는 시도는 좌절된다. 이런 분리가 얼마나 심각한 영향을 미치는지는 헤아리기가 어렵다.[†] 하지만 나는 딸에게 광고 차단 기능을 쓰라고 말한다.

언어, 그리고 우리의 언어 이용은 필연적으로 편향을 수반한다. 컴퓨터 코드 자체는 그런 편향이 없다. 그러나 우리의 소프트웨어가 처리하는 컴퓨터 데이터는 삶을 반영하며, 따라서 우리의 맹점과 선입견도 반영한다. 일단 컴퓨터가 인간과 인간 행동의 언어를 말하기 시작하면, 우리 언어의 편향을 드러낸다. 꼬리표를 붙이는 것은 선입견을 갖는 것이다. 분류 체계를 표준화하고 사회적 분류 체계를 명시적으로 드러냄으로써, 컴퓨터는 우리 개념에 있는 틈새와 편향을 한계점까지 증폭시켜왔다.

---

† 이 분리는 어느 정도는 소비 사회 자체의 강화 메커니즘에서 비롯된다. 맞춤 광고는 그 분리를 증폭시키기만 하기 때문이다. 그러나 맞춤 광고는 편향의 창발적 요소를 도입한다.

나쁜 꼬리표

> 나는 중국과 미국에서 내게 주어진 각본들을 회피하는 일로 인생의 많은 시간을 보냈다. 남들의 의지에 구속되기를 거부하는 것이 내 유일한 정치적 선언이다.
>
> —리이윈, 『안녕 친구, 내 삶이 네 삶에게*Dear Friend, from My Life I Write to You in Your Life*』

페이스북의 맞춤 광고 범주들은 꼬리표를 데이터 객체에 적용한 사례다. 페이스북의 사례에서는 사람을 가리킨다. 그러나 컴퓨터가 어떤 객체가 무엇인지를 아예 모른 채 그 대상에 꼬리표를 붙이려 한다면 어떻게 될까?

2015년 구글은 '사진 분류photo categorization'라는 새 기능을 내놓았다. 사용자의 사진들을 피사체를 토대로 분류해 각각의 폴더에 넣는 기능이다. 사진에 찍힌 대상들을 분류하는 것이다. 사진 분류는 사진에 꼬리표를 붙인 뒤, 꼬리표별로 사진들을 정렬했다. 이 프로그램을 내놓으면서, 구글은 지뢰밭으로 뛰어든 꼴이 되었다. 나는 아내가 "아주 나쁜 기계학습 거짓 긍정"이라는 제목의 이메일로 보내준 링크를 통해 그 문제를 처음 접했다. 링크를 누르니 어느 아이티계 미국인 소프트웨어 개발자가 올린 트윗이 나왔다.[13] 그는 여자 친구와 찍은 사진들을 죽 올렸는데, 구글 포토가 그 사진들을 "고릴라"라는 폴더를 만들어서 집어넣었다는 것을 알았다. 구글의 기계학습 알고리즘이 사진에 고릴라가 찍혔다고 (잘못) 판단한 것이었다.

이미지 인식은 피드백 메커니즘을 통한 기계학습망의 꾸준한 "훈련"에 기반하는, 부정확한 과학이다. 구글의 시스템은 인종차별주의와 비인간화라는 망령을 떠올리게 하는 꼬리표를 붙임으로써 끔찍한 오류를 저질렀다. 구글은 사과를 하고 재빨리 수정판을 내놓았지만, 왜 그런 일이 일어났는지 설명하지 않았고, 그런 오류가 다시 일어날 수 있지 않을까 하는 우려를 불식시키지도 않았다.

그 일에 관련된 문제는 세 가지였다. 첫째, '고릴라'라는 단어는 민감하거나 불쾌감을 줄 수 있는 단어로 지정되지 않았다. 구글은 과거에 그 단어를 민감한 반응을 일으킬 수 있는 것으로 분류한 적이 분명히 있었기에, 정말로 칠칠치 못한 실수를 저지른 듯하다. 구글은 재빨리 그 단어의 쓰임새를 제한했고, 그럼으로써 문제를 해결했다. 그러나 그와 비슷하게 민감하면서도 제약을 받지 않는 단어들이 더 있을 가능성이 높다.

두 번째 문제는 친구의 얼굴을 동물의 얼굴로 잘못 분류한 것이었다. 상위 알고리즘이 사람의 얼굴이 찍힌 사진을 인식하지 못한 것이다. FBI가 쓰는 것 같은 얼굴 인식 알고리즘은 일반적인 물체 인식 알고리즘과 별개로 구축되곤 한다. 얼굴은 인간의 생리 기능에서 비롯되는 변이들을 통해 구별되기 때문이다. 그러나 얼굴 인식용 하위 시스템을 작동시킬 수 있으려면, 먼저 일반적인 이미지 인식 알고리즘을 써서 사진에 사람 얼굴이 있는지 여부를 판단해야 한다.

구글은 이미지 인식망을 수십억 개의 얼굴로 훈련시켰다. 그렇다면 무엇이 거짓 부정을 일으켰을까? 피사체의 피부색이었을지도 모른다. 색깔은 '피부 검출skin detection'이라는 과정의 큰 부분을 차지하며, 피부 검출은 얼굴 검출에서 큰 부분을 차지한다. (이미지 검색 엔진은 이 접근법을 써서 포르노를 검출한다. 검색 결과에서 성인용 이미지를 걸러내는 안전 필터는 어느 사진에 사람의 피부가 찍혀 있는지 파악한 뒤, 그 피부가 특정한 신체 부위에 속하는지를 파악한다.) '경계에 속한' 사례, 즉 피부색이 전반적으로 평균에서 너무 벗어나 있는 사람들은 잘못된 결과가 나올 확률이 가장 높다. 경계에 속한 사례가 우연히도 인종 때문에 문화적으로도 주변부에 속한 사람이라면 문제가 불거진다. 우버의 자율주행차가 애리조나에서 보행자를 쳐서 사망에 이르게 한 사례는 컴퓨터 시각 알고리즘이 생사를 가를 수 있음을 명확히 보여주었다. 자율주행차는 다른 사물이나 동물을 치는 한이 있더라도, 사람은 반드시 피해야 한다. 그러나 자율주행차가 두 사람을 피해야 하는 상황인데, 한 사람만이 사람으로 인식된다면 재앙이 빚어질 수 있다. 그리고 피부색을 토대로 인간임을 인식하지 못한 탓에 오류가 생긴다면, 그 알고리즘은 인종차별주의자라고 불려도 마땅할 것이다.

마지막 문제는 문화적·의미론적 맥락 없이 이미지에 꼬리표를 붙이기가 본질적으로 어렵다는 것이다. 2015년에 플리커도 비슷한 자동 태그 기능을 선보였다. 그런데 어느 이용자가 다하우 강제 수용소(나치 독일의 강제 수용소—옮긴이 주)의 입구를 찍은 사진을 올리자, "다하우"와 "정글 짐"이라는 태그만이 붙었다.[14] 플리커는 어떻게 그런 불쾌한(딱히 인종차별주의적라고 할 수는 없다고 해도) 연상을 발견했을까? 우리는 사람을 고용하여 문화적으로 민감한 이미지를 골라달라고 할 수 있다. 그러나 컴퓨터가 그 일을 하려면, 어느 한 개인이나 지역 공동체 차원을 넘어서는 범문화적인 지식이 필요할 것이다. 사람은 암묵적인 연상을 이끌어내는 재능이 탁월하다. 또 우리는 어떤 연상을 불쾌하고 모욕적이라고 느끼는 능력도 뛰어나다. 그러나 그 방면으로 컴퓨터가 배울 수 있는 지식의 보고는 전혀 없다. 그래서 컴퓨터는 소박하게, 그리고 순진하게 나아가면서 실수를 저지른다. 그 실수는 우리만이 바로잡을 수 있다.

풍부한 데이터에 선입견과 편협함을 불어넣는 악당들이 있다는 사실 때문에 이 문제는 더욱 복잡해진다. 구글 지도가 웹 상에서 쓰이는 용어들로 지리적 위치에 꼬리표를 붙이기 시작했을 때, 구글은 훨씬 더 큰 문제에 직면했다. 구글의 젠 피츠패트릭은 이렇게 말했다. "불쾌한 특정 검색어들이 예기치 않았던 지도 검색 결과를 야기하고 있었다. 대개 사람들이 온라인에서 그 장소를 이야기할 때 바로 그 불쾌한 용어를 많이 썼기 때문이었다."[15] 오바마 정부 때 "깜둥이 집n—ga house"으로 검색하면 백악관이 나오고 "깜둥이 대학교n—r university"로 검색하면 하워드 대학교(흑인 유명인사들을 많이 배출한 워싱턴 D.C.의 사립 대학교—옮긴이 주)가 나온 사례가 그랬다.[16] 충분히 많은 사용자가 백악관과 하워드 대학교를 그런 식으로 언급했고, 구글의 지식 엔진이 웹을 훑을 때 불쾌한 꼬리표들이 그런 장소와 연관 지을 수 있을 만큼 흔히 쓰인다고 파악했기에 그런 결과가 빚어진 것이었다. 구글은 지도 검색 결과의 정보 박스에서 불쾌한 단어가 뜨지 않게 걸렀지만, 구글 지도는 그런 문제의 소지가 있는 단어들로 검색을 했을 때 불쾌한 결과가 나오는 것을 막는 쪽으로는 소홀했다.

더 미묘한 사례도 있다. 2016년 이미지 처리가 전공인 두 전기공학 교수가 얼굴 사진들의 기계학습 분석을 토대로 얼굴을 '범죄자' 유형과 '비범죄자' 유형으로 분류할 수 있다고 주장하는 논문을 냈다. 그들은 인터넷에 올라온 중국인 남성 사진 1126장과 중국 정부로부터 얻은 중국인 범죄자 사진 730장을 분석하여, 인상과 범죄 행동 사이에 다음과 같은 연관성이 있다고 주장했다.

> 코끝에서 양쪽 입 가장자리를 잇는 두 선의 각도 θ는 범죄자가 비범죄자보다 평균 19.6퍼센트 더 좁고, 분산은 더 크다. 또 윗입술의 곡률 ρ는 범죄자가 비범죄자보다 평균 23.4퍼센트 더 크다. 반면에 두 눈의 안쪽 가장자리 사이의 거리 d는 범죄자가 비범죄자보다 약간 더 좁다(5.6퍼센트).[17]

이 분석에서는 피사체가 모두 동일하게 중립적인 얼굴 표정을 짓는다고 가정했지만, 사실 범죄자 얼굴 사진은 일반 사진과는 좀 다른 표정을 짓는 조건에서 찍을 가능성이 높다. 그리고 생리적 차이, 특히 마지막의 5.6퍼센트 차이는 통계적으로 유의미한 것인지 여부가 논문에서 충분히 논의되지 않았다.† 저자들은 이렇게 결론지었다.

> 비록 범죄자는 인구 전체로 보면 소수에 불과하지만, 일반 대중보다 얼굴의 변이가 상당히 더 크다. 이는 법을 지키는 시민들이 많은 사회적 속성을 공통적으로 지니는 반면, 범죄자들은 특징과 상황이 크게 다른 경향이 있으며, 그중에는 특정 개인에게 독특한 것들도 있다는 사실과 들어맞는다.[19]

범죄자가 비범죄자보다 성격이 더 다양하다는 "사실"을 뒷받침하는 증거는 전혀 없으며, 그 이른바 "사실"이 얼굴 특징의 다양성이 더 높다는 점과 상관관계가 있다는 증거도 전혀 없다. 범죄자 표본을 비범죄자와 동일한 집단에서 동일한 방식으로 추출했는지는 불분명하다. 게다가 그렇지 않았을 가능성이 높아 보인다. 마지막으로, 비범죄자란 무엇일까? 인터넷 사진이 진정으로 사람들의 얼굴을 대표하는 표본일까? 더 아름답거나 더 매력적인 얼굴을 선호하는 사람들의 성향을 반영하는 쪽으로 치우쳐 있을 가능성이 더 높지 않을까? 더 아름답게 보이도록 찍은 얼굴들이 아닐까? 어쨌

---

† 사회과학의 연구 중에는 재현이 불가능하다고 밝혀진 것이 상당히 많다. 2015년 조사에 따르면 절반을 넘는다.[18] 그렇기에 어떤 대담한 주장이 나오면 나는 일단 의심하고 본다.

인류학자이자 우생학자인 프랜시스 골턴의
범죄자와 비범죄자의 얼굴 유형 분류 (1879년)

든 범죄자 얼굴 사진과 인터넷에서 모은 사진이 다를 것이라고 예상하는 것이 합리적이며, 이 차이가 어떤 실질적인 생리적 차이를 반영하지 않는다고 보는 것도 합리적이다. 실제 분류는 그 연구가 시작될 때 이루어졌다. 범죄자와 비범죄자를 구분할 때다. 분석이 질문을 요청한 것이다.

이 연구에서 기계학습은 특정한 특징 차이를 과장하고, 분류 체계를 꾸며내는 역할을 했다. 데이터와 "편견 없는" 컴퓨터 작업이라는 신비한 분위기가 이 현대의 골상학을 과학으로 포장한다. 연구자들은 자신들이 컴퓨터를 써서 인간의 편향을 중립화한다고 자랑한다.

고정된 얼굴 이미지만을 토대로 한 성격 추론이 얼마나 정확한지를 연구한 자료는 비교적 거의 없다. 그 질문을 둘러싼 역사적 논쟁과 사회적 다윈주의와 관련된 낙인을 제쳐놓더라도, 이는 아마도 범죄 성향 등 사회적 의미를 함축한 것들에 관해 얼굴을 토대로 한 추론의 정확성을 평가할 때, 실험자와 피실험자의 가능한 모든 선입견과 전제 조건을 중립화하기가 어렵기 때문일 것이다. 이 연구에서 우리는 평가 과정을 완전히 자동화하기 위해 데이터 중심 기계학습 접근법을 채택했고, 모든 미묘한 인간적 요인들을 평가 과정에서 의도적으로 배제했다.[20]

그들은 퇴보했다. '객관적으로' 보이게 하려고 인간의 편향과 성향을 알고리즘에 집어넣는 '데이터 세탁'은 이런 "미묘한 인간적 요인들"을 제거하는 것이 아니다. 오히려 그런 요인들을 다른 것으로 위장하고, 그런 뒤에 해롭고 구속적인 분류 체계로 증폭시킨다. 이런 식의 기계학습 응용은, 식별하는 요인들이 발견되든 말든 간에 그저 분류를 수행해야 한다는 것을 이유로 어떤 이들이 범죄자인지 여부를 미리 결정하라고 위협한다.

따라서 사람들은 컴퓨터에 의해 낙인이 찍힌다. 사회학자 어빙 고프먼은 낙인의 기능을 다음과 같이 말한다.

물론 정의상 우리는 낙인이 찍힌 사람이 그다지 인간적이지

> 않다고 믿는다. 이 가정을 토대로 우리는 온갖 차별을 하며, 그럼으로써 효과적으로, 때로 별 생각 없이, 당사자의 삶의 기회를 줄인다. 우리는 낙인 이론을 구축한다. 이 이념은 그의 열등함을 설명하고, 그가 어떤 위험을 끼칠지를 제시하고, 때로는 사회 계급 등 다른 차이점들을 토대로 적의를 합리화한다. 우리는 일상 담론에서 불구자, 잡종, 얼간이 같은 낙인 용어들을 비유와 심상의 원천으로 삼으며, 대개 원래 의미를 염두에 두지 않은 채 그렇게 한다.[21]

낙인은 편향의 한 형태다. 사회적으로 정당화된 편향이다. 컴퓨터는 낙인을 찍을 "증거"를 제시함으로써 낙인을 더 명시적이고 더 공개적으로 만든다. 컴퓨터는 꼬리표에 어떤 편향이 딸려 오는지를 고려하지 않은 채 아무 생각 없이 꼬리표를 붙인다. 꼬리표가 경멸적일 때("뚱뚱한", "범죄자 같은", "가난한", "무식한" 등등), 꼬리표가 사회 체제를 통해 퍼지면서 낙인은 강화되고 순환된다.

사회가 낙인의 상처에 점점 맞서 싸우게 된 것은 우리의 노력에 힘입어서다. 가난하다거나 정신질환이 있다는 낙인은 여전히 부정적인 연상 관념을 지니고 있긴 하지만, 더 이상 예전 수준으로 비인간화하지 않는다. 그러나 낙인을 제거하는 우리의 능력은 우리가 꼬리표를 바꾸거나, 낙인을 잊거나, 연상 관념을 잊을 수 있다는 데 의존한다. 그와 대조적으로 컴퓨터는 잊을 수 없다. 자신이 붙인 꼬리표를 고정시키고 영속시킨다. 50년 전 사회는 동성애를 정신질환으로 다루었다. 다시 50년이 지나면, 현재 우리가 받아들이는 편향도 퇴행적이고 편협하고 반동적이라고 비난을 받게 될 것이 확실하다.

알고리즘은 우리의 편향을 추적하고 충분히 위생 처리된 형태로 우리에게 다시 적용할 때 어쩔 수 없이 많은 실수를 저지른다. 컴퓨터가 그런 실수를 저지르지 않게 만드는 것은 시시포스의 과제이며, 구글과 페이스북 같은 기업들은 불쾌한 오류가 일어날 때마다 계속 사과를 할 것이다. 이는 해결할 수는 없고, 관리만 할 수 있는 문제다. 최악의 경우에, 컴퓨터는 편향을 거부하려는 우리의 노력에도 불구하고 특정한 편향을 계속 유지하도록 부추길 것이다.

엔지니어로 살던 시절에 나는 운 좋게도 컴퓨터가 사람에게 꼬리표를 붙이게 하는 업무에 꺼림칙하게 매달릴 필요가 없었다. 나는 불쾌한 꼬리표와 불쾌하지 않은 꼬리표를 구분하는 일을 맡지 않았다. 9.11 테러가 있고 얼마 지나지 않았을 때, 마이크로소프트에서 신기한 소동이 하나 벌어졌다. 윙딩체Wingdings 특수문자에 반유대주의적 코드가 숨겨져 있다는 것이었다. "NYC(뉴욕시)"를 윙딩체로 나타내면 이런 기호가 되었다.

☠ ✡ 👍
N Y C

사실 이런 기호가 나온 것은 완전히 우연의 일치였지만, 음모론자들과 〈뉴욕 포스트〉는 마이크로소프트가 반유대주의를 드러냈다고 비난했다. 이 소동을 통해서 나는 데이터와 네트워크가 확장됨에 따라서, 알고리즘이 아무리 영리하든 간에 빠르든 늦든 불쾌한 사례들이 반드시 나타날 것임을 깨달았다. 우리는 데이터의 꼬리표가 편향되게 적용되는 것을 줄이기 위해 열심히 일할지 모르지만, 엄청나게 많은 꼬리표와 데이터로부터 불쾌함이 출현할 때 문제는 꼬리표를 붙이는 일 자체에서 나온다. 데이터에 꼬리표를 붙인다는 것은 데이터에 편향을 주입하는 것이다.

어릴 때 나는 컴퓨터가 사회의 비비 꼬인 가치 체계로부터 자유롭기 때문에 컴퓨터에 끌렸다. 역설적이게도 지금 나는 컴퓨터가 바로 그 가치 체계를 무작정 적용하는 세계에 산다. 낙인과 편향을 고스란히 재현하면서 멍청이처럼 우리 말을 따라 한다. 이는 우리가 부정확한 온톨로지와 그 꼬리표에 의지하기 때문에 나타난다. 편향을 적용하는 것이 인간이든 컴퓨터든 간에, 어떤 온톨로지에서 편향을 제거하지는 않는다. 편향에 대처할 뿐이다. 지금의 소셜 네트워크는 서로에 대한 선입견을 부추기며, 이는 소셜 네트워크 상에서 우리가 꼬리표와 통계를 통해 서로를 마주하기 때문이다.

소셜 그래프

나는 부당한 법과 관습이 부과한 환원에서는 탈출할 수 있지만, 나를 그런 법칙과 관습의 총합에 불과하다고 정의하는 관념이 부과한 환원에서는 탈출할 수 없다.

—랠프 엘리슨, 「세계와 주전자The World and the Jug」

프렌드스터, 마이스페이스, 그리고 뒤이은 페이스북과 링크드인은 우리가 아는 소셜 웹을 발명했다. 소셜 웹은 친구들의 연결망이다. 관계는 상호적이고 대칭적인 경향을 띤다(비록 언제나 그런 것은 아니지만. 특히 트위터에서 유명인을 향한 '팔로우'는 일방적이다). 개인이나 사용자는 그 연결망의 노드node이며, 노드 사이의 연결은 친구관계를 반영한다.

이 초기의 친구 연결망 모델은 소셜 웹이 성장함에 따라 의미를 잃어갔다. 페이스북과 소셜 웹은 사람과 그 관계를 사적인 관계의 망으로 다루는 차원을 훨씬 넘어서 나아갔다.

웹페이지와 달리, 사람은 엄청난 양의 메타데이터metadata를 지닌다. 구글은 구조화되지 않은(또는 거의 구조화되지 않은) 문서 더미로부터 엄청난 양의 정보를 이끌어낼 수 있었다. 문서에 담긴 의미는 거의 또는 전혀 모른 채 말이다. 구글은 개별 단어로 웹페이지를 스캔했다. 덜 흔한 단어들은 어떤 웹페이지가 어떤 종류의 정보를 담고 있는지를 시사하는 꼬리표 기능을 할 때가 많았다. 그러나 사람은 문서 쪼가리가 아니다. 사람은 단어로 이루어져 있지 않다. 클라우드 서비스의 관점에서 볼 때, 사람은 글과 사진의 형태로 새로운 신상 정보를 올리고 서로 글과 이미지 메시지를 교환하지만,

그런 것들은 사람의 본질적 특성을 파악하는 데, 아니 심지어 연령, 성별, 인종을 파악하는 데에도 훨씬 덜 유용하다. 페이스북은 개인이 어떤 사람인지를 어떻게 알아낼까 하는 문제를 직시한 최초의 소프트웨어 회사다. 다시 말해, 개인에게 꼬리표를 붙이는 법을 말이다.

이는 심오하면서 근본적인 질문이다. 클라우드가 우리에 관해 아는 것은 곧 클라우드가 알고리즘으로 평가할 수 있는 것이며, 알고리즘으로 평가할 수 있는 것은 클라우드가 우리에게 어떻게 반응하고 무엇을 추천하는지를 결정한다. 클라우드의 판단은 우리가 현재와 미래에 어떤 유형의 사람일지에 대한 기술인 동시에, 우리를 어떻게 다룰지에 관한 처방이기도 하다. 컴퓨터는 우리를 분류하고 기술하며, 우리는 컴퓨터의 분류에 반응한다. 그 반응을 통해서 컴퓨터는 기술을 더 다듬는다. 우리 행동은 컴퓨터를 빚어내고, 컴퓨터의 행동은 우리를 빚어낸다.

그런데 이 피드백 과정은 어떻게 이루어질까? 소셜 네트워크는 사람들을 웹페이지가 아니라 상품처럼 다룬다. 아마존의 제품에는 설명, 상품평, 바코드, 관련 제품, 기타 관련된 사항들이 따라붙지만, 어느 하나의 권위 있는 웹사이트나 웹페이지에만 의존하지 않는다. 인간도 마찬가지다. 다양한 문서에 흩어져 있는 정보가 웹 바깥에서 사람을 기술한다. 웹 전체에 걸쳐서 각 개인에 관한 데이터 출처가 수백, 수천 곳이 있다. 내가 이 모든 정보를 추려서 특정한 '사람'에 관한 문서들을 한곳에 모아서 분석한다면, 그 사람에 관해 꽤 많은 것을 알아낼 수 있다. 나는 페이스북에 개인 정보를 거의 올리지 않지만, 내 페이스북 프로필을 아마존 구매 내역, 내 웹사이트, 발표한 글, 주소와 인구 통계 자료, 신용 등급 같은 자료들과 연관 지으면, 내 삶, 습관, 취향을 세세하게 끼워 맞출 수 있다.

개인이 하나의 페이지인 소셜 네트워크가 아니라, 수천, 더 나아가 수백만 페이지로 이루어진 웹사이트라고 상상해보라. 각 페이지는 개인의 온라인 정보를 조금씩 지닌다. 상태 업데이트, 트윗, 사진, 이메일, 문서, 인구 통계학적 자료, 구매 내역, 직장 경력, 교육, 진료 기록 등이다. 어떤 한 서비스가 개인의 모든 정보에 접속하지는 못하겠지만, 각 서비스는 개인에 관해 찾을 수 있는 정보들을 취합하고 분석할 것이다. 그중에는 별 의미 없는 정보도 있다. 누군가가 자기 페이지에 "오늘 하루는 정말 엉망이었고 마시러 가는 중"이라고 올리면, 우리는 그 사람에 관해 무엇을 알 수 있을까? "마시러"는 매우 유용한 단어인데, 더 넓은 맥락에 놓이지 않는다면 매우 모호해진다. 그것이 술을 뜻한다고 결론내리기조차 어려워질 수 있다. 그러나 클라우드가 개인이 무엇을 즐겨 마시고 얼마나 자주 마시는지를 안다면, 클라우드는 그 사람에게 더 혹할 만한 맞춤 광고를 보여줄 수 있다. "미국 수정헌법 제2조(무기를 휴대할 권리를 규정하는 조문—옮긴이 주)"에 관한 글을 올린다면, 미국총기협회나 그 협회에 우호적인 정당 후보자에 관한 광고를 보여줄 수 있다. 그런 일을 해내려면, 클라우드는 개인에 관한 메타데이터를 쌓아야 할 것이다. 개인이 직접 제공하면 더 좋다.

페이스북이 웹 전체로 퍼뜨린 "좋아요" 단추는 역사상 가장 단순하면서도 가장 강력한 인간 메타데이터 생성기다. 상태, 페이지, 제품에 "좋아요"를 누름으로써, 우리는 페이스북에게 자신이 무엇에 관심이 있는지를 알린다. 상태 업데이트로부터 사용자가 무엇에 관심이 있는지를 추론하는 것은 까다로운 일이다. 무언가(수정헌법 제2조 같은)에 긍정적이거나 부정적인 말을 했는지 여부를 파악하는 것조차도 어렵다.† 사진도 까다롭다. 그 사진에서 그 사람이 무엇을 마시고 있을까? 아니 잠깐, 그 사람이 맞긴 한 걸까? 페이스북이 출범했을 때 이미지 분석은 아직 초보적인 수준이었고, 텍스트는 의미가 모호할 수 있었다. 그러나 "좋아요"는 단순하면서 명확하다. 개인이 어떤 사람인지를 파악하기 위해서, 사용자에 관한 임시적이면서도 아주 강력한 프로필을 그러모으는 저비용 고정보 도구다. 페이스북은 여러 웹사이트들에서 얻은 "좋아요"를 종합함으로써, 페이스북 바깥에서까지 사용자들을 추적했고 사용자 프로필을 더 다듬었다. 페이스북의 '사람' 개념은 좋아하는 것과 싫어하는 것, 습관, 관계, 일생의 많은 부분에 관한 풍부한 메타데이터로 가득한, 잡다하지만 강력한 프로필이 되었다. 유용한 메타데이터였다.

---

† 특정한 사람이나 사물을 언급한 텍스트에서 그 배후에 있는 긍정적이거나 부정적인 감정을 파악하려고 시도하는 '감정 분석sentiment analysis' 분야는 "나는 행복하지 않아"가 긍정적이고 낙관적인 정서라고 생각하는 등의 문제로 가득하다.[22] "행복"이라는 단어가 들어갔기 때문에 그렇게 판단하는 것이다.

X가 제품이든 아티스트든 상점이든 아이디어든 간에, 개인이 X에 "좋아요" 단추를 누를 때마다 페이스북은 그 개인에게 X를 좋아하는 누군가라고 꼬리표를 붙인다. 이는 페이스북이 개인이 올리는 상태 업데이트나 사진으로부터 얻을 수 있는 것보다 한 단계 더 나아간 것이었다. 거기에서부터 X를 좋아하는 사람들을 하나로 묶는 일은 단순했다. 그들이 겉으로 볼 때 서로 아무런 관련이 없다고 해도, 하나로 묶을 수 있었다. 페이스북은 그런 집단들에 관한 이런저런 것들을 추측하고, 다른 공통의 선호 양상을 추론할 수 있다. 아마존의 추천 엔진을 훨씬 더 큰 규모로 적용한 것과 같았다. 아마존은 구매 내역이 비슷한 이들이 무엇을 샀는지를 토대로 상품을 추천하고 넷플릭스도 비슷한 방식으로 영화를 추천하지만, 페이스북은 우리가 무엇을 사는지 뿐 아니라 어떤 텔레비전 쇼를 보고, 어떤 음식을 먹고, 어떤 스포츠 팀을 응원하고, 어떤 상점을 들르고, 사고 싶지만 구매 여력이 없어서 사지 못하는 차가 무엇이고, 어떤 정치인을 지지하거나 싫어하는지 등도 안다. 아마존은 이 기술을 써서 물건을 팔면서 엄청난 수익을 올렸지만, 페이스북은 방대한 사용자 프로필을 종합하는 능력이 훨씬 더 뛰어났다. 페이스북은 구글과 아마존에 이어서 웹을 조직하는 세 번째 방법을 찾아냈다. 구글은 페이지를 통해서, 아마존은 상품을 통해서 웹을 조직했지만, 페이스북은 사람을 통해서 조직했다.

"좋아요"는 명시적일 필요가 없다. 우리가 페이스북 계정에 접속하는 한, 페이스북은 우리가 어떤 링크를 클릭하고 어떤 페이지를 방문하는지를 추적함으로써 우리에 관해 의미 있는 메타데이터를 생성할 수 있다. 페이스북은 사용자의 접속 양상을 추적함으로써 암묵적인 관심사도 파악한다.† 이런 정보는 사용자에게 더 많은 꼬리표를 지정하는 데 쓰인다. 〈타임스〉 독자, 자동차 애호가, 도박꾼, 알코올중독자 등. 퀴즈도 유용하다. 내향적인지 외향적인지, 스네이프 유형인지 덤블도어 유형인지, 지도자인지 괴짜인지 등을 알아낼 수 있다. 대기업은 명시적인 선언이나 암묵적인 추론을 통해서 기본적인 인구 통계학적 자료를 점점 더 많이 확보하고 있다. 젠더, 인종, 주거지, 소득 수준, 사회 계층, 가족 관계, 학업 기록, 직장 경력 등이다. 페이스북은 이런 자료들을 종합하여 개인이 올리는 신상 정보를 통해서 알 수 있는 것보다 훨씬 더 상세한 프로필을 얻을 수 있다.

꼬리표는 더 많은 꼬리표를 낳는다. 암스텔과 코로나 맥주에 "좋아요"를 누른 사람은 맥주라는 단어에도 "좋아요"를 누를 것이 거의 확실하다. 맥주 페이지를 찾아서 굳이 "좋아요"를 누르는 귀찮은 짓까지 할 리가 없다고 해도 그렇다. 모디스트마우스Modest Mouse와 인터폴Interpol 같은 복고풍 인디 음악에 "좋아요"를 누른 사람은 스트록스Strokes와 인디 록 동호회에도 "좋아요"를 누를 가능성이 높

† 페이스북은 2007년에 내놓은 사이트 간 추적 프로그램인 비컨Beacon이 언론의 비판을 받자 그런 추적 시도를 그만두었지만, 그 뒤로 더 미묘하면서 더 폭넓은 방법으로 비슷한 시도를 재개했다.[23] 그리하여 변호사에서 제약회사와 정치 자문가에 이르기까지, 모두가 활용하는 엄청난 개인 정보를 모았다.

다. 보스턴 지역 식당들에 "좋아요"를 누른다면, 그 지역의 다른 식당들에도 "좋아요"를 누를 가능성이 높다. 페이스북에 광고를 하는 식당들은 더욱 그럴 것이다. 인포워즈InfoWars를 좋아한다면, 다른 음모론 웹사이트들에도 "좋아요"를 누를 가능성이 꽤 높다. 게다가 "좋아요"를 누를 페이지들을 제시하는 추천 상자가 늘 떠 있다.

소셜 네트워크와 그 협력 기업들은 편리한 컴퓨터적 방식으로 사람들을 이해하는 데 탁월한 수집 메커니즘이라는 것이 증명되었다. 그러나 이 과정의 부작용으로 우리는 서로를 더욱더 컴퓨터적 방식으로 보고 있다.

인터넷 삶에서의 자아 표현

모두 입을 꾹 다물고 말하기를 싫어하시니,
말없는 상징물들이 여러분의 생각을 보여주는구려.

—셰익스피어, 『헨리 6세』 1부

밀레니엄 세대에게는 너무 미안해요. 세상에, 그들은 해시태그로 만들어진 우주를 이제 막 넘겨받은 거예요.

—오테사 모시페이

온라인 서비스가 부추기는 초보적인 수준의 사용자 피드백은 버그가 아니라 그 서비스의 한 특징이다. 컴퓨터는 날 것의 텍스트에서 의미를 추출하기보다는 "좋아요"나 "★★★★★"에서 의미를 파악하는 일을 훨씬 더 잘한다. 옐프Yelp(미국의 크라우드 소싱 리뷰 서비스—옮긴이 주)의 이용자들이 올리는 평은 식당 이용자들이 그 사이트를 찾게 되는 핵심 이유 중 하나이지만, 별점이 없었다면 옐프도 없었을 것이다. 별점은 분류하고 걸러내고 시간별 분석을 할 수 있도록 해준다(예를 들어, 식당이 시간이 흐르면서 점점 나빠지고 있는지를 추적할 수 있다). 그리하여 내가 이렇게 부르는 것으로 이어진다.

인터넷 데이터의 제1법칙

컴퓨터의 맥락에서는 명시적 구조를 지닌 데이터가 맨 위에 뜬다.†

"명시적 구조를 지닌" 데이터는 범주, 정량화, 순위가 딸려 있는 모든 데이터를 가리킨다. 이런 데이터는 자족적이다. 즉 더 넓은 맥락이 없어도 사용할 수 있다. 구조를 지니고 정량화할 수 있는 맥락(『DSM』, 신용 등급 기록, 〈던전 앤 드래곤〉, 금융 거래, 아마존 상품 분류, 페이스북 프로필 등)에서 존재하는 데이터는, 사람의 언어로 된 텍스트, 이미지, 동영상 같은 비구조적 데이터보다 알고리즘에게(그리

† 우리가 법칙이라고 부르는 많은 것들이 그렇듯이, 이 법칙도 어겨서는 안 되는 철칙이 아니라 연성법soft laws(휴리스틱과 지침)이다.

고 그 알고리즘을 쓰는 사람과 기업에게) 점점 더 유용해지고 중요해질 것이다.

인터넷의 초창기에는 이 법칙이 드러나지 않았다. 당시에는 명시적으로 정량화한 데이터가 거의 없었기 때문이다. 구글이 잘 활용함으로써 큰 수익을 올린 링크 그래프는 알고리즘이 명시적으로 정량화된 메타데이터를 중시한다는 것을 잘 보여주었다. 다시 말해, 인터넷의 초창기는 비정상이었다. 돌이켜보면, 초기 인터넷은 명시적 정량화 과정의 비전형적인 시작이었다. 그 과정은 페이스북, 스냅챗, 인스타그램, 트위터 같은 소셜 미디어 플랫폼이 등장하면서야 드러났기 때문이다. 그리고 그 플랫폼들은 모두 새로운 규범의 일부다.† 여기에는 명시적으로 정량화된 데이터를 다루는 아마존, 이베이 같은 기업들도 포함된다.

웹 2.0은 소셜 네트워크 자체에 관한 것이 아니었다. 그보다는 소셜 네트워크의 분류, 더 일반적으로는 삶의 분류에 관한 것이었다. 구글은 비구조적 데이터에서 빨아들일 수 있는 것은 이미 다 빨아들였다. 웹이 성숙하려면 컴퓨터가 더 쉽게 분석할 수 있는, 더 명시적으로 조직된 콘텐츠가 필요했다. 그리고 그 일을 대규모로

---

† 그렇다고 해서 페이스북이나 다른 어떤 소셜 엔진이 가장 거대한 기업이 될 것이라는 말은 아니다. 애플, 구글 같은 기업들은 운영체제 플랫폼이나 자율주행차, 네트워크 기반 시설 등의 사업을 통해서 첨단 기술 분야들에서 더 일반적이고 강력한 지배력을 갖출 수도 있다. 그러나 온라인 소셜 미디어 영역에서는 느슨하게 모아놓는 성격을 띠는 구글이 이미 페이스북에 밀려난 상태다. 소셜 네트워크는 온라인에서 인류를 지배한다.

할 가장 좋은 방법은 사용자에게 그 데이터를 만들도록 하는 것이었다.

명시적으로 정량화된 데이터는 정렬할 수 있도록 먼저 데이터에 꼬리표를 붙이고 분류할 것을 요구한다. 미국 의회도서관 같은 기록물 보관소의 일은 책 자체를 분류하는 것이 아니다. 책들이 어떤 순서로 꽂혀 있어야 하는지를 결정하는 전반적인 분류 체계를 개발하는 것이다. 분류 체계가 없으면, 정렬도 없다. 기계학습조차도 "감독받지 않을" 때, 즉 기존 분류 틀이 제시되지 않을 때 더 나빠진다.

인터넷 데이터의 제2법칙

모든 데이터 집합에서 분류되는 대상보다 분류 체계가 더 중요하다.†[25]

데이터 분석의 결론과 영향은 데이터 자체보다는 데이터를 수

† 이 법칙은 시스템 엔지니어이자 고Go(구글에서 배포한 프로그래밍 언어—옮긴이 주)의 개발자인 롭 파이크가 제시한 소프트웨어공학의 4번째 및 5번째 규칙과 비슷하다. 그는 소프트웨어공학이 가능한 한 더 단순화하는 방향으로 나아가는 경향이 있다고 역설한다. "규칙 4. 화려한 알고리즘은 단순한 알고리즘보다 버그가 더 많으며, 실행하기가 훨씬 더 어렵다. 단순한 데이터 구조뿐 아니라 단순한 알고리즘을 써라. 규칙 5. 데이터를 우선시하라. 적절한 데이터 구조를 선택하고 잘 체계화한다면, 알고리즘은 거의 언제나 자명해질 것이다. 알고리즘이 아니라 데이터 구조가 프로그래밍의 중심이다."[24] 리누스 토르발스(리눅스Linux 운영체제의 창시자—옮긴이 주)도 비슷한 견해를 드러냈다. "나쁜 프로그래머는 코드에 신경을 쓴다. 좋은 프로그래머는 데이터의 구조와 관계에 신경을 쓴다."

집할 때 적용된 분류 체계로부터 나올 때가 더 많다. 페이스북이 "맥주 애호가"나 "패션 애호가" 같은 범주로 사람들을 묶을 때, 사람들을 그 집단으로 묶는 어떤 본질적인 특성이 있는 것은 아니다. 구글의 비법처럼, 페이스북의 분류 체계에도 사실 비밀 따위는 전혀 없다. 하나로 모으자 뜻하지 않게 범주 검출기로 작용하게 된, 모든 개별 요인들의 혼합물에 불과하다. 내가 아프리카계 미국인 '인종 친화도'를 지녔다고 페이스북이 판단하게 만든 것이 무엇이든 간에(내 선 라Sun Ra 음반들 때문이었을까?), 사람이었다면 내가 아프리카계 미국인이라고 판단하지 않았을 것이 분명하다. 그보다 중요한 점은 그런 범주가 존재한다는 것이다. 앞으로 나를 어떻게 다룰지를 규정하기 때문이다. 그 범주의 명칭("아프리카계 미국인"이든, "소수 인종"이든, "아프리카계 후손"이든, "흑인"이든 간에)이 범주의 기준보다 더 중요하다. 페이스북이 학습한 이런 범주들의 기준은 상당히 겹치겠지만, 최종 분류 체계에서 각 범주는 저마다 독특하게 다른 의미를 지닌다. 그러나 기준들 사이의 차이는 불분명하다. 우리는 결코 그 기준들을 보지 못하며, 그 기준들이 임의적이거나 아예 잘못된 사례도 아주 흔하다. 분류가 어떻게 이루어지느냐보다 어떤 분류 체계를 선택하느냐가 더 중요하다.

여기서 페이스북을 비롯한 컴퓨터 분류자들은 기존의 잠정적인 분류 체계가 지닌 문제점들을 더 악화시킨다. 『DSM』의 범주들은 그것으로 분류되는 각 환자의 기본 특징보다는, 한 환자 집단이 어떻게 보이느냐에 더 초점을 맞추었다. 모여서 데이터로 만들어지는 것은 각 범주의 총계였기 때문이다. 개인이 경제를 바라보는 관점은 실업이 시민들의 경험과 견해에 얼마나 피부로 와닿느냐보다 실업률을 어떻게 정의하느냐에 달려 있다(구직을 포기한 사람, 비정규직 노동자, 임시직 등을 포함하는가 여부). 그리고 자신의 건강에 관한 견해는 자신의 몸무게, 식단, 생활방식의 통계 자료 자체보다 그것들이 "건강한"과 "건강하지 않은"이라는 범주 중 어디로 분류되는가에 더 의존한다. 범주의 이름("살진" 대 "과체중" 대 "비만")조차도 특정한 관념을 연상시킴으로써 분류 체계가 해석되는 방식을 제약한다.

다른 것들보다 훨씬 더 성공적이면서 인기가 있는 분류 체계들이 있다. 그런 성공의 주된 경험 법칙은 이것이다.

인터넷 데이터의 제3법칙

단순한 분류 체계는 더 정교한 분류 체계를 이기는 경향이 있다.

피드백 메커니즘("좋아요", 별점 등)의 단순성은 의도적인 것이다. 인터넷 서비스 업체들은 필요하다면 복합적인 온톨로지도 처리할 수 있지만, 사업적·기술적 관행은 더 단순한 쪽을 선호한다. 페이스북은 10년이 지나도록 "좋아요" 외의 다른 단추를 추가하지 않았으며, "싫어요" 단추를 추가하라는 요구를 오랫동안 거부해왔다. 결국 사용자들은 "좋아요" 사망 선언문을 발표하고 정치적 행동까지 벌이기에 이르렀다. 페이스북은 단순한 관심/무관심 이분법 척도를 선호했다. 마침내 사용자들을 달래기로 결정했을 때, 페이스북은 원래의 "좋아요" 외에 5가지 감정을 추가했다. "최고예요", "웃겨요", "멋져요", "슬퍼요", "화나요"였다. 두 부정적인 감정이 끝에 놓인 것은 결코 우연이 아니다. "슬퍼요"과 "화나요"는 다른 감정들보다 더 애매하다. 내가 무언가에 긍정적인 반응을 표현한다면, 나는 명백히 그것에 관심이 있는 것이다. 무언가에 슬프다거나 화가 난다고 해도 그것에 관심이 있을지도 모르지만, 나는 아마 그것을 피하고 싶을 것이다. 그런 반응은 페이스북에 덜 유용하다.

페이스북의 6가지 감정은 사용자가 문자 대신에 표정으로 그 감정들을 표현할 수 있게 해준다는 점에서 이모지emoji와 비슷하지만, 수천 가지 이모지보다 훨씬 더 단순한 분류 체계를 이루므로 페이스북에는 더 유용하다. 바이럴viral 콘텐츠가 자주 올라오는 사이트인 버즈피드Buzzfeed는 사용자가 뉴스 기사에 반응을 달 수 있도록, 비슷하지만 좀더 과장된 이모지 체계를 쓴다. 버즈피드의 이모지 체계는 시장 조사를 토대로 만든 것이다. 콘텐츠는 놀람, 감탄, 충격, 웃김 등의 반응을 불러일으킬 수 있다.

〈블룸버그〉의 세라 프라이어는 페이스북이 새 반응 체계를 어떻게 정했는지를 이렇게 설명했다.

> 페이스북 연구자들은 사람들이 가장 자주 올리는 반응들을 집계하는 것부터 시작했다. 예를 들면, "웃겨요", "LOL", "너

무 웃겨"는 모두 웃음 범주에 들어갔다. (…) 그런 뒤 그 범주들을 6가지의 흔한 반응으로 압축했고, 페이스북은 그 반응들을 이렇게 부른다. 화나요, 슬퍼요, 멋져요, 웃겨요, 오예, 최고예요… 오예는 나중에 제외되었다. 페이스북 대변인의 말에 따르면, "보편적으로 이해되지 않았기" 때문이다.[26]

역설적이게도 이런 원초적인 감정들은 더 복잡한 체계보다 더 정교한 분석을 가능하게 할 수 있다. 그것이 바로 단순한 분류 체계가 더 정교한 분류 체계를 이기는 경향이 있는 한 가지 중요한 이유다. 어떤 글에 달린 댓글은 페이스북이 뭔가 할 여지가 많지 않다. "LOL(laugh-out-loud의 약어. 웃기다는 감정을 표현할 때 쓴다—옮긴이 주)"이나 "대단해"처럼 단순하지 않은 이상, 글은 의미가 애매할 여지가 너무 많아서 어떤 감정인지 파악하기가 어렵다. 그에 비해 6가지로 된 분류 체계는 여러 이점을 지닌다. 페이스북, 버즈피드 등은 보편적이면서 모호하지 않은 감정을 원한다. 그런 분류 체계는 국가, 언어, 문화에 상관없이, 다른 의미로 공감 단추를 선택할 여지를 거의 또는 전혀 주지 않는다.

또 이 감정들은 반응을 정량적으로 비교하기 쉽게 해준다. 사용자는 기사들을 "웃겨요", "행복해요", "슬퍼요", "감동이에요", "화나요"로 분류하게 된다. 댓글 반응만을 살펴본다면 "캐나다가 무역협정을 중단하다"와 "팝가수가 무대를 팽개치다"가 공통점을 지니는지를 파악하기 어렵겠지만, 둘 다 "화나요" 아이콘을 누르게 할 만큼 사용자들을 분개시킨다면 페이스북은 공통점을 검출할 수 있다. 이런 분류 체계를 써서 페이스북은 사용자들의 감정에 맞춰서 기사들을 분류하거나, 사용자들이 슬프거나 화난다고 하면 기운을 북돋으려고 시도할 수 있다. 어떤 기사의 반응이 갈린다면, 페이스북은 "웃겨요-감동이에요"와 "감동이에요-놀라워요" 같은 하위 범주를 만들 수 있다. 어느 사용자가 화나요 또는 웃겨요로 더 반응하는지를 추적할 수 있고, 따라서 그들이 앞으로 어떤 콘텐츠에 반응할지 경향을 예측할 수 있다. 페이스북은 유달리 심술궂은 사람들을 골라내어 다른 사용자들에게 덜 노출되도록 할 수 있다. 그럼으로써 그들이 페이스북 사용자 수를 줄이는 것을 막을 수 있다. 그리고 페이스북은 아직 반응이 달리지 않은 기사에 관해 추측을 하도록 알고리즘을 훈련시킨다. 가장 중요한 점은 이 6가지 반응이 기

버즈피드가 뉴스 독자에게 제공하는 6가지 공감 단추

본 설정값도, 보편적인 것도 아니지만, 페이스북이 그것들을 고름으로써 피드백 과정을 통해서 그것들이 점점 더 보편적으로 쓰이게 되고, 결국 기본 설정값이 되리라는 것이다.† 우리가 6가지 집합을 써서 반응을 분류하면 할수록, 우리는 그를 통해 감정을 헤아리도록 조건 형성이 될 것이다. 기본적인 6가지 감정은 페이스북이 더 큰 감정 집합으로 실험할 때 관찰되었던 다양한 변이들을 반듯하게 폈다. 모두 디즈니-픽사의 맷 존스가 도안한 것들이었다.

전체 목록에는 감탄, 확인, 화남, 불안, 경악, 경이, 지루함, 혼란, 심사숙고, 비난, 만족, 부끄러움, 호기심, 욕망, 단호함, 헌신, 부동의, 혐오, 당황, 열정, 두려움, 감사, 서글픔, 죄책감, 행복, 고양, 공포, 초조함, 분개, 흥미, 기쁨, 웃음, 사랑, 모성애, 반대, 고집, 고통, 당혹감, 뿌듯함, 흥분, 안심, 단념, 연애감정, 슬픔, 창피, 비웃음, 뚱함, 놀람, 연민, 공황, 약함… 이 포함되어 있었다. 데이터를 보니 뚜렷한 패턴이 드러났다. 이탈리아인, 남아프리카인, 러시아인, 브라질인은 '사랑의 문화'를 지녔다. 애정 스티커를 더 많이 보냈다. 미국과 캐나다 사람들은 사용 패턴이 거의 비슷했다. 캐나다인이 "연민" 버튼을

† 〈와이어드〉는 페이스북의 공감 단추들이 "우리가 사는 세계를 반영하지 않을지 모르지만, 우리가 원하는 세계에는 훨씬 더 가까이 가 있다"라고 간파했다.[27] 이는 우리가 원하는 세계가 미묘함과 정교함이 결핍된, 콘텐츠에 대한 표준적이고 피상적인 반응들로 이루어진 세계라고 가정하는 것이다.

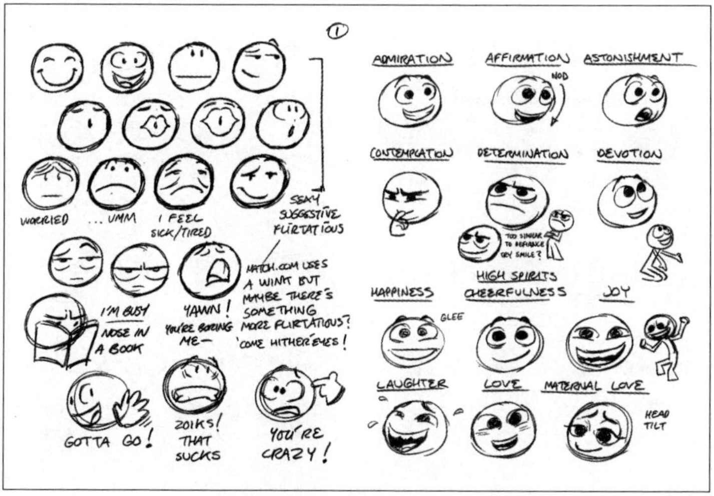

맷 존스의 페이스북 공감 버튼 스케치

훨씬 더 많이 누른 데 반해, 미국인은 "슬픔" 버튼을 더 많이 눌렀다는 점이 다를 뿐이었다. 그리고 북아프리카와 중동 전역에서는 "무표정" 스티커가 주로 쓰였다.[28]

단순한 분류 체계가 이겼다. 더 사용하기 쉬우면서, 더 보편적이다. 문화적·개인적 차이를 희생함으로써다.[†] 또 연구자 대처 켈

† 반면에 켈트너와 페이스북의 연구는 전형적으로 행복한 미국인들이 중동, 아프가니스탄, 파키스탄, 멕시코, 캄보디아, 페루, 아일랜드, 아제르베이잔 등 몇몇 나라의 사람들을 제외한 다른 어느 나라의 사람들보다 "슬퍼요" 버튼을 더 많이 쓴다는 것을 시사했다. 역사적으로 우울한 러시아인들은 "슬퍼요" 버튼을 평균적인 수준보다 훨씬 덜 누른다. 그러니 공감 버튼 이용을 토대로 사람들의 실제 감정 상태를 일반화하는 것은 위험한 듯하다. 반응 유형은 공감 버튼처럼 통일되거나 보편적인 것 같지 않다.

맷 존스의 감정 스케치

트너가 라디오랩Radiolab(뉴욕 공영 라디오 방송국에서 제작하는 라디오 프로그램—옮긴이 주)의 앤드루 졸리에게 한 말에 따르면, 행복을 희생함으로써다.

"행복해요"를 가장 많이 누르는 나라들이 실제로 현실에서 가장 행복하지는 않았다. 그보다 사회의 건강, 안녕, 심지어 장수에 이르기까지 다양한 척도들과 더 잘 들어맞는 것은 그 나라가 얼마나 다양한 종류의 스티커를 쓰느냐다. 켈트너는 내게 말했다. "중요한 것은 가장 행복하냐가 아닙니다. 가장 감정적으로 다양하냐지요."[29]

다양성은 변이에서 나오는 것이 아니라, 모호함에서 나온다. 이모지의 한 가지 주된 매력은 고정된 정의를 제공한다는 것이 아니라, 여러 문화와 하위문화 사이의 해석, 오역, 미미한 의미 차이의 여지를 제공한다는 데 있다. 이 이모지는 어떤 의미인지 알기가 어렵다. '뒤집힌 얼굴'(또는 공식적으로는 U+1F643)이라는 이름이 붙어 있다.

이모지피디아Emojipedia는 '뒤집힌 얼굴'이 "어리석음이나 얼빠짐"을 시사한다고 말한다. "때로 농담이나 조소 같은 모호한 감정에도 쓰인다." 다시 말해, 맥락에 따라서 여러 가지를 의미할 수 있다. 현실에서의 표정과 똑같다. '뒤집힌 얼굴'이 충분히 모호하지 않다면, 불가사의한 '입 없는 얼굴'(U+1F636)은 어떨까?

웹사이트 이모지트래커Emojitracker에 따르면, 트위터에서 가장 인기 있는 이모지들은 다음과 같다.

'썩소Smirk'는 우월하기보다는 음흉해 보이며, '중립'과 '무표정'은 거의 똑같아 보인다. '생각중'(U+1F914)은 '빈정거림', 즉 시큰둥한 반대를 시사하는 쪽으로 널리 쓰이게 되었다. 페이스북, 애플, 구글 같은 플랫폼들과 휴대전화 기업들은 미묘하게 수정한 나름의 이모지 디자인들을 제공한다. '지루함'(U+1F62B)의 변비에 걸린 듯한 다양한 변형 형태가 한 예다.

다양한 버전의 '지루함' 이모지.

시간이 흐르면서 이모지의 의미는 불분명해지고 다양해진다. 이모지의 원래 유니코드Unicode(전 세계의 모든 문자를 표현하도록 만들어진 코드 체계—옮긴이 주) 문자는 동아시아에서 기원한 기존 이모지에 맞추어서 만들어졌다. 그 이모지들은 나머지 세계로 제멋대로 퍼져 나갔다. 그런 불규칙한 전파는 데이터 채굴과 감정 분석에 방해가 되었다.

반응을 명확하게 6가지로 한정한 집합은 감정의 다양성을 좁히는 효과가 있으며, 소셜 미디어와 광고 회사는 그런 교환을 사용자에 관한 더 나은 데이터를 모으는 데 필요한 비용이라고 본다. 페이스북이 택한 한정된 감정 언어는 컴퓨터가 잘 이해하고 조작할 수 있는 언어다. 감정 반응의 핵심 집합이라는 단순화한 언어는, 컴퓨터와 인간 사이의 틈새에 다리를 놓는다. 『DSM』의 지나치게 복잡하고 잠정적인 분류 체계보다 더 성공적이다. 대신 이런 감정 반응 집합은 마이어스-브릭스, 오션, 헥사코라는 더 단순하고 소박한 분류 체계를 떠올리게 한다. 복잡한 현상들을 몇 개의 축에 따라 정렬시키는 방법들이다. 더 나아가 페이스북의 공감 버튼은 성격 분석의 5요인과 얼추 대응시킬 수 있다.

좋아요 : 친화성
최고예요 : 외향성
놀라워요 : 개방성
슬퍼요 : 신경성
화나요 : 성실성

안 맞는 것은 "웃겨요"인데, 늘 그렇듯이 웃음은 가장 보편적이고 명확한 표정이면서도 쉽게 분류하기가 어렵기 때문이다. 그러나 나머지 5가지 반응에서는 불가피하게 문화적 차이가 균일화된다. 앞서 우리는 성격 분류 체계들이 그 모델을 여러 문화에 걸쳐서 일반화하려고 애쓸 때 얼마나 심각한 문제들에 처하는지를 살펴보았으며, 페이스북은 경험 연구를 통해서 반응을 6가지로 일반화했지만, 그런 공감 버튼들이 다양한 문화들에서 동일한 감정을 포착하는 것 같지는 않다. 그보다는 여러 문화들에서 알아볼 수 있는 감정들을 발견한 것이라고 할 수 있다. 데이터 채굴자와 사용자 프로파일러가 분석에 나선다면, 곧 우리 모두는 "최고예요", "놀라워요", "슬퍼요", "화나요"를 누르는 사람들로 분류될 것이다.

공감 버튼의 언어는 우리 인간의 언어보다 훨씬 더 단순한 원초적인 감정의 어휘다. 컴퓨터와 컴퓨터 분석에 훨씬 더 적합하다. 내가 1999년에 메신저 클라이언트에 그래픽 이모티콘을 도입했을 때, 나는 이런 일들이 일어나리라고 내다본 것이 아니었다. 2015년경에 나는 내 페이스북 담벼락에 변화가 일어나고 있음을 알아차리기 시작했다. 토론이 줄어들고 있었다. 내 지인들이 게시물에 "예"나 "웩" 같은 단음절이나, 단순한 이모지나, 페이스북의 6가지 공감 버튼으로 반응하는 일이 훨씬 더 많아지고 있었다. 놀랍게도 나 자신도 묵묵히 그렇게 하고 있다는 사실을 깨닫고 나는 멈칫했다. 나는 2009~2010년에 올린 게시물들을 다시 살펴보았다. 당시에는 여러 단락에 걸쳐서 온전한 문장, 논증을 펼치면서 댓글을 달고 있었다. 이 변화는 뚜렷하면서 극적이었다. 다양성, 미묘함, 모호함이 사라지고 있었다. 내가 열의를 불태우면서 "예"와 "웩"의 합창에 반대하고 나섰다면, 군중이 내가 틀렸다고 몰아세울 가능성이 매우 높았다. 다른 모든 반대자들이 그런 일을 겪었으니까. 대체 어떤 일이 벌어진 것일까? 그들은 내 친구들이었다. 그러나 그들은 더 이상 예전의 그 사람이 아닌 듯했다. 표준화된 것이다. 이제 우리 모두는 다른 언어로 말하고 있다. 페이스북의 언어로 말한다. 바로 컴퓨터의 언어다.

언어의 환원과 삶의 균일화

나는 내 존재의 모든 유형의 번역본을 구입했다.

— 톰 필립스, 『휴뮤먼트*A Humument*』

작곡가 알빈 루시에의 미니멀리즘 걸작 〈나는 방에 앉아 있어 I Am Sitting in a Room〉는 녹음기를 통해서 나오는 다음과 같은 문장으로 시작한다.

나는 당신이 지금 있는 방이 아닌 다른 방에 앉아 있어. 내가 말하는 목소리를 녹음하고 있고, 방의 진동수 공명 현상이 증강되어 내 말이 리-리-리-리듬 외에는 전혀 닮은 구석이 없이 파괴될 때까지 녹음한 것을 방에서 계속 틀고 또 틀고 있어. 당신은 말을 통해서 형성된 방의 자연스러운 공명 진동수만을 듣게 되겠지. 나는 이 행위가 물리적 사실의 시연으로서가 아 아아아니라 내 말에 담겨 있을지 모르르를 모든 불규칙성을 매매매끄럽게 다듬는 방법이라고 보고 있어.

곧 루시에의 말은 알아들을 수 없게 된다. 그는 "증강하다", "파괴되다" 같은 전투적인 용어를 쓴다. 되먹임 과정이 입에서 나온 단어들을 정복하는 전투가 벌어진다. 말소리를 부드러운 금속성 되먹임이 대체함에 따라서, 방은 서서히 승리를 거둔다. 루시에의 말 중에서 방과 가장 잘 융화할 수 있는 측면들은 살아남는다. 루시에의 단어, 목소리, 더듬거림은 방이 가장 강하게 반사하는 측면들에 밀려나서 사라진다. 단어 대신에 진동수가 있다. 컴퓨터가 우리의 단어를 취하여 일괄적으로 묶은 코드 숫자로 환원하는 것과 마찬가지다.

우리가 존재하는 새로운 디지털 공간에 맞추어서, 우리는 인간과 기계를 연결하는 잡종 언어를 서서히 만들어가고 있다. 이 언어는 도출되는 데이터를 더 잘 분석할 수 있게 해주지만, 우리의 불규칙성을 제거하는 일도 한다. 불규칙성은 컴퓨터 표현으로 번역되는 과정에서 사라진다. 기계는 우리의 삶과 상호작용의 매끄럽게 다듬어지고 정규화된 판본, 정확하게 코드화되고 정량화된 판본을 우리에게 되먹임한다. 이 판본은 더 복잡한 현상의 부정확한 복사본이지만, 기술의 혜택을 보기 위해서 우리는 자기 자신의 컴퓨터 판본을 진짜라고 받아들인다. 불규칙성은 병적인 예외 사례로 취급하거나, 아예 무시한다.

극작가 리처드 포먼은 인류가 "그저 단추를 누르는 것만으로 방대한 정보망에 연결되므로, 넓고 얇게 펼쳐진… 팬케이크 인간"이 되어가고 있다고 선언했다.[1] 나는 루시에라면 '매끄럽게 만들기'라고 불렀을 법한 이 균일화가 실제로 일어나고 있다고 생각하지만, 그것이 본질적으로 우리를 둘러싼 정보의 과잉 때문에 일어나는 것은 아니라고 본다. 오히려 그것은 하나의 되먹임 과정 때문에 일어난다. 우리가 자기 자신의 근사적인 디지털 이미지를 보고서, 그것을 진정한 자기 자신이라고 받아들이기 때문이다. 우리는 자신이 방이라고 생각하기 시작한다. 지금의 우리 정보는 우리가 50년 전이나 심지어 20년 전에 지녔던 정보와 전혀 다르다. 컴퓨터와 더 들어맞기 때문이다. 그것은 꼬리표와 분류의 언어, 컴퓨터와 인간의 공통언어lingua franca다.

전반적으로 나는 기술에 신중하게 긍정적인 관점을 취한다. 대강 말하자면, 나는 기술이 반드시 더 큰 선을 가져온다고는 믿지 않는다. 오히려 나는 현대의 여명기에 우리가 파우스트 계약을 했다고 믿는다. 나는 지구 온난화, 지속 불가능한 생태계, 점점 복잡해지는 사회 기반 시설의 기능 이상 가능성으로 빚어질 대규모 파국을 더욱더 고도의 기술을 개발함으로써만 대처할 수 있다고 믿는다. 우리가 스스로를 구하기 전에 파멸시킬 수도 있지만, 나는 기술 발전을 중단시키거나 되돌린다는 것은 설득력 있는 대안이라고 보지 않는다. 과학과 기술은 겁나면서도 놀라우며, 변화가 가속될 때 위험한 기억상실증도 일으킨다. 나도 직접 느껴 보았다.

나는 고대 그리스, 르네상스 시대 영국, 계몽 시대 프랑스라는 내가 동경을 품을 만큼 친숙한 세 시대에 살았던 가장 유복한 사람의 삶과 내 삶을 바꾸지 않을 것이다. 그러나 가장 야만적이고 억압적인 역사적 순간에도, 교훈적이고 아름답고 더 나아가 때때로 고양시키는 인간 경험의 측면들이 남아 있다. 이는 지식이기도 하며, 인간 경험을 컴퓨터에 담는 방향으로 점점 더 나아가는 과정에서 잃을 가능성이 가장 높은 유형의 지식이다. 이 지식은 인간의 언어를 통해서 근사적으로만 주고받을 수 있으므로, 컴퓨터는 이해하기가 어렵다.

이 상실이 우려되기에, 나는 마르크스주의 철학자 제럴드 코언이 자기 자신을 기술한 방식에 따르자면 보수주의자다.

> 보수적 성향은 보존하고, 파괴하지 않으며, 따라서 (한정된 범위에서) 더 가치 있는 것으로도 대체하지 않는 것이다. 보수주의자는 재에서 솟아오르는 것이 가장 장엄한 건물이며, 그것을 짓는 것이 옳다고 믿을 수 있을지라도, 기존 건물이 파괴될 때 여전히 괴로워한다.[2]

나는 현재 진행되고 있는 기술 변화에 참여할 기회를 얻었고, 매우 즐겁게 참여했다. 나는 그 분야를 컴퓨터가 무시하는 불규칙성과 비합리적인 복잡성에서 벗어날 피신처로 삼았다. 그럼에도 그 불규칙성(구어에 있든 문학에 있든 내 아이들에게 있든 간에)은 내게 깊고도 복잡한 의미를 지닌다. 나는 그것들이 표준화라는 증기 롤러에 짓눌려서 사라지는 것을 보고 싶지 않다. 컴퓨터는 앞으로도 수십 년 동안, 아니 아마 수백 년 동안 이런 의미의 깊이를 이해하지 못할 것이다. 나는 예술과 감정의 구축물이 그동안 보존되기를 바란다. 나는 그것들이 인류에게 혜택을 주며 긍정적인 가치를 지닌다고 믿는다. 나는 코드와 온톨로지가 포착하지 못하는 무한한 미묘함과 불규칙성이 우리에게 필요하다고 믿는다. 세상이 아무리 컴퓨터화한다고 해도, 그것들을 인정하고 의미를 부여할 필요가 있다.

감사의 말

지금까지 내게 깨달음과 도움을 준 수많은 분들께 감사를 드린다. 그 모든 분들로부터 혜택을 받은 나는 정말로 행운아다.

다음은 나를 가르친 분들이다. 캐시 피오레, 존 클라이먼, 짐 홀랜드, 제임스 파크먼, 더그 비던웨그, 토이 호진, 톰 제너러스, 데이비드 도스터, 윌리엄 플레시, 존 크롤리, 하인리히 폰 스타덴, 데이비드 피어스, 더크 페러붐, 파올로 망코소, 스탠리 에이젠스태트, 종 샤오, 에드먼드 L. 엡스타인, 갤런 스트로슨, 데이비드 로젠탈, 데이비드 카이다. 나는 당신들이 생각하는 것보다 더 많은 것을 당신들로부터 배웠다.

구글과 마이크로소프트에서 일할 때 내 인생을 풍성하게 해준 친구들과 동료들에게도 감사한다. 크리스 피리치, 조너선 포브스,

윌리엄 라이, 바마 라오, 카라 루이스, 크리스 미첼, 이캉 쉬, 데이비드 앤슨, 란 탕, 리처드 정, 니니안 왕, 래리 그린필드, 아룹 무케르지, 조애너 컬릭, 대니얼 댈리츠, 데비 월러치, 피터 와인버거, 빌 코크런이다.

또 함께 있는 것만으로도 힘이 된 동료 저술가들이 있다. 제시 퍼거슨, 폴 커셴, 레이 데이비스, 줄리엣 클락, 케이틀린 흄, 애니 킴, 리사 새뮤얼스, 펠리 그리처, 수전 버노프스키, 스티븐 딕슨, 라슬로 크라스나호르카이다.

내 어설픈 착상을 발전시키라고 격려하고 함께 토론해준 분들도 있다. 제임스 그리멜만, 조시 해리슨, 애덤 엘커스, 브렛 후지오카, 조세핀 울프, 조엘 헤르난데스, 존 에버슨, 나타샤 싱어, 프랭크 파스쿠알, 코스마 샬리지, 헨리 파렐, 메레디스 L. 패터슨이다.

출판이라는 낯선 세계에서 필요한 도움을 준 분들에게도 감사드린다. 알렉산더 프로번, 샘 프랭크, 댄 비젤, 키스 게센, 마르코 로스, 칼라 블루멘크란츠, 데이나 토르토리치, 제시카 윈터, 로라 헬무스, 질 스쿨맨, 해리 시걸이다.

그리고 오랜 친구들과 새 친구들도 있다. 로라 스코리나, 해리슨 헝, 가브리엘라 그루더포니, 자야 카시바틀라, 세영 추, 캐리 프랭클린, 코리 가바드, 카베리 나이르, 로렌 게이브리얼, 크리스 하드그루브, 안나 메드베도프스키, 노에미 엘하다드, 메르세데스 아르밀라스, 제니 치스넬, 아나스타샤 세넨코, 메리 맥멀런, 엘리너 새러손, 재넌 스타인, 해리 칼사, 켈리 몰리, 플로렌스 리우, 블레이클리 필립스, 에리카 와이츠먼, 시모나 시브코프, 탈 코렘, 케이티 시걸먼, 스콧 브라운, 마리아 슈, 레이 풀머, 소피 롤린스, 로렌 무스, 새러 플루데, 스티븐 레이블리, 소냐 만, 헤더 데이리히터, 신시아 캠포스, 아이렌 닐란드, 줄리엣 오키프, 이 쉬가 그렇다.

인지 분야의 전문가들로부터 도움을 받았다. 스탠 스미스, 안젤리카 캐너, 트립 퀼먼, 켄 코베트, 론 윈첼, 버지니아 골드너다.

필요할 때면 음악으로 위로를 해준 이들도 있다. 페기 사토리스 벨라쿠아, 헨리 휴즈, 존 애비다.

그리고 어느 누구보다도 격려를 해준 조던 엘렌버그와 스콧 애런슨에게도 감사의 말을 전한다.

또 이 책이 나오기까지 중요한 지원을 해준 분들도 있다. 새러 번즈, 댄 프랭크, 마리아 골드버그, 노라 레이처드, 대니얼 세이덜이다.

후하게 자신의 작품을 인용할 수 있게 해준 리처드 맥과이어, 브레히트 에벤스, 팀 디니, 매트 존스, 크레이그 밴그래스텍에게도 감사한다.

그리고 물론 지금의 내가 있게 해준 가족들에게도 고맙다는 말을 전한다. 여보, 당신의 한결같은 뒷받침과 통찰이 없었다면 이 책은 나올 수 없었을 거야.

뉴아메리카New America 재단은 이 책을 집필하는 데 지원을 해주었다. 하지만 이 책의 내용에는 부당한 간섭을 전혀 하지 않았음을 밝혀둔다.

후주

1장 로고와 사랑

1. Papert, 1980, vi–vii.
2. Reichenbach, 1938.
3. Cramton, 1986.
4. Cope, 2003.
5. Shepherd.
6. Auerbach, "A Delville of a Tolkar: Martin Gardner's 'Undiluted Hocus-Pocus,'" 2013.
7. Mathews & Brotchie, 2005.
8. Bellos, 1993, 596–608.
9. Ibid., 420.
10. Knuth, n.d.
11. Pólya, 1957.
12. Poincaré, 1907, 15–21.
13. Kac, 1985, xxv.
14. Gigerenzer, Hertwig, & Pachur, 2011.
15. Gilbert, 1955.
16. Williams J., 1965.

2장 채팅 전쟁

1. Hansell, 1999.
2. Auerbach, "Tales of an Ex-Microsoft Manager," 2013.
3. Pang.
4. Rosenoer, 1997, 49–53.
5. *Apple Computer, Inc. v. Microsof Corp.*, 1994.
6. Bank, 2001.
7. Truesdell, 1984, 629.
8. Auerbach, "I Built That 'So-and-So Is Typing' Feature in Chat," 2014.
9. Chappell, 2008.
10. Mazarakis & Shontell, 2017.

3장 이진수

1. Naur, 1990.
2. Milton, *Paradise Lost*, III. 579–581.
3. Smullyan, 1978, 65.
4. Associated Press, 1999.
5. Ramsey, 1931.
6. Aristotle, 1908, 1011b25.
7. Rota, 1997/2008, 93.
8. Friedlander, 1969, 227.
9. James, 1907.
10. Carnap, 1967/2003, xviii.
11. Musil, 1995.
12. Wittgenstein, 1960, 25.
13. Auerbach, "The Limits of Language," 2015.

막간: 외국어

1. Kafka, 1971.
2. Kleist, 1997/2004, 408–409.
3. Patterson, 2013.
4. Diderot, 2006, 49.

4장 부분에 이름 붙이기

1. World Health Organization, 2015.
2. Ibid.
3. Lichtenberg, 2012.
4. Winterhalter, 2014.
5. "Well-Known Rationals," n.d.

5장 자기 근사

1. Sapolsky, 2017.

2. Spielman, 2016, 391.
3. McCrae & Costa, 2003.
4. Nettle, 2007, 10, 39.
5. McCrae, *Cambridge Handbook of Personality Psychology*, 2009.
6. Lem, 2013.
7. Frances, 2013.
8. Angell, 2009.
9. Frances, 2013.
10. Morrow et al., 2012.
11. Lipuscek, 2016.
12. Shorter, 2015, 167–170.
13. Frances, 2013.
14. Schatzberg, Scully Jr., Kupfer, & Regier, 2009.
15. Regier, Narrow, Kuhl, & Kupfer, 2009.
16. Carpenter, 2009.
17. Helzer, Kraemer, & Krueger, 2006.
18. Ibid.
19. Ibid.
20. Ibid.
21. Greenberg, 2013.
22. Insel, 2013.
23. Greenberg, 2013.

6장 컴퓨터가 하는 게임

1. Pagels, 1988.
2. Peterson, *Playing at the World*, 2012.
3. Ibid.
4. Rossiter, 2012, 61.
5. Gygax, 1979.
6. Ibid.
7. Kruger, 2016.
8. Peterson, *Playing at the World*, 2012.
9. Goffman, *The Presentation of Self in Everyday Life*, 1956.
10. Aaron, 1985.
11. Crawford, 1986/2014.

12. StarkRavingMad, 2007.
13. Sankis, 2007.
14. StarkRavingMad, 2007.
15. Dale, 2014.
16. Fenlon, 2016.
17. Ibid.
18. Ibid.
19. Perlis, 1982.
20. Kruger, 2016.

막간: 텍스트 어드벤처

1. Auerbach, "The Hardest Computer Game of All Time," 2014.
2. Moriarty, 1986.
3. Nelson, 2001, 382.
4. Ibid.
5. Maher, 2014.

7장 빅 데이터

1. Halevy, Norvig, & Pereira, 2009.
2. Lake, 2016.
3. Grimmelmann, "Hail and Farewell to the Google Books Case," 2016, and Grimmelmann, "Eight Years Later, the Google Books Fight Lumbers On," 2013.
4. Carlisle, 2014.
5. Borges, 1999.
6. Ibid.
7. "Trending Review Guidelines," 2016.
8. Hardy, 1940/2005, 1.
9. Ibid., 41.
10. Ibid., 49.
11. Gell-Mann, "Naming Quarks," 1997.
12. Glasheen, 1977, xi–xiii.

8장 내 아이를 프로그래밍하다

1. Reddy, 2008.
2. Vygotsky, *Thought and Language*, 1986, 37.
3. Gelman, S., 2003, 122.
4. Ibid., 295.
5. Peirce, 1868.
6. Roederer, 2005.
7. Shapiro & Forrest, 2016.
8. Shanon, 2003.
9. Danforth et al., 2015.
10. McCulloch, 1951/1988.
11. Gell-Mann, *Nature Conformable to Herself*, 2010, 381.
12. Gelman, S., 2003, 31–33.
13. Vygotsky, *Thought and Language*, 1986, 83.
14. Vygotsky, *The Collected Works of L. S. Vygotsky: Problems of General Psychology*, 1987, 285.

9장 빅 휴먼

1. Toyama, 2015.
2. Woods, 2016.
3. Johnston & Lewis, 2002.
4. Harris, 2013.
5. Gellman & Soltani, 2013, and Kaplan, 2016, 152–157.
6. Gellman & Soltani, 2013.
7. Auerbach, "MUSCULAR 'Roid Rage!," 2013.
8. "The Digint Programme," 2016.
9. Bamford, 2016.
10. Ibid.
11. Singer, "Mapping, and Sharing, the Consumer Genome," 2012, and Turow, 2012.
12. Dewey, 2016; Escobar, 2017.
13. Alciné, 2015.
14. Griffin, 2015.
15. Fitzpatrick, 2015.
16. Sullivan, 2015.

17. Wu & Zhang, 2016.
18. Open Science Collaboration, 2015.
19. Wu & Zhang, 2016.
20. Ibid.
21. Goffman, *Stigma: Notes on the Management of Spoiled Identity*, 1963.
22. Grohol, 2014.
23. Auerbach, "You Are What You Click," 2013.
24. Pike, 1989.
25. Torvalds, 2006.
26. Frier, 2016.
27. Gonzalez, 2015.
28. Zolli, 2015.
29. Ibid.

나가는 말

1. Foreman, 2005.
2. Cohen, 2011

더 읽어볼 책

컴퓨터의 역사: Subrata Dasgupta, *It Began with Babbage*; Margaret Boden, *Mind as Machine: A History of Cognitive Science*; Mark Priestley, *A Science of Operations: Machines, Logic and the Invention of Programming*; Edgar Daylight, *The Dawn of Software Engineering: From Turing to Dijkstra*.

컴퓨터과학: John MacCormick, *9 Algorithms That Changed the Future*; Charles Petzold, *Code*; Peter J. Denning and Craig H. Martell, *Great Principles of Computing*; David Harel, *Algorithmics*; Scott Aaronson, *Quantum Computing Since Democritus*.

과학에 관한 성찰: Henri Poincaré, *The Value of Science*; Jacob Bronowski, *The Origins of Knowledge and Imagination*; Gian-Carlo Rota, *Indiscrete Thoughts*; Heinz Pagels, *The Dreams of Reason*; Jeremy Gray, *Plato's Ghost: The Modernist Transformation of Mathematics*.

철학과 언어: Raymond Smullyan, *This Book Needs No Title*; Denis Diderot, *D'Alembert's Dream*; Albert Atkin, *Peirce*; Ludwig Wittgenstein, *Philosophical Investigations*; David Stern, *Wittgenstein on Mind and Language*; Laura Riding, *Anarchism Is Not Enough*; James O'Shea, *Wilfrid Sellars: Naturalism with a Normative Turn*.

제임스 조이스: Frank Budgen, *James Joyce and the Making of Ulysses*; Roland McHugh, *The Finnegans Wake Experience*; Philip Kitcher, *Joyce's Kaleidoscope: An Invitation to Finnegans Wake*.

롤플레잉 게임: Jon Peterson, *Playing at the World*.

참고문헌

Aaron, D. "Playing with Apocalypse." *New York Times*, December 29, 1985. http://www.nytimes.com/1985/12/29/magazine/playing-with-apocalypse.html?pagewanted=all.

Abelson, H., & Sussman, G. J. *The Structure and Interpretation of Computer Programs* (2nd ed.). Cambridge: MIT Press, 1996.

Alciné, J. Twitter. June 28, 2015. 다음 주소에서 검색. https://twitter.com/jackyalcine/status/615329515909156865.

Angell, M. "Drug Companies & Doctors: A Story of Corruption." *New York Review of Books*, January 15, 2009. 다음 주소에서 검색. http://www.nybooks.com/articles/2009/01/15/drug-companies-doctorsa-story-of-corruption.

Apple Computer, Inc. v. Microsoft Corp., 35F.3d1435. Court of Appeals, 9th Circuit, September 19, 1994. https://scholar.google.com/scholar_case?case=17794375458513139314.

Aristotle. *The Works of Aristotle: Metaphysics* (vol. 8). Translated by W. D. Ross. Oxford: Clarendon Press, 1908.

Associated Press. "Rabbi OKs Deleting 'God' on Computers." *Los Angeles Times*, January 2, 1999.

Auerbach, D. "A Delville of a Tolkar: Martin Gardner's 'Undiluted Hocus-Pocus.'" *Los Angeles Review of Books*, November 4, 2013. 다음 주소에서 검색. https://lareviewofbooks.org/article/a-delville-of-a-tolkar-martin-gardners-undiluted-hocus-pocus/.

———. "MUSCULAR 'Roid Rage!" *Slate*, October 31, 2013. 다음 주소에서 검색. http://www.slate.com/articles/technology/bitwise/2013/10/nsa_muscular_program_spying_on_google_and_yahoo.html.

———. "Tales of an Ex-Microsoft Manager." *Slate*, August 26, 2013. 다음 주소에서 검색. http://www.slate.com/articles/business/moneybox/2013/08/microsoft_ceo_steve_ballmer_retires_a_firsthand_account_of_the_company_s.html.

———. "You Are What You Click." *The Nation*, March 4, 2013. http://www.thenation.com/article/you-are-what-you-click-microtargeting/.

———. "I Built That 'So-and-So Is Typing' Feature in Chat." *Slate*, February 14, 2014. 다음 주소에서 검색. http://www.slate.com/articles/technology/bitwise/2014/02/typing_indicator_in_chat_i_built_it_and_i_m_not_sorry.html.

———. "The Hardest Computer Game of All Time." *Slate*, January 24, 2014. 다음 주소에서 검색. http://www.slate.com/articles/technology/bitwise/2014/01/robot_odyssey_the_hardest_computer_game_of_all_time.html.

———. "The Limits of Language." *Slate*, September 1, 2015. 다음 주소에서 검색. http://www.slate.com/articles/life/classes/2015/09/take_a_wittgenstein_class_he_explains_the_problems_of_ translating_language.html.

Bamford, J. "Every Move You Make." *Foreign Policy*, September 7, 2016. 다음 주소에서 검색. https://foreignpolicy.com/2016/09/07/every-move-you-make-obama-nsa-security-surveillance-spying-intelligence-snowden/.

Bank, D. *Breaking Windows: How Bill Gates Fumbled the Future of Microsoft*. New York: Free Press, 2001.

Bellos, D. *Georges Perec: A Life in Words*. Boston: David R. Godine, 1993.

Bickhard, M. H. *Cognition, Convention, and Communication*. New York: Praeger, 1980.

Borges, J. L. *Collected Fictions*. Translated by A. Hurley. New York: Penguin Books, 1999.

Carlisle, S. "Mickey's Headed to the Public Domain! But Will He Go Quietly?" Nova Southeastern University, October 17, 2014. 다음 주소에서 검색. http://copyright.nova.edu/mickey-public-domain/.

Carnap, R. *The Logical Structure of the World; and, Pseudoproblems in Philosophy*. Translated by R. A. George. Chicago: Open Court, 1967/2003.

Carpenter, W. T. "Criticism vs Fact: A Response to a Warning Sign on the Road to *DSM-V* by Allen Frances, MD." *Psychiatric Times*, July 27, 2009. 다음 주소에서 검색. http://www.psychiatrictimes.com/articles/criticism-vs-fact-response-warning-sign-road-dsm-v-allen-frances-md.

Chappell, G. "The Phil Bucking Correspondence," January 26, 2008. 다음 주소에서 검색. http://www.geoffchappell.com/notes/security/aim/bucking.htm.

Cohen, G. A. "Rescuing Conservatism: A Defense of Existing Value." In *Reasons and Recognitions: Essays on the Philosophy of T. M. Scanlon*, edited by R. J. Wallace, R. Kumar, & S. Freeman, 203-230. Oxford: Oxford University Press, 2011.

Cope, J. "Mirrors." Head Heritage, July 2003. 다음 주소에서 검색. https://www.headheritage.co.uk/unsung/albumofthemonth/mirrors.

Cramton, R. C. "Demystifying Legal Scholarship." *Georgetown Law Journal* 75 (1987): 1-2. http://scholarship.law.cornell.edu/facpub/1006.

Crawford, C. *Balance of Power: The Book*, 1986/2014. 다음 주소에서 검색. http://www.erasmatazz.com/MyResources/Balance-of-Power-the-Book.pdf.

Dale, B. "The Adams Brothers Behind 'Dwarf Fortress' Game Are Weirdly Brilliant." Technical.ly, May 21, 2014. 다음 주소에서 검색. http://technical.ly/brooklyn/2014/05/21/dwarf-fortress-adams/.

Danforth, A., et al. "MDMA-Assisted Terapy: A New Treatment Model for Social Anxiety in Autistic Adults." *Progress in Neuro-Psychopharmacology & Biological Psychiatry* (2015): 237-249. https://doi.org/10.1016/j.pnpbp.2015.03.011.

Daylight, E. G. *The Dawn of Software Engineering: From Turing to Dijkstra*. Heverlee, Belgium: Lonely Scholar, 2012.

Dewey, C. "98 Personal Data Points That Facebook Uses to Target Ads to You." *Washington Post*, August 19, 2016. 다음 주소에서 검색. https://www.washingtonpost.com/news/the-intersect/wp/2016/08/19/98-personal-data-points-that-facebook-uses-to-target-ads-to-you/.

Diderot, D. *Rameau's Nephew and First Satire*. Translated by M. Mauldon. Oxford: Oxford University Press, 2006.

Escobar, M. "Facebook Advertising Detailed Targeting Options." July 20, 2017. 다음 주소에서 검색. http://www.edigitalagency.com.au/facebook/facebook-advertising-targeting-options/.

Fenlon, W. "Dwarf Fortress' Creator on How He's 42% Towards Simulating Existence." *PC Gamer*, March 31, 2016. 다음 주소에서 검색. http://www.pcgamer.com/dwarf-fortress-creator-on-how-hes-42-towards-simulating-existence/2/.

Fitzpatrick, J. "Sorry for Our Google Maps Search Mess Up." Google, May 21, 2015. 다음 주소에서 검색. https://maps.googleblog.com/2015/05/sorry-for-our-google-maps-search-mess-up.html.

Foreman, R. "The Pancake People, Or, 'The Gods Are Pounding My Head.'" Edge, March 8, 2005. 다음 주소에서 검색. https://www.edge.org/3rd_culture/foreman05/foreman05_index.html.

Frances, A. *Saving Normal*. New York: William Morrow, 2013.

Friedlander, P. *Plato: An Introduction* (2nd ed.). Translated by H. Meyerhoff. Princeton, NJ: Princeton University Press, 1969.

Frier, S. "Inside Facebook's Decision to Blow Up the Like Button." *Bloomberg*, January 27, 2016. 다음 주소에서 검색. http://www.bloomberg.com/features/2016-facebook-reactions-chris-cox/.

Gellman, B., & Soltani, A. "NSA Infiltrates Links to Yahoo, Google Data Centers Worldwide, Snowden Documents Say." *Washington Post*, October 30, 2016. 다음 주소에서 검색. https://www.washingtonpost.com/world/national-security/nsa-infiltrates-links-to-yahoo-google-data-centers-worldwide-snowden-documents-say/2013/10/30/e51d661e-4166-11e3-8b74-d89d714ca4dd_story.html.

Gell-Mann, M. "Naming Quarks." Interview by G. West. Web of Stories, October 1997. 다음 주소에서 검색. https://www.webofstories.com/play/murray.gell-mann/116.

———. "Nature Conformable to Herself." In *Selected Papers*, edited by H. Fritzsch, 378-381. Hackensack, NJ: World Scientifc, 2010.

Gelman, A., Fagan, J., & Kiss, A. "An Analysis of the New York City Police Department's 'Stop-and-Frisk' Policy in the Context of Claims of Racial Bias." *Journal of the American Statistical Association* 102, no. 479 (September 2007): 813-823. https://doi.org/10.1198/016214506000001040.

Gelman, S. *The Essential Child: Origins of Essentialism in Everyday Thought*. Oxford: Oxford University Press, 2003.

Gigerenzer, G., Hertwig, R., & Pachur, A. T. *Heuristics: The Foundations of Adaptive Behavior*. Oxford: Oxford University Press, 2011.

Gilbert, S. *James Joyce's Ulysses: A Study* (2nd ed.). New York: Vintage, 1955.

Glasheen, A. *A Third Census of Finnegans Wake*. Berkeley: University of California Press, 1977.

Goffman, E. *The Presentation of Self in Everyday Life*. Edinburgh: University of Edinburgh Social Sciences Research Center, 1956.

——. *Stigma: Notes on the Management of Spoiled Identity*. New York: Penguin, 1963.

Gonzalez, R. "The Surprisingly Complex Design of Facebook's New Emoji." *Wired*, October 12, 2015. 다음 주소에서 검색. https://www.wired.com/2015/10/facebook-reactions-design/.

Greenberg, G. *The Book of Woe: The DSM and the Unmaking of Psychiatry*. New York: Blue Rider Press, 2013.

Griffin, A. "Flickr's Auto-Tagging Feature Goes Awry, Accidentally Tags Black People as Apes." *The Independent*, May 20, 2015. 다음 주소에서 검색. http://www.independent.co.uk/life-style/gadgets-and-tech/news/flickr-s-auto-tagging-feature-goes-awry-accidentally-tags-black-people-as-apes-10264144.html.

Grimmelmann, J. "Eight Years Later, the Google Books Fight Lumbers On." *Publishers Weekly*, September 5, 2013. 다음 주소에서 검색. https://www.publishersweekly.com/pw/by-topic/digital/content-and-e-books/article/58953-eight-years-later-the-google-books-fight-lumbers-on.html.

——. "Hail and Farewell to The Google Books Case." *Publishers Weekly*, May 11, 2016. 다음 주소에서 검색. https://www.publishersweekly.com/pw/by-topic/digital/copyright/article/70326-hail-and-farewell-to-the-google-books-case.html.

Grohol, J. M. "Emotional Contagion on Facebook? More Like Bad Research Methods." Psych Central, June 23, 2014. 다음 주소에서 검색. http://psychcentral.com/blog/archives/2014/06/23/emotional-contagion-on-facebook-more-like-bad-research-methods/.

Gygax, G. *Dungeon Master's Guide*. Lake Geneva, WI: TSR, 1979.

Halevy, A., Norvig, P., & Pereira, F. "The Unreasonable Effectiveness of Data." *IEEE Intelligent Systems* 24, no. 2 (2009): 8–12. https://doi.org/10.1109/MIS.2009.36.

Hansell, S. "In Cyberspace, Rivals Skirmish Over Messaging." *New York Times*, July 24, 1999. http://www.nytimes.com/1999/07/24/business/in-cyberspace-rivals-skirmish-over-messaging.html.

Hardy, G. H. *A Mathematician's Apology*. Edmonton: University of Alberta Mathematical Sciences Society, 1940/2005. 다음 주소에서 검색. http://www.math.ualberta.ca/mss/misc/A%20Mathematician's%20Apology.pdf.

Harris, S. "The Cowboy of the NSA." *Foreign Policy*, September 9, 2013. 다음 주소에서 검색. http://foreignpolicy.com/2013/09/09/the-cowboy-of-the-nsa/.

Harvey, P. *An Introduction to Buddhism: Teachings, History and Practices* (2nd ed.). Cambridge: Cambridge University Press, 2013.

Helzer, J. E., Kraemer, H. C., & Krueger, R. F. "The Feasibility and Need for Dimensional Psychiatric Diagnoses." *Psychological Medicine* 36, no. 12 (2006): 1671–1680. https://doi.org/10.1017/S003329170600821X.

Insel, T. "Transforming Diagnosis." National Institute of Mental Health, April 29, 2013. 다음 주소에서 검색. https://www.nimh.nih.gov/about/directors/thomas-insel/blog/2013/transforming-diagnosis.shtml.

James, W. "Pragmatism's Conception of Truth." In *Pragmatism: A New Name for Some Old Ways of Thinking*, 76–91. New York: Longman Green, 1907.

Johnston, D., & Lewis, N. A. "Whistle-Blower Recounts Faults Inside the F.B.I." *New York Times*, June 7, 2002. http://www.nytimes.com/2002/06/07/us/traces-terror-congressional-hearings-whistle-blower-recounts-faults-inside-fi.html.

"Judging or Perceiving." The Myers & Briggs Foundation, n.d. 다음 주소에서 검색. http://www.myersbriggs.org/my-mbti-personality-type/mbti-basics/judging-or-perceiving.htm.

Kac, M. *Enigmas of Chance: An Autobiography*. Berkeley: University of California Press, 1985.

Kafka, F. "At Night." Translated by T. A. Stern. In *The Complete Stories*, edited by N. N. Glatzer, 436. New York: Schocken Books, 1971.

Kaplan, F. *Dark Territory: The Secret History of Cyber War*. New York: Simon & Schuster, 2016.

Kleist, H. v. "On the Gradual Production of Thoughts Whilst Speaking." Translated by P. Constantine. In *Selected Writings*, edited by P. Constantine, 405–409. Indianapolis, IN: Hackett, 1997/2004.

Knuth, D. "Retirement." n.d. 다음 주소에서 검색. http://www-cs-faculty.stanford.edu/~uno/retd.html.

Kruger, B. "Bob Kruger on the Essentials of D&D." The BusyBody, January 18, 2016. 다음 주소에서 검색. https://rossonl.wordpress.com/2016/01/18/guest-blogger-bob-kruger-on-the-essentials-of-dd/.

Lake, C. "The Most Expensive 100 Google Adwords Keywords in the US." Search Engine Watch, May 31, 2016. 다음 주소에서 검색. https://searchenginewatch.com/2016/05/31/the-most-expensive-100-google-adwords-keywords-in-the-us/.

Lem, S. *Summa Technologiae*. Translated by J. Zylinska. Minneapolis: University of Minnesota Press, 2013.

Lichtenberg, G. C. *Philosophical Writings*. Translated by S. Tester. Albany: State University of New York Press, 2012.

Lipuscek, J. "Youngest Children in Class at Increased Risk of ADHD Diagnosis & Medication." Joan Lipuscek, May 8, 2016. 다음 주소에서 검색. https://www.joanlipuscek.com/child-therapy-news/youngest-children-in-class-at-greater-risk-for-adhd.

Maher, J. "Mindwheel (or, The Poet and the Hackers)." The Digital Antiquarian, March 10, 2014. 다음 주소에서 검색. http://www.filfre.net/2014/03/mindwhell-or-the-poet-and-the-hackers/.

Mathews, H., & Brotchie, A, eds. *Oulipo Compendium* (2nd ed.). London: Atlas Press, 2005.

Mazarakis, A., & Shontell, A. "Steve Ballmer Says He Never Actually Threw a Chair at That Microsoft Engineer Who Left for Google." *Business Insider*, July 26, 2017. 다음 주소에서 검

색. http://www.businessinsider.com/steve-ballmer-i-didnt-throw-the-chair-at-th-google-engineer-2017-7.

McCulloch, W. S. "Why the Mind Is in the Head." In *Embodiments of Mind* (2nd ed.), 86–87. Cambridge, MA: MIT Press, 1951/1988.

Moriarty, B. *Trinity*. Cambridge, MA: Infocom, 1986.

Morrow, R. L., Garland, E. J., Wright, J. M., MacLure, M., Taylor, S., & Dormuth, C. R. "Influence of Relative Age on Diagnosis and Treatment of Attention-Deficit/Hyperactivity Disorder in Children." *Canadian Medical Association Journal* 184, no. 7 (April 17, 2012): 755–62. https://doi.org/10.1503/cmaj.111619.

Musil, R. *The Man Without Qualities*. Translated by B. Pike & S. Wilkins New York: Vintage International, 1995.

Naur, P. *Computing: A Human Activity*. November 15, 1990. 다음 주소에서 검색. http://www.naur.com/comp/p.html.

Nelson, G. *The Inform Designer's Manual* (4th ed.). St. Charles, IL: The Interactive Fiction Library, 2001. 다음 주소에서 검색. http://inform-fction.org/manual/DM4.pdf.

Nettle, D. *Personality: What Makes You the Way You Are*. Oxford: Oxford University Press, 2007.

Open Science Collaboration. "Estimating the Reproducibility of Psychological Science." *Science* 349, no. 6251 (2015): 943. https://doi.org/10.1126/science.aac4716.

Pagels, H. *The Dreams of Reason*. New York: Bantam, 1988.

Pang, A. S.-K. "The Xerox PARC Visit." Making the Macintosh, n.d. 다음 주소에서 검색. https://web.stanford.edu/dept/SUL/sites/mac/parc.html.

Papert, S. *Mindstorms*. New York: Basic Books, 1980.

Pasquale, F. *The Black Box Society*. Cambridge, MA: Harvard University Press, 2015.

Patterson, M. L. "Okay, Feminism, It's Time We Had a Talk About Empathy." *Medium*, October 14, 2013. 다음 주소에서 검색. https://medium.com/@maradydd/okay-feminism-its-time-we-had-a-talk-about-empathy-bd6321c66b37.

Peirce, C. S. "Questions Concerning Certain Faculties Claimed for Man." *Journal of Speculative Philosophy* 2 (1868): 103–114.

Perlis, A. "Epigrams on Programming." *SIGPLAN Notices* 17, no. 9 (1982): 7–13.

Peterson, J. *Playing at the World*. San Diego, CA: Unreason Press, 2012.

———. "The First Female Gamers." *Medium*, October 5, 2014. 다음 주소에서 검색. https://medium.com/@increment/the-frst-female-gamers-c784fe3ff37.

Pike, R. "Notes on Programming in C." February 21, 1989. 다음 주소에서 검색. http://doc.cat-v.org/bell_labs/pikestyle.

Poincaré, H. *The Value of Science*. Translated by G. B. Halstead. New York: The Science Press, 1907.

Pólya, G. *How to Solve It: A New Aspect of Mathematical Method* (2nd ed.). Princeton, NJ: Princeton University Press, 1957.

Ramsey, F. P. "The Foundations of Mathematics." In *The Foundations of Mathematics and Other Logical Essays*. London: Routledge & Kegan Paul, 1931.

Reddy, V. *How Infants Know Minds*. Cambridge, MA: Harvard University Press, 2008.

Regier, D. A., Narrow, W. E., Kuhl, E. A., & Kupfer, D. J. "The Conceptual Development of *DSM-V*." *American Journal of Psychiatry* 166, no. 6 (June 1, 2009): 645–650. 다음 주소에서 검색. https://doi.org/10.1176/appi.ajp.2009.09020279.

Reichenbach, H. *Experience and Prediction: An Analysis of the Foundations and the Structure of Knowledge*. Chicago: University of Chicago Press, 1938.

Roederer, J. *Information and Its Role in Nature*. Berlin: Springer, 2005.

Rosenoer, J. *CyberLaw: The Law of the Internet*. New York: Springer, 1997.

Rossiter, M. W. *Women Scientists in America: Forging a New World Since 1972*. Baltimore, MD: Johns Hopkins University Press, 2012.

Rota, G.-C. *Indiscrete Thoughts*. Boston: Birkhäuser, 1997/2008.

Sankis. "Dwarf Fortress — Boatmurdered." Let's Play Archive, 2007. 다음 주소에서 검색. http://lparchive.org/Dwarf-Fortress-Boatmurdered/Update%201-27/.

Sapolsky, R. M. *Behave: The Biology of Humans at Our Best and Worst*. New York: Penguin, 2017.

Schatzberg, A. F., Scully, J. H. Jr., Kupfer, D. J., & Regier, D. A. "Setting the Record Straight: A Response to Frances Commentary on *DSM-V*." *Psychiatric Times*, July 1, 2009. 다음 주소에서 검색. http://www.psychiatrictimes.com/dsm-5-0/setting-record-straight-response-frances-commentary-dsm-v.

Shanon, B. *The Antipodes of the Mind: Charting the Phenomenology of the Ayahuasca Experience*. Oxford: Oxford University Press, 2003.

Shapiro, F., & Forrest, M. S. *EMDR: The Breakthrough Terapy for Overcoming Anxiety, Stress, and Trauma*. New York: Basic, 2016.

Shepherd, E. "Some Assembly Required: Incremental Progress." n.d. 다음 주소에서 검색.ftp://ftp.apple.asimov.net/pub/apple_II/documentation/programming/6502assembly/Some%20Assembly%20Required%20Shepherd.txt.

Shorter, E. *What Psychiatry Left Out of the DSM-5*. New York: Routledge, 2015.

Singer, N. "Mapping, and Sharing, the Consumer Genome." *New York Times*. 다음 주소에서 검색. http://www.nytimes.com/2012/06/17/technology/acxiom-the-quiet-giant-of-consumer-database-marketing.html.

———. "Acxiom Lets Consumers See Data It Collects." *New York Times*, August 31, 2013. http://www.nytimes.com/2013/09/01/business/a-data-broker-offers-a-peek-behind-the-curtain.html.

Smullyan, R. *What Is the Name of This Book?* Englewood Cliffs, NJ: Prentice-Hall, 1978.

Spielman, R. M. *Psychology*. Houston, TX: OpenStax, 2016. 다음 주소에서 검색. Boundless Psychology.

StarkRavingMad. "Dwarf Fortress—Boatmurdered." Let's Play Archive, 2007. 다음 주소에서 검색. http://lparchive.org/Dwarf-Fortress-Boatmurdered/Update%201-30/.

Sullivan, D. "Racist Listings in Google Maps That Will Shock You & Why They May Be Happening." *Marketing Land*, May 20, 2015. 다음 주소에서 검색. http://marketingland.com/racist-listings-in-google-maps-129447.

"The Digint Programme." *The Intercept*, June 7, 2016. 다음 주소에서 검색. https://theintercept.com/document/2016/06/07/digint-narrative/.

Torvalds, L. "Re: Licensing and the Library Version of Git." Lwn.net, July 27, 2006. 다음 주소에서 검색. http://lwn.net/Articles/193245/.

Toyama, K. *Geek Heresy: Rescuing Social Change from the Cult of Technology*. New York: PublicAffairs, 2015.

"Trending Review Guidelines." Facebook Newsroom, May 2016. 다음 주소에서 검색. https://fbnewsroomus.files.wordpress.com/2016/05/full-trending-review-guidelines.pdf.

Trevarthen, C. "Making Sense of Infants Making Sense." *Intellectica* 34 (2002): 161–188.

Truesdell, C. *An Idiot's Fugitive Essays on Science: Methods, Criticism, Training, Circumstances* (2nd ed.). New York: Springer, 1984.

Turow, J. *The Daily You: How the New Advertising Industry Is Defining Your Identity and Your Worth*. New Haven, CT: Yale University Press, 2012.

Vygotsky, L. *Thought and Language*. Edited by A. Kozulin. Cambridge, MA: MIT Press, 1986.

———. *The Collected Works of L. S. Vygotsky: Problems of General Psychology*. Edited by R. W. Rieber & A. S. Carton. Translated by N. Minick. New York: Plenum, 1987.

"Well-Known Rationals." Keirsey.com, n.d. 다음 주소에서 검색. http://www.keirsey.com/4temps/famous_rationals.asp.

Williams, J. *Stoner*. New York: Viking Press, 1965.

Williams, P., & Tribe, A. *Buddhist Thought*. London: Routledge, 2000.

Winterhalter, B. "ISTJ? ENFP? Careers hinge on a dubious personality test." *Boston Globe*, August 31, 2014. 다음 주소에서 검색. http://www.bostonglobe.com/opinion/2014/08/30/istj-enfp-careers-hinge-dubious-personality-test/8ptUGXhu6DndFdjCngcxSN/story.html.

Wittgenstein, L. *The Blue and Brown Books* (2nd ed.). New York: Harper & Row, 1960.

Woods, M. "wood s lot." July 13, 2016. 다음 주소에서 검색. http://web.ncf.ca/ek867/wood_s_lot.html.

World Health Organization. "Gender." August 2015. 다음 주소에서 검색. http://www.who.int/mediacentre/factsheets/fs403/en/.

Wu, X., & Zhang, X. "Automated Inference on Criminality Using Face Images." November 21, 2016. 다음 주소에서 검색. https://arxiv.org/pdf/1611.04135v2.pdf.

Zolli, A. "Darwin's Stickers." *Radiolab*, February 9, 2015. 다음 주소에서 검색. http://www.radiolab.org/story/darwins-stickers/

옮긴이의 말

예전에는 전화를 받는 장면을 표현하라면 모두 똑같은 흉내를 냈다. 탁자 위에 놓인 전화기의 수화기를 들어서 귀에 갖다 대는 모습이다. 지금은? 넓적한 막대를 집어서 귀에 갖다 대거나 유선 이어폰의 줄을 입에 갖다 댈 수도 있고, 아예 앞을 똑바로 쳐다보면서 입만 벙긋거릴 수도 있다. 컴퓨터 자판을 두드리면서 뭔가 찾는 자세를 취할 수도 있다.

컴퓨터와 디지털이 우리를 획일화한다는 견해를 반박하기 위해 떠올릴 만한 사례가 아닐까? 물론 지하철에서 모두가 스마트폰을 들여다보고 있는 모습은 정반대를 가리킬 것이다. 둘 중에서 과연 어느 쪽이 진정으로 컴퓨터와 디지털의 시대를 대변할까? 아니면 이런 것들은 그저 더 깊은 흐름과 상관없는 겉모습에 불과할까?

컴퓨터공학과 철학을 공부한 저자는 마이크로소프트와 구글에서 일하면서 겪은 일들을 떠올리면서 디지털이 우리에게 어떤 의미인지를 깊이 살펴본다. 저자가 이야기하면서 꺼내는 사례들은 아주 평범한 것들이다. 초등학생도 짤 수 있는 몇 줄로 된 코드, 컴퓨터 게임, 직장 생활을 하면서 겪었던 이런저런 일, 그리고 아이를 키우면서 드는 생각 등이다. 이런 일들이 오늘날의 디지털 세계와 어떤 관계가 있을까? 언뜻 관계가 있어 보이는 것도 있지만, 고개를 갸우뚱하게 하는 사례도 있다. 이것들을 하나로 연결하는 기본 줄기가 있다는 것일까?

저자가 말하고자 하는 의도가 바로 그것이다. 저자는 어떤 거창하고 추상적인 개념을 이야기하려는 것이 아니다. 우리가 생활하면서 접하는 모든 사소한 것들이 알게 모르게 하나의 큰 흐름으로 이어지고 있다는 것을 보여주고자 한다. "어릴 때 나는 컴퓨터가 사회의 비비 꼬인 가치 체계로부터 자유롭기 때문에 컴퓨터에 끌렸다. 역설적이게도 지금 나는 컴퓨터가 바로 그 가치 체계를 무작정 적용하는 세계에 산다." 앞의 문장은 어릴 때 컴퓨터에 푹 빠졌던 이라면 할 법한 말이다. 영화 같은 대중매체에서 으레 설정하는 인물의 모습이기도 해서 이제는 친숙하게 느껴질 정도다. 한편 뒤의 문장은 매우 철학적으로 느껴진다. 컴퓨터의 세계를 오래 겪은 뒤에 나오는 깨달음 같다. 저자가 들려주고자 하는 것이 바로 그 깨달음이다. 저자의 말을 더 인용하자면 이렇다.

"우리는 인간과 기계를 연결하는 잡종 언어를 서서히 만들어가고 있다. 이 언어는 (…) 우리의 불규칙성을 제거하는 일도 한다. 불규칙성은 컴퓨터 표현으로 번역되는 과정에서 사라진다." 즉 우리가 알게 모르게 점점 컴퓨터와 디지털을 기준으로 삼고서 거기에 스스로를 맞추고 있다는 것이다. 저자는 우리의 삶뿐 아니라 생각조차도 점점 그렇게 나아가고 있다고 본다. 페이스북의 "좋아요" 버튼은 우리의 생각을 표현하는 방식을 넘어서서, 우리가 생각하는 방식이 되어 가고 있다. "지금의 우리 정보는 우리가 50년 전이나 심지어 20년 전에 지녔던 정보와 전혀 다르다. 컴퓨터와 더 들어맞기 때문이다."

저자는 딸의 발달 과정을 컴퓨터 소프트웨어의 업그레이드 과정으로 설명할 만큼 컴퓨터와 삶의 유사성을 예리하게 간파하고 있지만, 예술과 감정이 보여주는 불규칙성이 우리에게 필요하다고 말한다. 그는 우리가 컴퓨터화에 몰두하면서 무엇을 놓치고 있는지를 깨닫게 한다.

내가 이 책에 끌린 이유는 어릴 때 보았던, 코드가 줄줄이 뜨는 친숙한 컴퓨터 화면 때문이었다. 오락실의 옛 추억을 떠올리게 했다고나 할까? 그런 사소한 일화들이 어떻게 깊이 있는 성찰로 이어지는지를 잘 보여주는 책이다.

찾아보기

옮긴이 **이한음**

서울대학교에서 생물학을 공부했고, 전문적인 과학 지식과 인문적 사유가 조화된 번역으로 우리나라를 대표하는 과학 전문 번역가로 인정받고 있다. 케빈 켈리, 리처드 도킨스, 에드워드 윌슨, 리처드 포티, 제임스 왓슨 등 저명한 과학자의 대표작이 그의 손을 거쳐갔다. 과학의 현재적 흐름을 발 빠르게 전달하기 위해 과학 전문 저술가로도 활동하고 있으며, 청소년 문학을 쓴 작가이기도 하다. 저서로는 『바스커빌가의 개와 추리 좀 하는 친구들』, 『생명의 마법사 유전자』, 『청소년을 위한 지구 온난화 논쟁』 등이 있으며, 옮긴 책으로는 『다윈의 진화 실험실』, 『북극곰과 친구 되기』, 『인간 본성에 대하여』, 『핀치의 부리』, 『DNA : 생명의 비밀』, 『조상 이야기』, 『매머드 사이언스』, 『창의성의 기원』, 『생명이란 무엇인가』, 『수술의 탄생』, 『제2의 기계 시대』, 『우리는 왜 잠을 자야 할까』, 『늦깎이 천재들의 비밀』 등이 있다. 『만들어진 신』으로 한국출판문화상 번역 부문을 수상했다.

비트의 세계

1판 1쇄 2021년 4월 20일
1판 2쇄 2021년 5월 20일

지은이 데이비드 아우어바흐
옮긴이 이한음
펴낸이 김정순
편집 장준오 허영수
디자인 김진영
마케팅 이보민 양혜림 이다영

펴낸곳 (주)북하우스 퍼블리셔스
출판등록 1997년 9월 23일 제406-2003-055호
주소 04043 서울시 마포구 양화로 12길 16-9(서교동 북앤빌딩)

전자우편 henamu@hotmail.com
홈페이지 www.bookhouse.co.kr
전화번호 02-3144-3123
팩스 02-3144-3121

ISBN 979-11-6405-092-5 03400